**Professionelle
Intelligenz**

Gunter Dueck
**Professionelle
Intelligenz**
Worauf es
morgen
ankommt

1. Auflage 2011

© Eichborn AG, Frankfurt am Main, September 2011
Umschlaggestaltung: Christina Hucke
unter Verwendung eines Fotos von Alexander Basta
Lektorat: Waltraud Berz
Ausstattung, Typografie: Susanne Reeh
Satz: Greiner & Reichel, Köln
Druck und Bindung: CPI – Clausen & Bosse, Leck
ISBN 978-3-8218-6514-0

FSC
www.fsc.org

MIX
Papier aus verantwor-
tungsvollen Quellen
FSC® C083411

Eichborn Verlag, Kaiserstraße 66, 60329 Frankfurt am Main
Mehr Informationen zu Büchern und Hörbüchern aus dem Eichborn Verlag
finden Sie unter www.eichborn.de

Inhalt

Kurzüberblick

Schon seit einiger Zeit steht es an jeder Wand geschrieben: Es reicht immer weniger aus, »nur« Fachwissen in den Beruf mitzubringen. Wir müssen zusätzliche Talente im Managen, im Verkaufen, in der Projektleitung, im Verhandeln ausbilden. Oder in Eigenschaften ausgedrückt: Wir müssen nicht nur intelligent und gebildet, sondern auch emotional intelligent, energisch, kraftvoll, durchsetzungsstark, teamfähig, kreativ, attraktiv, innovativ und sinnvoll gestalterisch sein.

Gleichzeitig hadern wir mit der alltäglichen Unprofessionalität unseres Umfeldes, in dem uns Satzfetzen wie »bin nicht zuständig« oder »ich bin als Zeitkraft neu hier« zur Weißglut bringen. Denn wir sind mehr und mehr in computergesteuerte Abläufe eingebunden und davon abhängig, dass alles glattläuft. Und die Arbeitgeber klagen inmitten eines Meeres von verzweifelten Arbeitssuchenden, dass es keine geeigneten Fachkräfte mehr gebe – der Arbeitsmarkt sei vollkommen leergefegt. Wir reiben uns die Augen und wundern uns. Sollten die vielen Arbeitssuchenden denn tatsächlich nicht mehr »verwendbar« sein? Könnten sie nicht schnell umgeschult werden? Was spricht dagegen?

Heute ist Professionalität gefragt und auch nötig. Und wir stellen fest: Die ist eher selten. Das ist der Kern des Problems. Professionalität im Wissenszeitalter erfordert eine andere Art von Intelligenz. Wir brauchen eine Intelligenz »des Gelingens«, eine Intelligenz, die dafür sorgt, dass alles klappt. Das ist der Kern dieses Buches. Ja, es handelt sich um eine andere Intelligenz, es ist etwas »hinzugekommen«, das nichts mit Wissen oder der Fähigkeit zu tun hat, blitzschnell Zahlenrätsel zu lösen.

Auch Schlauheit wird im Beruf gebraucht, klar. Aber wir sollen gleichzeitig gut präsentieren, Konflikte regeln, verkaufen, verhandeln, erfinden, vermarkten ... Was hat das mit unserem IQ zu tun?

Wir erleben oft, dass unser um Ideen ringender Chef viele

sehr intelligente Menschen zu einem sogenannten Brainstorming einsperrt und sie auffordert, für die nächsten 15 Minuten kreativ zu sein. Zu einer solchen Sitzung wird extra eine beschwörende Psycho-Moderatorin eingeladen, die uns die Angst vertreibt, in der Gegenwart unseres Chefs überhaupt Ideen zu wagen. Sie eröffnet Ideensuche-Sessions so: »Bitte lassen Sie alle Denkmuster weg, alle Kästchen und Regeln, alles, was Sie je gelernt haben. Lassen Sie los! Lassen Sie Ihre Fantasie sprechen! Schwelgen Sie in anderen Welten! Lassen Sie sich in Visionen treiben!« Im Grunde wird uns damit gesagt, dass normale Intelligenz bei Kreativität nicht hilft, man muss sie extra abschalten, weil sie stört! Sie *stört!* Wir werden aufgefordert, in solchen Gehirnteilen nach Ideen zu suchen, mit denen wir normalerweise nicht arbeiten *sollen!* Kann denn in diesen Gehirnteilen etwas Tolles sein, wenn wir sie nicht benutzen dürfen bzw. wenn uns niemand deren Nutzung beibrachte? Wie können wir mit diesen anderen Gehirnteilen Konflikte lösen, etwas erfinden, etwas Schönes erschaffen oder Herzen anrühren – wenn das alles nicht aktiviert wurde? Wir nutzen nur die Intelligenz rund um Mathematik, Logik und Sprache. Und wir sehen, dass alles das, was im Beruf in immer höherem Ausmaß entscheidet, befremdlich weit weg von dem ist, was ein Intelligenztest von uns will.

Intelligenz, wie wir sie landläufig verstehen, ist wertvoll, keine Frage – aber längst nicht alles. Schlau sein allein ist nicht genug. Intelligenz wird oft als hart, emotionslos, unpersönlich, abstrakt und seelenlos kritisiert – weil am rein Intelligenten vieles, vieles fehlt!

Diese Lücke will dieses Buch schließen. Ich habe sehr lange nachgedacht, wie ich es aufbaue. Der normal kalte und harte intelligente Ansatz wäre, Ihnen erst den Begriff der Intelligenz wissenschaftlich zu erklären und dann meinen Begriff der Professionellen Intelligenz. Danach würde ich Ihnen in zehn kurzen Kapiteln »zehn Gründe, warum PQ wichtiger ist als IQ« erläutern, warum also der PQ, der Grad der Professionellen Intelligenz, viel wichtiger für Sie ist.

Soll ich das so tun? Trocken beginnen? Und noch schlimmer:

Keiner weiß so genau, was Intelligenz eigentlich ist. Es steht ja nirgends eindeutig und amtlich geschrieben! Der Duden bleibt allgemein: »Fähigkeit [des Menschen], abstrakt u. vernünftig zu denken u. daraus zweckvolles Handeln abzuleiten«. Und viele Forscher ironisieren das Definitionsproblem mit folgender Bemerkung weg: »Intelligenz ist, was der IQ-Test misst.« Natürlich gibt es verschiedene wissenschaftliche Konzepte für Intelligenz! Die bekämpfen sich aber noch. Tja, und mitten in dieser unklaren Lage komme nun ich und propagiere das Professionelle, das ich natürlich genauso wenig wissenschaftlich exakt definieren kann wie die Intelligenzforscher die Intelligenz.

Ich müsste nun mein neues Unvollständiges dem alten Unvollständigen gegenüberstellen und Ihnen danach als Allheilmittel verkaufen. Das wäre, wie gesagt, der normal intelligente Ansatz, den man wissenschaftlich oder strukturiert nennt. Ich habe es versucht und nach ein paar Anläufen aufgegeben. Ich will ja überzeugen. Sie sollen nicht eigentlich etwas »lernen«, sondern überzeugt werden, dass jetzt die Zeit des professionellen Handelns angebrochen ist. Ich will, dass die Energie in Ihnen steigt und Sie sich auf den neuen Weg machen.

Deshalb habe ich mich entschlossen, es wie ein Berater anzustellen. Berater kommen zuerst in ein Unternehmen, um den sogenannten Istzustand zu erfassen (der ist natürlich ziemlich schlecht, sonst kämen sie nicht). Zum Vergleich bringen sie den Sollzustand mit, das ist ein idealer Zustand, der noch sehr fern ist. Der Vergleich von Istzustand und Sollzustand fällt entsprechend niederschmetternd aus, sodass die beratenen Manager tief erschrocken sind und die Berater bitten, ihnen aus der misslichen Lage herauszuhelfen. Da bieten die Berater freudig ihre ganz neue Methode an, die dieses Problem löst...

Ich beginne dieses Buch also mit der Beschreibung des Alltags, in dem das bloße Fachwissen und das normale »Schlausein« nicht mehr ausreichen.

Damit bekommen Sie eine Vorstellung vom Istzustand und vom Sollzustand dieser Welt. Was bringt uns von dem einen in den anderen? Ich schlage eine Erweiterung unserer persönlichen

Entwicklung vor. Wir brauchen eine Erziehung zur Professionalität!

Was brauchen wir dazu? Was wäre eine »Gesamtnutzung« unserer Fähigkeiten? Ich beleuchte im zweiten und dritten Kapitel dieses Buches klassische Intelligenzkonzepte und stelle die »Teilintelligenzen« des Menschen zur Diskussion, die heute in der Arbeitswelt immer mehr gefordert sind. Die Professionelle Intelligenz stelle ich als integrierendes Dach aller Einzelintelligenzen dar. All das Folgende müssen wir zur Formung eines Ganzen beziehungsweise einer professionellen Persönlichkeit ineinanderwirken lassen:

IQ – die normale Intelligenz des Verstandes
EQ – die Emotionale Intelligenz des Herzens und der
Zusammenarbeit
VQ – die Vitale Intelligenz des Instinktes und des Handelns
AQ – die Intelligenz der Sinnlichkeit (»Attraction«) und der
instinktiven Lust und Freude
CQ – die Intelligenz der Kreation (»Creation«) oder der
intuitiven Neugier
MQ – die Intelligenz der Sinngebung und des intuitiven
Gefühls (»meaningful«)

Professionelle Intelligenz ist je nach Beruf eine jeweils andere harmonische Komposition dieser Einzelintelligenzen. Sie macht den Professional zu einem »Zentrum des Gelingens«. Dies beschreibe ich unter dem Begriff der »Keystone Personality« (Keystone wie Abschlussstein eines Gewölbes – der Stein, der alles zusammenhält).

Das vierte Kapitel prangert an, dass sich unsere Erziehungs-, Bildungs- und Managementsysteme nur beklagen, aber nichts dagegen tun, dass die Kinder nicht motiviert sind, dass die Schüler nicht schon fertig als lernwillige Persönlichkeiten in der Schule erscheinen und dass die Mitarbeiter nicht professionell genug sind. Unverdrossen wird nur die Bildung auf der Basis des klassischen IQ eingetrichtert. Das Fachkönnen steht fast allein im Vorder-

grund, dazu kommt eine Unmenge von Verhaltensregeln. Kreativität, Wille, Kundenfreundlichkeit, Innovativität, Begeisterung, Führungsfähigkeit oder Teamfähigkeit werden gefordert, aber nicht gefördert oder herangebildet. Was soll ich sagen? Ich fordere natürlich das Öffnen aller Augen vor einem dramatischen Wandel, der uns bevorsteht.

Das letzte Kapitel wagt den Ausblick, dass die jetzige Internetrevolution eine ebenso große Wandlung in der Menschheitsgeschichte einleitet wie der Buchdruck nach Gutenberg. Die Verfügbarkeit des Wissens in Büchern trug über die Jahrhunderte dazu bei, dass die Menschen »aufgeklärt« wurden. Wir erlebten das Zeitalter der Aufklärung (im Englischen »Enlightenment« wie Erleuchtung), in dem unsere heutigen Bildungsbegriffe maßgeblich geprägt wurden.

Durch das Internet ist das Wissen nicht nur im Prinzip da, sondern immer und überall leicht verfügbar – für jeden, der darüber verfügt! Wir tragen fast die ganze Welt digital im Smartphone in unserer Hosen-/Handtasche herum. Das Internet klärt uns nicht nur auf, es befähigt uns! Das einstige Enlightenment wird nun erweitert zum Empowerment.

Für Leser, die mein Buch *AUFBRECHEN!* schon kennen: Die Gründe, warum wir in Zukunft einen viel höheren Professionalitätsgrad haben müssen, sind Ihnen dann aus dem dortigen Nachdenken über das Ende der Dienstleistungsgesellschaft schon einigermaßen klar. Es gibt dann für Sie einige Überschneidungen. Ich habe aber in *AUFBRECHEN!* vor allem die Geschäftsmodelle betrachtet. Hier geht es um die Fähigkeiten der einzelnen Menschen. In jedem Fall werden Sie eine Fülle neuer Gesichtspunkte finden können.

Professionalität – wie sich die Anforderungen ändern

Die Welt ist im Umbruch zur quartären Wissensgesellschaft. Das Wissen muss nicht mehr zuallererst in unserem Kopf sein. Es ist im Internet und wir müssen lernen, damit professionell umzugehen. Es geht um das Arbeiten mit vorhandenem Wissen oder das Hervorbringen von Neuem. Wissen im Kopf reicht nicht mehr zur Exzellenz. In der Zukunft wird immer stärker von uns verlangt, dass wir *wirksam* sind. Wir müssen vernetzt in mehreren Projekten arbeiten, mit vielen Menschen kommunizieren und gut auskommen, wir müssen führen, beeinflussen, begeistern. Wir müssen bekannt sein und uns verkaufen können. Wir sollen unternehmerisch agieren und dabei durch eine hohe professionelle Einstellung bestechen.

Das alles haben Sie sicher schon bis zum Überdruss gehört. Es wird ja überall verkündet und – so registriere ich vielfach – kaum geglaubt. Merken Sie denn nicht, wie so viele Jobs in den Niedriglohnsektor abdriften, weil sie halb automatisiert werden? Sehen Sie nicht, dass die nicht automatisierbaren Tätigkeiten immer höhere Anforderungen stellen? Auf der einen Seite werden Arbeiten stumpfsinnige Routine, auf der anderen Seite werden nun unternehmerische Persönlichkeiten verlangt, wo früher Fachkräfte vollkommen ausreichten. Deshalb gibt es einen schrecklichen Mangel an professionellen Fachkräften mitten in großer Arbeitslosigkeit. Anlernjobs nehmen zu, »Premium«-Jobs verlangen mehr als früher.

Die Schere zwischen Routine und Exzellenz, folglich auch die zwischen Arm und Reich öffnet sich immer weiter. In diesem Buch möchte ich die Folgen dieser Entwicklung für den einzelnen Menschen beschreiben.

Bis heute reicht eine gute Intelligenz, die sich zu einem guten Beruf hin ausbildet. Wir wandeln uns aber mehr und mehr zu einer Gesellschaft, in der Professionelle Intelligenz für professionelle Wirksamkeit im Job eingesetzt werden muss.

Die Arbeitswelt wird radikal umgebaut. Denn so wie im letzten Jahrhundert die Arbeitsplätze in Landwirtschaft und Produktion hoch industrialisiert oder hoch automatisiert geworden sind, kommen nun die Dienstleistungsbetriebe und Dienstleistungsberufe in gleicher Weise auf den Prüfstand der Effizienz. Viele Berufe, die einst mit Papier, Akten, Recherchen, Entscheidungen, Abläufen, Bestellungen, Rechnungen oder Verwaltung zu tun hatten, finden nun vor Rechnern statt, die über das Internet verbunden sind. Die Dienstleistungen werden mit zunehmender Geschwindigkeit industrialisiert.

Wissen Sie noch, wie man früher zehn Siemensaktien gekauft hat? Man ging zur Bank, erklärte seinen Wunsch, füllte zusammen mit dem Bankangestellten ein Formular mit doppeltem Durchschlag handschriftlich aus und unterschrieb es. In der Bank wurde nun der Kauf telefonisch an die Hauptstelle gegeben, diese informierte über eine Sammelstelle die Hauptverwaltung oder bei Sparkassen die abwickelnde Landesbank, die sich wiederum an die Börse wandte, wo ein Makler den Auftrag annahm und ausführte. Nach dem Aktienkauf erfolgte eine komplizierte Abrechnungskette. Zwei Tage später kam die Orderabrechnung mit der Post. Und heute? Wir loggen uns in unser Internetbankingkonto ein, tippen schnell den Auftrag, fertig, okay! Wir klicken auf »Orderbuch« und schauen nach: Da steht meist schon nach zehn Sekunden, dass der Auftrag ausgeführt und abgerechnet ist.

Die Banken sind in diesem Sinne schon stark industrialisiert, aber der Versicherungsagent kommt noch immer zu uns nach Hause und fragt uns langatmig nach unseren Autoversicherungsdaten. Es ist elend schleppend, er verwendet noch Papierformulare. Warum hat der Versicherungsagent die Daten nicht auf einem mir zugeordneten Konto im Internet? Warum kann ich das nicht gleich selbst machen? Warum schickt der Autohändler die Daten

nicht gleich elektronisch zur Versicherung, damit gar nichts einge-
tippt werden muss? Warum muss ich wieder alles neu mit der
Kfz-Zulassungsstelle verhandeln? Warum muss ich irgendwo anders die Schadstoffplakette holen, wo sie wieder die Daten des
Autos kontrollieren, damit sie meine Berechtigung feststellen?

Bis vor Kurzem hat mein Sohn noch studiert. Wenn er sich
für ein weiteres Semester an der Universität einschrieb, bekam er
gleich eine ganze Kollektion von Immatrikulationsbescheinigun-
gen beigepackt. Meine Frau und ich mussten dann damit bei allen
Versicherungen und bei der Familienkasse wegen des Kindergel-
des beweisen, dass er studiert. Warum schickt man das nicht automatisch an die Kindergeldstelle? Überallhin? Jedes Verschicken
solcher Bescheinigungen verursacht langweiligste Verwaltungs-
arbeit für Menschen. Immer wieder tippt und klickt jemand
herum. Immer die gleichen Daten in immer andere Computer.

Verkaufen Sie einmal einen Gebrauchtwagen! Es geht dabei
hauptsächlich um Dateneingabe! Endlose Motorgestellnummern!
Früher schaute sich ein Sachverständiger das Auto wirklich an.
Heute aber tippt irgendjemand Daten ein, der vielleicht noch nie
einen Motor gesehen hat. Der Computer sagt dann, was mein
Auto noch wert ist. Der Computer schätzt es wahrscheinlich viel
schlechter als ein Sachverständiger, aber wir können mit dem sturen Computer nicht feilschen! Im Schnitt ist es besser, das Schätzen so dumm und automatisch zu erledigen.

Gehen Sie ins Reisebüro! Klicken, klicken, tippen, fragen,
tippen, klicken. Denken Sie an Ihren letzten Unfall! Die Polizei
kam und nahm die Daten auf. Sie tippten etwas ein, der Ab-
schleppdienst dann auch, der Notarzt wieder ...

Was machen all diese Leute? Die Ärzte, die Rechtsanwälte,
die Beamten aller Art? Sie geben immer die gleiche Information in
ihre eigenen Computersysteme ein. Das dauert immer sehr lange.
Was ist eigentlich noch die Arbeit im engeren Sinne?

Bitte sehen Sie der Wahrheit ins Gesicht: All diese Arbeiten
werden bald automatisiert sein. Sie schreien danach! Wir werden
elektronische Ausweise haben, auch solche für unser Auto oder
Haus. Wer Daten will, zeigt die Karten einem Computer, piep!

Und fertig. Und noch ein paar Jahre später wissen die Systeme alles schon von allein. Ohne Karten.

Anstatt jetzt seitenweise weitere Beispiele zu geben, möchte ich gleich mit der Tür ins Haus fallen: Wenn ein großer Prozentsatz der Arbeit aus Datenabfragen und Eintipperei besteht und wenn diese Arbeiten bald wegfallen, dann verschwindet damit vielleicht ein Fünftel aller unserer Arbeiten. Und vielleicht noch ein zweites Fünftel, wenn die Tätigkeiten effektiver strukturiert werden.

Immer weniger von unserer klassischen Arbeit kann *nicht* durch Maschinen geleistet werden! Und jeder von uns muss sich fragen, wie groß der automatisierbare Anteil der eigenen Arbeit ist.

Routineaufgaben, die immer und immer wiederholt werden, erledigen Maschinen und Computer. Nur noch das Neue, das Schwierige, das Individuelle, das Maßgeschneiderte oder das Spezielle verbleibt in der Domäne des Menschen.

Diese Industrialisierung verläuft nach immer demselben Muster:

- Die Arbeiten eines Berufes oder einer Branche werden nach Routineaufgaben durchleuchtet, die es immer wieder zu erledigen gilt. Lassen sich diese in Massenproduktion oder als Standardservices erledigen?
- Für solche Routinefälle wird ein eigenes Prozessablauf- oder Geschäftsmodell aufgebaut, das nur diese Standards radikal kostengünstig herstellt oder als Service bereitstellt.
- Die klassischen Anbieter, die »alles aus einer Hand« anbieten, sehen nun, dass die einfachen Arbeiten nun nicht mehr bei ihnen nachgefragt werden. Sie werden nur noch bei schwierigen Fällen gebraucht. Dadurch stehen sie ohne ihr einstiges Brot-und-Butter-Geschäft da. Daran sterben sie entweder oder sie spezialisieren sich unter Schrumpfung auf das Besondere, sie weichen in »höherwertige Geschäftsfelder« aus, wenn sie das überhaupt können.

Einige Beispiele:

Banken: Geldabheben, Überweisen, Sparen wird über Automaten und Internet abgewickelt. Zur Bank müssen wir fast nur noch bei Kreditaufnahmen, Hypotheken und Vermögensberatungen. Es fällt für die Bankangestellten so viel Arbeit weg, dass für ein kleines Dorf keine Vollzeitstelle mehr benötigt wird. Eine einzige Arbeitskraft hat nicht mehr genug zu tun. Soll die Filiale nur vormittags öffnen? Oder schließt man sie ganz? Wir fahren also bei Krediten in die nächste Kleinstadt.

Öffentliche Verwaltung: Auch hier zieht mit jahrelanger Verspätung der Computer ein. Bei uns im Dorf ist das Amt nur noch für einige Halbtage geöffnet. Wird das so bleiben? So wie ein Mähdrescher für einige Ortschaften ausreicht, wird bald ein Verwaltungsangestellter alle Arbeit für sehr viele Bürger schaffen. Wir fahren also bald in die nächste Kleinstadt!

Apotheken: Wir bestellen zunehmend im Internet, wo es Arzneien nun im Schnitt ein Drittel billiger gibt. Das Problem mit Produktfälschungen wird man in den Griff bekommen. Zur Apotheke gehen wir nur noch für dringende Fälle oder dann, wenn wir Beratung brauchen. Die Apotheke verliert das Massengeschäft und muss für uns nur die Spezialmedizin beschaffen. Viele Apotheken werden sterben.

Autoreparaturen: Wenn ein Auto einen unklaren Defekt hat, wird es heikel. Ein Meister muss ran. Viele andere Arbeiten kann aber praktisch jeder Angelernte erledigen: Batterien und Glühbirnen wechseln, Inspektionen durchführen, Winterreifen aufziehen, den Auspuff einbauen, Bremsbacken erneuern oder Glasschäden ausbessern. Es bilden sich neue Konzernketten wie Pit-Stop oder Carglass, die das Normale wie in einer Fabrik leisten, wie das sprichwörtliche »Brezelbacken«. Nur noch für das Schwierige gehen wir zum Meister.

Ärztliche Versorgung: In den USA gibt es die MinuteClinic, eine Kette, die sich auf Routinemedizin spezialisiert hat. Dort gibt es ganz preisgünstige Impfungen (das kann wieder »jeder«) und Gesundheitschecks. Was Pit-Stop und Carglass für Autos sind, ist

die MinuteClinic für Menschen: Das, was keinen Meister oder Facharzt erfordert, wird hier sehr preiswert als Standard geliefert. Zum Arzt gehen wir nur noch für das Komplizierte. Die Mediziner müssen also ebenfalls um das Massengeschäft bangen.

Seelsorge und Kirche: Für einen einzigen Sparkassenangestellten ist nicht mehr genug Arbeit im Dorf, für einen Mitarbeiter der Volksbank nicht mehr, auch nicht für einen bei Schlecker. Der Fleischer und der Bäcker haben zu wenige Kunden, und in der Kirche verlieren sich die wenigen Gläubigen. Was soll ein ganzer Pfarrer für diese Letzten ihrer Art? Die Kirchen schließen. Sie bilden große Seelsorgeeinheiten – ein Pfarrer für die Gläubigen unter bald 20.000 Einwohnern. Zur Kirche? In die nächste Kleinstadt! Was passiert, wenn nun der Pfarrer nicht wundervoll predigt? Dann stirbt die Religion in einem großen Gebiet. Exzellenz wird doch dann Pflicht?

Standardabfütterungsunternehmen stopfen uns mit Fastfood voll. Nun bilden sich analog auch Fast-Banks, Fast-Pharmacys, Fast-Repairs, Fast-Doctors. Die Welt der Serviceleistungen zerfällt in einen Routineteil und in einen »Premium-Teil«. Das ist nicht zufällig so, sondern eine Folge der radikalen Industrialisierung. Das, was massenhaft billiger hergestellt werden kann, wird fabrikmäßig erzeugt. Wir als Verbraucher freuen uns, dass das Einfache ganz billig zu haben ist! In vielen Fällen ist die Standardleistung sogar besser, denn bei Pit-Stop ist der Auspuff für mein spezielles Auto immer auf Lager, ich muss mir nicht anhören: »Die Ersatzteile dauern zwei Tage, wir mussten sie bestellen.« Oder: »Diese Batterie haben wir gerade nicht da.« Die MinuteClinic hat jeden Impfstoff immer da, wogegen der Arzt uns erst zur Apotheke laufen lässt und diese uns ein paar Tage später beliefert und einen zweiten Arztbesuch erzwingt. Amazon hat die Bücher immer da, ich muss sie nicht in der Buchhandlung bestellen und wiederkommen.

Die alten Dienstleistungsberufe brauchen wir nur noch, wenn es wirklich speziell oder schwierig wird. Der Arzt, der Steuerberater, der Kfz-Meister, der Reisefachmann oder der Pfarrer

werden nur noch für Komplexes gebraucht. Die Routine fällt weg, weil Spezialunternehmen das »Unintelligente« und »Massenhafte« sehr viel günstiger automatisch oder durch kurz angelernte Niedriglohnjobber anbieten. Und so verlieren die etablierten Werkstätten, Krankenhäuser, Banken, Reisebüros ihr »Brot-und-Butter-Geschäft«.

Das macht die klassischen Anbieter traurig: »Die Kunden kommen nur noch, wenn sie meine hohe Expertise brauchen. Sonst gehen sie zum Billiganbieter. Auf diese Weise kann ich kaum etwas verdienen. Die Zeiten sind schlecht.«

Die klassischen Anbieter sterben an dem Verlust des Massengeschäftes, wenn sie sich nicht immer wieder höherwertigere Geschäftsfelder erschließen. Die verbleibenden Bergbauern zum Beispiel leben dann eben von Skilift und Gästewohnung, und die wenigen verbleibenden Tankstellen vom angeschlossenen Shop! Sie haben sich dann »neu erfunden«, gewandelt oder erfolgreich herausgewunden.

Auf der anderen Seite gibt es ständig ganz, ganz neue Geschäftsfelder, die es vorher überhaupt nicht gab: Firmen wie eBay, Amazon, Google oder Facebook eröffnen ungekannte Welten.

In der Business-Fachsprache bezeichnet man die Industrialisierung von Standardprodukten oder -services als »Commoditization«. Das Wort Commodity wird hier in seiner Bedeutung »Gebrauchsgegenstand, Rohstoff, Grundstoff« verstanden. Commoditization ist der Vorgang, dass einst Kompliziertes, Teures, Unerreichbares einfach problemlos zu haben ist. So werden aus sagenhaft komplexen Rechnern plötzlich Wegwerf-PCs vom Massenregal. »PCs sind heute eine Commodity.« Autos waren lange Zeit ein gehätscheltes Luxusgut, sie werden von jungen Menschen mehr und mehr als Commodity gesehen, als Gebrauchsgegenstand ohne den damaligen identitätsstiftenden Kultwert.

Der Gegenpol zur Commodity wird in der Business-Sprache als »Premium« bezeichnet. Premium ist etwas, das »mehr als das Normale« ist, was dadurch einen zum Teil gehörigen Preisaufschlag rechtfertigt.

Durch das Industrialisieren des Einfachen trennt sich alles in Commodity und Premium, in Gewöhnliches und Besonderes. Das Gewöhnliche wird durch Massenproduktion, Billiglöhne, globale Märkte und Standards hervorgebracht. Das Besondere muss geschätzt und mit höheren Preisen gewürdigt werden, sonst vergeht es.

Wie bestehen Menschen in dieser neuen industrialisierten Welt?

> Wir müssen uns bemühen, in der sich rasend wandelnden Welt nicht selbst als Mitarbeiter zur Commodity zu verkümmern. Wir müssen uns bemühen, als »Premium-Mitarbeiter« beschäftigt zu sein.

Die Unternehmen, die ihre Leistungserbringung industrialisieren, führen ihr Geschäft mit Mitarbeitern, die entsprechend ihrer fabrikmäßig organisierten Routinearbeit niedrig bis sehr niedrig bezahlt werden. Manche Fastfood-Restaurants oder Discounter stehen oft am Pranger, Dumpinglohnpolitik zu betreiben. Wer nur impft, wird nicht wie ein richtiger Arzt bezahlt! Wer nur Autobatterien wechselt, bekommt kein vollwertiges Gesellengehalt!

Die Industrialisierung der Dienstleistungen führt zu weiten Bereichen des Niedriglohns. Früher hoch anerkannte Berufe mutieren zu Anlernjobs.

In meinem Buch *AUFBRECHEN!* habe ich davor leidenschaftlich gewarnt. Unsere Gesellschaft muss sich bemühen, mehr Berufe bzw. Arbeit zu schaffen, die wieder neue Herausforderungen bedeuten, Expertise und Meisterschaft erfordern und Freude machen. Deutschland muss sich aufraffen und sich wie etwa Singapur zum Land der Nano-, Bio-, Solar-, Gen-, Medizintechnologie erklären, in dem Hochwissensberufe florieren. Ich fordere: »Deutschland muss eine Exzellenzgesellschaft werden!« Es ist eine gesellschaftliche »Überlebensfrage«, ob wir als Gesellschaft erfolgreich durch diese Zeit des Wandels gehen. Die einstigen Landarbeiter haben ja höher bezahlte Arbeit in der Produktion

gefunden! Die aus der Produktion Entlassenen konnten z. B. Berufe in der IT annehmen. Immer wieder verschwinden Berufe und Arbeiten – aber es entstehen ja auch neue. Und zwar mehr davon, wenn sich die Gesellschaft darum bemüht. IBM zum Beispiel, die Firma, in der ich arbeite, verabschiedet sich regelmäßig von Geschäftszweigen, die zur »Commodity« werden (bei IBM sind das PC- und Festplattenbau) und sucht Wege, höherwertige Felder zu besetzen (bei IBM von 1996 bis heute Services und Beratung, neuerdings immer mehr Software und Cloud-Computing). Für mich gehört das ständige Ausweichen vor der Commodity-Gefahr zu einer Hauptarbeit in meinem Beruf.

Diese gesellschaftlichen oder unternehmerischen Fragen werden hier nun auf den Einzelnen gelenkt. Was muss der Einzelne tun, um eine Arbeit im Premium-Bereich zu finden?

Welche Eigenschaften braucht ein
professioneller Mensch oder ein Professional
der Zukunft, um als »Premium« wahrgenommen
zu werden? Was zeichnet Leistungsträger der
Zukunft aus?

Wir schauen uns aber zunächst noch etliche weitere Gründe an, warum wir besser werden müssen.

Zwang zur Exzellenz – das Mittelmäßige wird »Commodity«

Das Wissen im Internet steht jedem zur Verfügung. Viele surfen erst einmal, bevor sie zum Einkaufen oder zur Bank gehen. Dann sind sie oft schon schlauer als der, der sie dort beraten kann. Der sollte dann lieber nicht mittelmäßig sein! Wenn er das aber ist, gehen wir nicht mehr hin. Diese Entwicklung zieht einen ganzen Rattenschwanz von Konsequenzen nach sich.

Mittelmäßige Experten sind schlechter
als »zwei Stunden surfen«

Der Wissensvorsprung der Experten schmilzt dahin. Zu dem Wissen muss vom Experten noch eine gehörige Menge Erfahrung geboten werden können! Denn sonst ist das Wissen als solches nicht wertlos, aber nicht mehr von Vorteil im Beruf des Experten.

Eine selbst erlebte kleine Geschichte, die Sie aus Ihrem Umfeld kennen könnten: Ein Arbeitskollege fragt einen anderen per E-Mail, was ein bestimmtes Fachwort bedeutet. »Weißt Du das zufällig?« Der antwortet sehr frostig per Mail: »Diese Frage beantworte ich nicht. Ich habe das von Dir gesuchte Wort bei Google eingegeben und konnte Deine Frage damit rasch lösen. Ich finde es unverschämt von Dir, andere Leute per Mail von der Arbeit abzuhalten. Es ist nicht in Ordnung, jemanden nach irgendetwas zu fragen, wenn man selbst vorher nicht bei Google eine Antwort gesucht hat.« Diese herbe Replik zeigt die Tendenz der neuen Zeit. Man kann sehr viel mit sehr wenig Aufwand selbst herausfinden und wissen.

> Wer eine Antwort sucht, fragt in der digitalen Zeit
> im Internet nach und eventuell erst dann
> einen Menschen. Das Internet ist so gut,
> dass man nur noch bei wenigen Fragen
> Menschen ansprechen muss.

Die Banken, Versicherungen, Geschäfte, Reisebüros oder Rechtsanwälte schauen denn auch besorgt auf unser ROPO-Verhalten. ROPO steht für »Research Online, Purchase Offline« – das heißt »schau das ganze Angebot erst im Netz an, studiere es genau und kaufe anschließend das Produkt im Laden«. Der Kundenberater wird nur noch benutzt, um die im Netz getroffene Kaufentscheidung nochmals zu überprüfen. Eventuell kennt der Kundenberater doch noch etwas Besseres.

Ich überlege also zum Beispiel, ob ich eine indische Energie-

aktie kaufen soll. Ich surfe. Great Eastern Energy gefällt mir gut. Ich frage den Berater: »Ich möchte Great Eastern Energy kaufen, dieses Unternehmen saugt in Indien über Kohlelagerstätten austretendes Gas ab und verkauft es. Was sagen Sie zu dieser genialen Anlageidee? Diese Aktie wird nur in London gehandelt. Da muss ich wissen, wie hoch die Auslandsbörsenspesen Ihrer Bank im Verhältnis zu einer Direktbank sind. Wie hoch sind sie genau?«

Was wird er sagen? So etwas: »Oh, Indien, da bin ich kein Spezialist. Da muss ich mich selbst erst einmal schlaumachen. Moment, ich schaue in den Computer. Aha! Ich habe jetzt eine andere Idee. Sie kaufen unseren Hausfonds Asiainvest. Da können Sie nichts falsch machen. Der wird gerne genommen. Ich habe den schon einmal verkauft, ja, ich erinnere mich. Der Kunde ist sehr zufrieden, er ist jedenfalls nie wiedergekommen.« Ich versuche es noch einmal: »Können Sie etwas zum indischen Markt sagen?« – »Nein, ich bin kein Experte, wir empfehlen Asiainvest, darin steckt die geballte Erfahrung unserer internen Gurutruppe. Warum wollen Sie sich auf sich selbst verlassen?« Ich verzage. »Welche Aktien sind denn in Asiainvest?« – »Das steht im Prospekt. Hier. Reliance Industries – hmmh, kenn ich nicht ... ach, wissen Sie was, ich gebe Ihnen den Prospekt mit. Den können Sie mitnehmen, wir haben so viele. Die werden gerne genommen. Da können Sie nichts falsch machen. Sie können mich jederzeit um Rat fragen, wenn Sie nach dem Lesen noch offene Fragen haben.«

Ich gehe ins Reisebüro: »Es ist zwar schon Oktober, aber ich möchte mit meiner ganzen Familie zu 13 Leuten über Weihnachten und Silvester eine Unterkunft in Österreich buchen. Einige wollen Ski fahren, die Älteren möchten spazieren, etwas sehen und shoppen.«

»Oh, da werden Sie kaum etwas finden. Lassen Sie mich einmal auf einem Reiseportal suchen.« – »Stopp!«, rufe ich. »Das habe ich alles schon gemacht. Da ist nichts mehr.« – »Ja, aber lassen Sie mich doch selbst schauen. Immer mit der Ruhe, nicht verzweifeln, dafür bin ich ja da. Vielleicht finden wir etwas.« Ich falle vor Ungeduld fast in Ohnmacht, warte aber innerlich zerrissen höflich ein paar Minuten und sehe zu, wie der Berater vollkommen unge-

schickt surft. Ich kenne seine Antwort. Ich wusste schon vorher, was kommen würde. Ich Esel muss aber doch noch hingehen und fragen! Ich verfluche mich. Nach langem Tippen sagt er: »Ja, sieht schwierig aus. Ich habe 13 und Österreich eingeben. Unser System sagt, da ist noch ein Hotel auf Bali nicht ganz fertig gebaut, die könnten bei 13 Personen schnell ein paar Zimmer finalisieren und einen guten Preis machen.« Ich erwidere ruhig: »Ich dachte, Sie können hier mehr als nur in Portalen surfen. Sie müssten doch einen Überblick haben.« Der Berater: »Mehr als surfen können wir auch nicht. Es gibt so viele Länder und Wünsche! Da ist Surfen genial. Ich selbst weiß dagegen ja fast nichts. Ich kenne eben die Portale, da habe ich einen Fünftagekurs gehabt, deshalb habe ich einen Vorteil gegenüber den Kunden, die kein Internet haben.«

Das sind reale Beispiele aus dem Erfahrungsschatz unserer Familie. Wir zucken nur noch mit den Achseln und erledigen möglichst alles selbst. Als gut Informierte bekommen wir von den »Experten« keinen Mehrwert mehr geboten.

> Jeder Berufsangehörige muss sich fragen,
> ob er einem Menschen, der nach zwei Stunden Internetsurfen
> noch offene Fragen hat, noch einen wertvollen Rat oder
> »Mehrwert« geben kann.

Zusammengefasst: Alles Wesentliche steht im Internet. Wer dort keine Antwort findet, kann oft lange suchen, bis er einen Top-Experten mit Überblick erreicht.

Was weiß »das Internet«?

Der *Arzt* ist nicht mehr der Gott in Weiß. Er hat andere Internetgötter neben sich. Wenn wir eine Krankheit haben, kennen wir alle Mittel und Therapien aus dem Netz. Wir werden schnell zu Experten für unsere ganz speziellen eigenen Krankheiten. Deshalb sind wir in diesem Spezialgebiet dem Arzt meist glatt überlegen. Wir gehen noch aus Unsicherheit zu ihm, aber im Grunde zweifeln wir, ob er wirklich Bescheid weiß.

Der *Apotheker* weiß meist nicht mehr als das, was im Inter-

net zu finden ist. Wir sind menschlich enttäuscht, dass er uns sehr teure Darreichungsformen anbietet, von denen im Internet abgeraten wird. Die Nebenwirkungen stehen im Netz ohnehin detaillierter.

Rechtsberatung: Ebenso gut informiert gehen wir zum Rechtsanwalt. Der weiß in unserem Spezialfall zuerst wieder gar nichts. Er muss sich »schlaumachen«.

Der *Lehrer* ist bei Weitem nicht mehr der angesehene Experte von einst. Als er selbst studierte, machten weniger als zehn Prozent eines Altersjahrgangs Abitur. Heute sind es vierzig Prozent und mehr. Die Eltern wissen jetzt zu seinem Leidwesen »alles besser«. Die Schüler dank des Internets auch.

Der *Pfarrer* hat immer die Deutungshoheit über religiöse Fragen gehabt. Die akzeptieren wir nicht mehr, weil in Internetdiskussionsforen ganz andere Meinungen die Autorität haben. Wir sehen im Internet die Videos vom ökumenischen Kirchentag...

Professoren forschen und halten beklagenswert selten wunderbare Vorlesungen. Es gibt aber einige, die wirklich begnadet vortragen. Demnächst wird man einige dieser raren Spezies einfach für ein Jahr aus der Forschung nehmen und alle Grundvorlesungen ihres Fachs vor der Kamera halten lassen. Dann können wir doch eigentlich fast ohne Professoren studieren?!

Priester werden geweiht, Ärzte approbiert und Hochschullehrer habilitiert. Juristen und Lehrer werden durch ein Staatsexamen hervorgehoben. Manager kommen in den Führungskreis. Handwerker werden Meister. Die Exklusivität des Wissens war es, die ihnen eine hohe Stellung gab. Die berufliche Macht, die sie über Jahrhunderte hatten, schwindet nun in fast unvorstellbarem Ausmaß. Alle diese Götter, die wir wegen ihres für uns entscheidenden Wissens verehrten, sind jetzt allenfalls noch Facharbeiter.

Premium-Verkäufer müssen alle Produkte kennen, nicht nur die eigenen

Wer etwas verkaufen möchte, breitet seine Produkte aus. Wer als Experte gefragt sein will, muss hohe Kompetenz ausstrahlen. Der Meister muss mit Werken beeindrucken. Das reicht dem Kunden heute nicht mehr.

Bevor ein Kunde etwas kauft, schaut er alle Produkte an, nicht nur die desjenigen Unternehmens, das er zu einem potenziellen Kauf aufsucht.

Der Kunde hat ja zwei Stunden gesurft. Er kennt nun alle Preise, alle Tarife, die Lieferbedingungen, Verfügbarkeiten, die Produktunterschiede und die Qualität. Der Kunde vergleicht Tagesgeldzinsen und die langjährige Performance von Investmentfonds. Er kennt die Versicherungsleistungen oder die verschiedenen Produkte der ganzen IT, wenn er zu mir bei IBM kommt.

Er verlangt, dass wir als Verkäufer oder Berater ebenfalls einen umfassenden Überblick über den Markt haben und alle Konkurrenzprodukte herunterbeten können.

Das ist aber nicht der Fall. Denn in der Regel werden Vertriebsfachleute nur für die eigenen Produkte geschult. Dazu bekommen sie ein paar Seiten mit guten ausweichenden Antworten und Entkräftigungsargumenten, falls der Kunde mit angeblichen Vorteilen von Konkurrenzprodukten auftrumpfen sollte.

Gegen einen heute gut aus dem Internet informierten Kunden sehen gestern noch einigermaßen mittelmäßige Vertriebsangehörige heute mehr oder weniger unfähig aus.

Das gilt für andere Berufe auch. Wir fragen

- *Psychologen:* »Mit welchen Methoden therapieren Sie? Warum?« (Er kennt nur seine Methode, die er studiert hat, was Zufall war.)
- *Ärzte:* »Welche Geburtsmethode empfehlen Sie? Wie stehen Sie zur Homöopathie?«
- *Pfarrer:* »Was sagt Buddha dazu? Oder der Islam?«

Usw. usw. Die meisten kennen nur die eigenen Produkte, können nicht vergleichen und loben deshalb das Eigene unglaubhaft begeistert über den Klee. Wir können solche Halbgebildeten immer weniger leiden.

Die Professionen verlieren ihr lokales Monopol – wir wollen nur noch das Beste

Früher ging man zum Schreiner im Dorf, zur Buchhandlung und zum Friseur um die Ecke und eben zu allen Fachleuten nebenan – weil man nichts anderes kannte. Man wusste ja nicht, ob man »denen in anderen Dörfern vertrauen konnte«. Die Berufe hatten quasi ein lokales Monopol. Heute sind die Berufe schon ziemlich spezialisiert. Für alles und jedes muss man sich ins Auto setzen (das kannten wir früher nur von Amerikanern und lachten über sie als Lauffaule). Wir müssen also fast immer einige Kilometer fahren: zum nächsten Supermarkt, zum Amt, zum Möbelhaus und so weiter. Wenn wir aber sowieso fahren müssen, können wir auch noch überlegen, wohin.

Das Beste ist meist nur ein paar Kilometer weiter als das nur Mittelmäßige zu finden. Diese Mehrfahrt macht uns gar nichts mehr aus. Wir sind und fühlen uns nicht mehr an das Lokale gebunden. Wir suchen neugierig das Beste in einem immer weiteren Umkreis. Dazu gehen wir ins Internet. Dort finden wir viele Meinungen von anderen, viele Empfehlungen für Handwerker, Spezialgeschäfte oder die Speisekarten der meisten Restaurants.

Aus diesen vielen Informationen formen wir zusammen in unseren Familien und Freundeskreisen ein ständig wachsendes Bewusstsein für das Beste. Im Grunde wissen wir jetzt, was Weltklasse ist. Und ungefähr an dieser wollen wir uns orientieren.

Wir fahren zum Prominentenanwalt, wählen den Chefarzt, fahren die Kinder ins beste Gymnasium usw. Wir gehen eben nicht mehr zu Fuß. Wir fahren zum Sternerestaurant oder zum

Musical. Wenn uns jemand etwas verkaufen oder zu etwas raten will, sollte er diesem hohen Maßstab gerecht werden können.

Viele von uns schämen sich dieser Tendenz, weil sie sehen, dass sie die lokalen Handwerker und Geschäftsleute ruinieren. Viele kaufen ganz bewusst schlechtere Brötchen im Dorf und beauftragen zweitklassige Handwerker am Wohnort. Sie fühlen, dass die Kultur des Dorfes stirbt. Sie stemmen sich dagegen. »Ich unterstütze Unternehmen im Ort.« Aber die meisten von uns fahren zu Könnern, zu Attraktionen, zum Außergewöhnlichen. »Ich gehe hin und wieder in unser Provinztheater, aber wir haben jetzt einen Pauschalflug mit Taschenbergpalaisübernachtung zur Semperoper in Dresden gebucht. Das ist ein Erlebnis. Lieber weniger, dafür aber Weltklasse.« Sollen wir eine längere Autofahrt zu etwas Mittelmäßigem antreten? Nein danke.

Unprofessionelle Charaktere haben ihre Zeit gehabt

Wir wollen endlich Service in der Servicewüste Deutschland. Wir sind zunehmend vom Besten in der ferneren Umgebung beeindruckt und wollen alles immer so. Wir wollen keine Macken mehr hinnehmen.

Wir sind nicht mehr bereit, Altenpfleger, Kindergärtner oder Friseure als normale menschelnde Menschen zu betrachten. Wir bezahlen sie schließlich, und für sie sind wir bitte schön König Kunde. Lehrer dürfen nicht mehr unpünktlich, ungerecht oder mittelmäßig sein. Wenn Kinder einst den Lehrer kritisierten, tadelten wir sie und forderten sie auf, demütig zu sein. Heute nehmen wir ihre Kritik entrüstet auf und stellen den »Serviceanbieter« entsprechend zur Rede. Lehrer verdienen gut – also sollen sie vorbildlich gut sein.

Wir verzeihen insbesondere keine charakterlichen Unprofessionalitäten mehr. Müssen denn nicht auch wir selbst während der Arbeit wie am Schnürchen funktionieren?

Zur Klarstellung: Ich sage hier nicht, dass wir Altenpflege oder Bildung als reinen Service zum Lebens-Change-Management

aus fassen *sollten*. Wir *tun* es. Wir beurteilen alle Leistungen von außen wie Produkte, die am besten perfekt sein sollen. Wir wollen gar nicht mehr so sehr, dass Kinder im Kindergarten *nur* spielen. Sie sollen lernen. Wir stöhnen unter den Pflegekosten für unsere betagten Eltern und fordern effiziente Altenpflege, ohne zu bedenken, wie es uns später selbst ergehen wird. Hier überziehen wir die Professionalitätsforderungen schon in einer bedenklichen Weise. Wir selbst sind als Kunden unprofessionell, wenn wir Forderungen in falsche Richtungen stellen. Auch wir müssen uns als Kunden dringend wandeln!

Fakt ist: Wir verlangen, dass Pfarrer, Apotheker, Rechtsanwälte oder Kfz-Meister professionellen Service leisten. Lehrer sollen unsere Kinder nicht bekritteln, sondern zu kleinen Überfliegern erziehen. Wir wollen Ergebnisse, nicht nur Bemühen. Früher haben sich die Lehrer, Ärzte usw. nach Kräften um uns bemüht. Heute reicht bloßes Bemühen nicht, wir wollen einfach professionelle Premium-Resultate sehen. Nicht die Mühe, sondern das Ergebnis zählt. Das sagen uns unsere Chefs ja auch, und zwar fast täglich, wenn wir über der Arbeit stöhnen. Und nun verlangen wir ein Resultat ebenso von allen anderen, auch dann, wenn wir für uns selbst damit im eigenen Beruf unsere liebe Mühe haben.

(Ich möchte hier eine Bitte um Verzeihung einschieben, weil ich nur ein paar Berufe immer wieder als Beispiel anführe. Ich nehme einfach die, die wir alle gut kennen. Ich könnte alles auch mit Programmierern und Beratern erklären, weil ich ja selbst in diesem Umfeld bei IBM arbeite. Das ginge auch, aber ich will die Beispiele für Sie passend machen. Es wird so sein, dass ich Lehrer öfter anführe. Warum? Weil sie ein Element des Bildungssystems sind, das ich in diesem Buch kritisieren und am liebsten auch revolutionieren will. Ich kritisiere aber fast ausschließlich das System, nicht die Lehrer! Ich sage nur, dass Erziehung und Bildung anders werden müssen, nicht, dass die Lehrer an der schlimmen Lage heute schuld sind. Ursache ist, wie immer wieder Thema sein wird, die tief greifende Internet-Revolution.)

Das Exzellente muss sich verkaufen und vermarkten können

Der Kunde möchte Premium zu Commodity-Preisen

Kunden gehen heute oft manipulativ egoistisch zu einem Premium-Anbieter und lassen sich aufwendig beraten. Dann verabschieden sie sich mit »Ich überlege es mir noch einmal« und versuchen, das beste Produkt billiger woanders zu bekommen.

Bücher: Der Büchernarr bestellt sich beim exzellenten Kleinbuchladen die neue Mammutausgabe von *Zettels Traum* zur Ansicht in den Laden, grabbelt das kostbare Buch an, begutachtet es haptisch und bestellt es anschließend daheim im Netz – weil er keine Lust hat, es nach Hause zu schleppen. Der Buchhändler, der Großhändler und der Verlag haben den Schaden.

Möbel: Ein junges Ehepaar will nicht viel für eine neue Küche ausgeben, geht aber in eine teure Küchenboutique und lässt sich gratis einen Innenarchitekturvorschlag machen. Das kann der Experte dort wunderbar! Sie fahren anschließend zu einem bekannten Schwedenmöbelhaus und kaufen sich eine Commodity-Küche genau nach der Premium-Architektur.

Investmentfonds: Wir gehen zum Premium-Berater einer etablierten Privatbank, lassen uns beraten und kaufen dann die empfohlenen Papiere bei einer Internetbank zum halben Ausgabeaufschlag oder besser noch direkt an der Börse ganz ohne Aufschlag.

Ich selbst gestehe, einmal in einer Münchner Nobelboutique ein Markenbekleidungsstück sehnsüchtig zu teuer gefunden zu haben. Ich habe meinen Laptop (heute wäre es ein Blackberry) aufgeklappt und dasselbe gute Stück nagelneu zum halben Preis bei eBay gefunden. Beim Klick auf Sofortkauf hatte ich heftige Gewissensbisse. Ich hatte nämlich das Geschäft um das Wissen über die wunderschönsten Textilien betrogen. Dafür muss ich selbst auch

leiden. Ich schreibe dieses Buch für Sie. Und viele von Ihnen versuchen neuerdings, an elektronische Kopien zu kommen, weil Sie meine 20-Euro-Bücher zu teuer finden. Ich schreibe monatelang an einem Buch und verdiene lächerlich wenig daran (Geld bekomme ich dann allerdings für Vorträge!). Ich fühle mich nicht gewürdigt, verstehen Sie? Sie bezahlen locker 40 Euro für eine Bundesligapartie, das Orgelkonzert kostet auch schon 20 Euro, aber mein Buch ist zu teuer?

Das Internet mit seiner Gratiskultur würdigt Experten herab. Wissen oder Kunst sind für viele einfach frei wie Luft und Bürgersteig. Damit wird die Leistung zur Erzeugung von Inhalten gering geachtet. Wer also begehrte Inhalte oder Wissen hat oder schafft, muss einen genauen Plan haben, wie er zu seinem Geld kommt. Intelligenz und selbst Premium-Inhalte verdienen ohne professionelle Vermarktung noch nichts. *Wissen allein ernährt nicht mehr.*

Wie gesagt, ich weiß das nur zu gut. Ich verdiene mit dem Schreiben kaum etwas, ich gewinne aber Bekanntheit als Autor. Diese kann ich nutzen, um zu bezahlten Vorträgen über die Thesen meiner Bücher eingeladen zu werden. Damit kann ich Geld verdienen, weil ich eine Begabung habe, gute Reden zu halten. Meine Expertise als Autor lässt sich im Beruf des Redners in Geld ummünzen. Das ist meine Vermarktungsstrategie. Ohne sie wäre das reine Schreiben eine brotlose Kunst. Was macht aber der Buchhändler gegen nur Schaulustige? Er wird Spiele und Geschenke in sein Geschäft aufnehmen müssen, die nicht leicht im Internet zu finden sind. Er wird Kaffee verkaufen. Die Bank wird das Verkaufen der Investmentfonds bald automatisieren und keine Beratung mehr bieten. Die Edelküchenboutique muss sehr vorsichtig sein, wenn sie Kunden einen Vorschlag macht. Im Grunde müsste sie versuchen, Vorschläge zur Innenarchitektur nur gegen einen Geldbetrag zu leisten, dessen Bezahlung beim Kauf einer Küche entfällt.

In jedem Fall braucht der Top-Experte eine wirkliche Strategie, wie er für seine Leistung noch an Geld kommt. Er trifft auf Kunden, die zehn Kilometer fahren, um für einen Cent billiger zu tanken.

Viele Experten und Premium-Anbieter glauben heute noch, dass Klasse allein für Geschäft sorgt. Nicht wirklich! Sie müssen selbst etwas für ihr Image und ihre Bekanntheit tun. Aufmerksamkeit – sogar negativ besetzte wie für seltsame TV-Trash-Promi-Sendungen – ist eines der wertvollsten Güter unserer Zeit!

Viele Top-Experten haben kein Talent dafür, Aufmerksamkeit zu erregen. Introvertierte tun sich sehr schwer in der neuen Zeit. Ingenieure und besonders Computerfachleute sitzen lieber vor Bildschirmen als vor Menschen. Auf meiner Homepage www.omnisophie.com verweise ich schon lange auf einen Test im Internet, der den AQ misst, die »Autismus-Quotienten«. Inzwischen haben mir mehr als 1000 Leser ihr Ergebnis geschickt. Ja, ganz klar, Top-Experten haben meist einen sehr viel höheren AQ. Solche Menschen leiden körperlich, wenn sie »angeben müssen«. Sie belegen eine Vermarktung mit Schimpfworten. Sie selbst würden bei einem Vermarktungsversuch vor Peinlichkeit sterben – und noch schlimmer: Sie nehmen sich kein Vorbild an denen, die sich gut vermarkten, sondern sie hassen ganz pauschal alle, »die sich arrogant hervorheben, künstlich begeistert Mittelmäßiges loben und seicht argumentieren – ohne jede Ahnung«!

Speziell Professoren, Pfarrer und Ärzte lehnen das Vermarkten innerlich ab. Ich verstehe das selbst gut, ich bin ja auch so ein Introvertierter und habe einen ganz guten AQ. Experten sehen ja auch, dass die Industrie der »Commodity« stark Werbung betreibt. Sie empfinden deshalb Werbung oder Vermarktung als etwas für den, »der es nötig hat«.

Sie verstehen nicht, dass im digitalen Zeitalter alle eine Vermarktung nötig haben.

Selbstverantwortlichkeit für »Visibility« und Karriere

Sie stehen mit Ihrer beruflichen Leistung im Wettbewerb mit weit mehr Menschen als früher. Das gilt nicht nur für Ihr Piz-

zarestaurant, das bekannt sein sollte! Nicht nur für Ihre Arztpraxis, die einen weit hallenden Ruf haben muss! In diesen Fällen ist die Notwendigkeit von Sichtbarkeit leicht einzusehen und vielleicht leichter als Problem zu akzeptieren.

Aber auch in den normalen Unternehmen müssen Sie als Mitarbeiter für Exzellenz bekannt sein, sonst bekommen sie keine Arbeit, bei der Ihre Exzellenz effektiv eingesetzt werden kann. Kennen Sie diese typischen Top-Experten, die hinten böse knurrend in den großen Bereichsmeetings sitzen und sarkastisch kommentieren? »Die sollten mich mal fragen, das klappt nie, was die sich da ausdenken. Ich allein weiß genau, wie es geht, aber mich fragt keiner!« Bitte! Ein Professional muss sich Gehör verschaffen, wenn er weiß, dass etwas gegen die Wand zu fahren droht!

Bei IBM zum Beispiel, wo ich arbeite, sollten Sie unbedingt »Visibility« (Sichtbarkeit) haben. Wir suchen ja den besten Mitarbeiter für ein Projekt immer deutschlandweit oder gar weltweit aus, nicht am Ort oder vor Ort. Wenn Sie nun nicht als exzellenter Mitarbeiter bekannt sind, bekommen Sie keine tollen Projekte! Hinten im Winkel sitzen und hadern ist vollkommen unerwünscht, nicht nur erfolglos. Genauso, wie Sie als Kunde den besten Handwerker heute im größeren Umkreis suchen, so werden perfekte Projektprofessionals im ganzen Unternehmen aufgespürt. Sie selbst sind dafür verantwortlich, dass man Sie findet, wenn man solche wie Sie sucht.

In einer vernetzten Arbeitswelt müssen Sie deshalb auch Ihre Karriere selbst in die Hand nehmen. Ihre Arbeit strahlt zukünftig immer weiter aus. Sie haben Projekte mit anderen Ländern und Kontakte zu anderen Unternehmen. Ihr eigener Chef weiß kaum noch, was Sie ganz genau arbeiten (das ist bei den Premium-Berufen ganz oft der Fall). Sie werden über Ihre professionelle Wirksamkeit wahrgenommen, von der Ihr Chef über Kunden und ferne Kollegen hört – wenn Sie noch einen echten Chef wie früher haben (auch das verändert sich). Im Kern müssen Sie Ihr eigenes Personenunternehmen als echte Führungspersönlichkeit leiten. Es geht nicht darum, dass Sie egoistisch nur für sich selbst sorgen, wie es oft abschätzig gesehen wird – nein, in Zukunft kümmert

sich niemand mehr so sehr um Sie. Sie arbeiten in einem Netz von Menschen und müssen zusehen, dass Sie selbst zu Ihrem Recht kommen. Früher mussten Sie nur arbeiten, dann bekamen Sie Ihren Lohn. Heute müssen Sie sich tolle Projekte geschickt auch durch Selbstmarketing »an Land ziehen«, über die Bedingungen verhandeln und auch einfordern, was Ihnen zusteht. Sie sind jetzt auch Chef, nicht mehr nur Untertan.

Vernetzung der Arbeit und Abschied vom klassischen Management

Leader sind Premium, Manager werden Commodity

Während wir unser Schicksal immer mehr selbst lenken müssen und keine rechte Hilfe mehr vom Chef erwarten können, sehen wir diesen immer mehr als »Zahlenknecht«, der hinter Tabelleneinträgen herhechtet und uns mit immer noch nicht erfüllten Zielgrößen drangsaliert, was er selbst oft als »Motivieren« bezeichnet. Unsere Chefs leisten als Zahlenmanager kaum noch Inhaltliches. Sie messen, bewerten und zählen zusammen. Das aber können Computer meist schon selbst.

Implizit sieht man die ständige Entwertung der Managementprofession an der seit vielen Jahren steigenden Mitarbeiterzahl pro Manager (Fachterminus: *Span of Control, Span of Management* oder *Kontrollspanne*). Früher hatten Personalvorgesetzte höchstens zehn Mitarbeiter, die man gut führen konnte, heute sind es oft einhundert, auf die mehr oder weniger nur noch per Computer aufgepasst wird. Der normale Manager hat bei so großen Mitarbeiterzahlen keine Chance zu wissen, was der Einzelne arbeitet. Manager von heute müssen dafür sorgen, dass die Mitarbeiter regelmäßig Sicherheitsbelehrungen bekommen, möglichst keine neuen Handys oder Computer bestellen, die billigsten Hotels buchen, möglichst keine Überstunden aufschreiben.

Kurz: Manager werden zur Commodity.

Auf der anderen Seite ächzen Shareholder, Mitarbeiter und Unternehmen unter diesen Commodity-Managern, die sich nicht mehr zu Entscheidungen durchringen, die keine Innovationen hervorbringen, keine Strategien verfolgen, nicht mehr begeistern und kein Charisma haben.

Die ganze Wirtschaft hungert und dürstet nach »Leadership«, nach echten Unternehmern oder nach Führungspersönlichkeiten, die wirklich einen Unterschied machen. Warum gibt es die denn nicht oder nicht mehr?

Die Vernetzung der Arbeit verändert die Anforderungen an Management und Manager. Klassisches Management wird Commodity. Premium-Manager gibt es kaum, auch weil die den Nachwuchs bildenden Hochschulen und MBA-Fabriken das digitale Zeitalter nicht heraufkommen sehen.

Diese hier noch zu harte Aussage lasse ich trotzdem stehen, eine Auseinandersetzung mit dem Bildungssystem folgt ja weiter hinten in diesem Buch.

Das Konzept des Professionals löst das vom Manager und Mitarbeiter ab

Die komplexen Aufgaben in Unternehmen erfordern in der Regel, in einem größeren Netzwerk etwas zu bewegen oder voranzubringen. »Machen Sie Fortschritte bei der Gleichstellung von Männern und Frauen im Unternehmen« – »Ergreifen Sie Maßnahmen zur Verbesserung der Innovationsfähigkeit« – »Gewinnen Sie das Großunternehmen XY als unseren Kunden« – »Etablieren Sie unser Unternehmen in Indien« – »Reorganisieren Sie die Abläufe in der Niederlassungsverwaltung«.

Das sind Aufgaben, bei denen eine Unzahl von anderen Mitarbeitern, von höheren Managern, von Kunden und staatlichen Institutionen hin zu einem angestrebten Ziel geführt werden

müssen. In den meisten Fällen müssen alle in einem Netzgeflecht wirklich überzeugt werden! Der Professional hat nur den Arbeitsauftrag auf ein Ziel hin, nicht aber Macht über die anderen bekommen. Auf der anderen Seite haben alle diese anderen ihre eigenen Aufgaben, wiederum ihre anderen Ziele anzustreben. Mehr noch – die Ziele der anderen stehen fast immer in Konflikt zu den eigenen.

Die Arbeitsaufträge an den Professional geben die Richtung vor, der Weg ist gar nicht klar, es gibt viele Möglichkeiten für einen Erfolg und entsetzlich viele für einen Misserfolg.

Ich bin für die Firma IBM oft bei Kunden und versuche, die neuen innovativen Ideen der Zukunft zu propagieren. Irgendwann zeigt ein Kunde Interesse. Dann muss der Vertriebsbeauftragte zum Beispiel »ein Angebot für den Rechenzentrumsumbau erstellen«. Dazu muss er Kontakte knüpfen: zu Architekten, Umweltexperten für Green IT, zu Preis-, Rechts- und Vertragsexperten. Er muss neueste Bautechnologien heranziehen, die Größe des Baus schätzen, den Hardwarebedarf neu bestimmen. Soll der Kunde die alten Computer ins neue Gebäude mitnehmen – oder wagt er einen echten Schnitt und integriert die IT ganz neu? Das hängt vom Nutzen der neuen Technologien ab, von Abschreibungszyklen, von der Automatisierungsangst der IT-Experten beim Kunden, von den Preisen, den Service-Levels, den Sicherheitsanforderungen, den neuen Bauvorschriften, neuen Standards, den Baukosten und so weiter. Mit einem ganzen Netzwerk von anderen Professionals muss der Vertriebsbeauftragte etwas entwerfen und vertraglich günstig festlegen, was der Kunde gerne unterschreibt, weil es genau seine Wünsche und Finanzierungsvorstellungen trifft.

Was ist das für eine Arbeit? Ist das Verkauf? Auch. Ist es Management? Viel davon. Ist es Technologieberatung? Verhandlung? Ausgleich von Interessen auch »politischer Art«? Menschenführung? Es ist von allem etwas.

Was hat der Chef des Vertriebsmitarbeiters mit der Aufgabe zu tun? Er kann helfen, seinen vielleicht größeren Einfluss geltend zu machen. Aber im Grunde ist der Vertriebsmitarbeiter mit

einem sehr komplexen Problem im Wesentlichen auf sich gestellt. Sein Chef hat eher die Commodity-Aufgabe, den Auftrag entgegenzunehmen und Haken in Tabellen zu machen.

Ich will sagen: Die Aufgabe des Vertriebsprofessionals ist wesentlich komplexer als die seines Chefs. Trotzdem genießt der noch die höhere Anerkennung und erwartet ein entsprechend höheres Gehalt im Sinne der alten Macht- und Hierarchiestrukturen. Diese lösen sich aber auf oder stehen nur noch auf dem Papier. Im Grunde sind heute sehr viele Mitarbeiter eines professionellen Unternehmens Professionals, die für sich (ohne Anleitung vom Chef) in komplexen Zusammenhängen und großen Netzwerken etwas zu einem Ziel hin bewegen.

Die Berufe werden in diesem Sinne stärker »unternehmerhaft«. Auch Bankangestellte warten nicht mehr am Schalter auf Kunden, sie sind angehalten, proaktiv Hausbesuche zu vereinbaren und »draußen« Neukunden anzuwerben. »Lassen Sie sich etwas einfallen.« Professoren müssen raus aus dem Elfenbeinturm und ihre Forschung bei Unternehmen vermarkten. Autohändler können nun mehrere Marken anbieten und werden vom Befehlsempfänger eines Autoproduzenten zur Drehscheibe. Schuldirektoren müssen raus, um die Schule bekannt zu machen und ihren guten Ruf zu verbreiten. Raus! Raus! Raus! Dadurch wird die Vernetzung bei der Arbeit viel, viel größer. Der Bedarf nach unternehmerischen und kommunikativen Arbeitskräften steigt. Diese Professionals sind »alles«, also Verkäufer, Kommunikator, Manager, Controller und Innovator in einem. Sie arbeiten in vielen Projekten und verschiedenen Rollen mit, in manchen als Chef und in etlichen anderen als Teammitglied. Jeder muss also das Dienen beherrschen und als Herrscher dienen können.

Die klassischen Tätigkeiten, bei denen etwas genau Definiertes und Verwaltetes und Gezähltes abgearbeitet wird, sind auch die klassischen Kandidaten für eine Rationalisierung, eine Industrialisierung und schließlich für die Automation. Die neuen Tätigkeiten schreiben keine Handgriffe vor, sondern sie verlangen Resultate – wie immer man die herbeischafft. Diese Tendenz leitet die Zeit des professionellen Menschen ein.

Wissen WAR Macht –
es gibt kein Herrschaftswissen mehr

Wissen oder Information im Management *war* oft Herrschaftswissen, das nur der Experte hatte oder nur in Führungskreisen geteilt wurde. Im Management bildeten sich Führungscliquen, Seilschaften und Machtbezirke. Es wurde sorgfältig definiert, was der normale Mitarbeiter wissen durfte und wie man es ihm in verträglichen Stufen oder Dosen kommunizierte. Noch heute versuchen letzte Politiker der alten Generation, dem Volk nicht zu viel Wahrheit zuzumuten. Gewerkschaften oder Betriebsräte waren Feinde, die man vom Wissen um das Unternehmen fernhalten musste. Pläne oder Strategien des Unternehmens, besonders aber Personalia und Erfolgszahlen wurden wie das Geheimnis der Coca-Cola-Zusammensetzung gehütet. Akten wurden bei Regierungswechseln verbrannt. »Need to know« hieß die magische Formel des Zutritts zu Wissen. »Jeder bekommt nur das Wissen, das er zum Arbeiten braucht. Mehr nicht. Alles andere geht ihn nichts an.« – »Der Soldat weiß nur, dass er den Hügel nehmen soll. Seine Überlebenswahrscheinlichkeit und den Schlachtplan kennt nur der General.« – »Die Bibel ist lateinisch, die Predigt und die Liturgie auch. Das Volk soll nur vor dem Mysterium niederknien. Die Kirche darf keinesfalls durch den Buchdruck und Luthers Übersetzung an Macht einbüßen. Zum Glück kann das Volk nicht lesen.« – »Wie viel Gewinn wir machen, ist nicht Sache des Mitarbeiters. Er würde nur nach Lohnerhöhungen gieren.« Das Internet und die Vernetzung aber bringen eine immense Transparenz über die Welt, es ist ein einziges großes WikiLeak entstanden. Alles ist quasi öffentlich. Diese Entwicklung erschüttert das Management und besonders auch die Politik in den Grundfesten.

Politik oder Management bestand bislang darin, ein Machtgeflecht in eine erwünschte Richtung zu bewegen. Durch geschicktes Lavieren zwischen den Interessengruppen, durch taktisch gute Sitzungstermine und Abstimmungsmodalitäten, durch

Geheimtreffen und Abstimmungen im Vorfeld werden die politischen Gremien in Marathonmeetings so gelenkt, dass am Ende ein nun formal beschlossenes Gesetz oder eine Bau- oder Betreibergenehmigung vorliegt. Die, die nicken sollen, werden schlau zum Nicken gebracht. Wer das schafft, hat den Beweis erbracht, ein Profi-Politiker zu sein.

Diese Tendenz, in Politik und Wirtschaft das Ökonomische mit den Mitteln der Machtpolitik zu betreiben, schwächt sich ab.

Wir sehen das an den immer stärker diskutierten Großvorhaben wie dem Umbau des Stuttgarter Bahnhofs oder der Laufzeitverlängerung für Kernkraftwerke. Beim Stuttgarter Bahnhofsprojekt S21 (der Hauptbahnhof soll unter Milliardenkosten untertunnelt werden, damit die Züge schneller durchfahren und das große Innenstadtgebiet der heutigen oberirdischen Gleisanlagen neu kultiviert werden kann) hagelte es Bürgerproteste, weil das Projekt in guter alter kompletter Intransparenz politisch durchgezogen worden war. Die Bürger blieben außen vor. Nach dem politischen Vollzug und dem anschließenden Baubeginn wurden bohrende Fragen immer lauter. Es gab nie dagewesene Proteste von ganz normalen Menschen, die sehr böse wurden, sich dann politisch als Gewaltbereite in die Ecke manövriert zu sehen. Die Politikverdrossenheit schlug in Politikwut um. Die Herrschenden fürchteten eine Wahlniederlage und gingen in Schlichtungsgespräche (geleitet von Elder Statesman Heiner Geißler). Es gab lange öffentliche Debatten, die im Internet übertragen wurden. Jeder konnte teilhaben. Es kam heraus, dass die an der politischen Durchsetzung des Großprojektes Beteiligten weniger Sachkenntnis bewiesen, als man es unbefangen erforderlich finden würde. Insbesondere schienen sich die Initiatoren nicht so sehr um die tatsächlich zu erwartenden Kosten gekümmert zu haben, was angesichts der leeren Kassen verwundert. Machtpolitik boxt einfach durch, es geht nicht um das ausgewogene Handeln in einem Netzwerk der betroffenen Unternehmen und Menschen.

Entwicklungen wie die in Stuttgart sind ein Zeichen der Zukunft. Eine vernetzte Welt verlangt das Zusammenarbeiten in voller Transparenz. Es geht um Argumente und nicht um Taktik.

Es geht um das Erreichen des Zieles, nicht darum, wer genau das Ziel erreicht und damit den Bonus oder den Wahlsieg dafür einstreicht. Es geht um gute Politik, nicht darum, wer sie betreibt.

Die Zerreißprobe ständigen Umbaus neben der eigentlichen Arbeit

Die Revolution im Dienstleistungssektor erfordert einen ständigen Umbau über einige Jahrzehnte. Denken Sie an frühere Großveränderungen. Mein Vater bewirtschaftete 30 Hektar Land und beschäftigte eine Unzahl von Arbeitskräften zum Melken, Mästen, Mähen, Dreschen, Spinatschneiden, Rübenroden, Erbsenpflücken, Hühnerflügelbeschneiden, Drillen, Pflügen usw. Irgendwann kam der Trecker, und unsere lieben Pferde Max und Moritz durften in einen Zoo – ich war noch Kind. Es folgte eine lange Zeit des Abschiedes vom Gewohnten. Mein Vater gab die Viehzucht auf und hatte eigentlich keinen Vollzeitjob mehr, als er in Rente ging. Alles war jetzt automatisiert.

Als die Automobilindustrie durch Roboter und Lean Management automatisiert wurde, hagelte es neue Fremdwörter wie »Downsizing«, »Reengineering«, »just in time«, »Six Sigma«, »Total Quality«, »Utilization«, »Optimization«, »Control-Center« etc. Es vollzog sich der gleiche Prozess des Abschiednehmens wie in der Landwirtschaft.

Nun nehmen wir an einem ähnlichen Umbau der Dienstleistungen teil. Alles kommt auf den Prüfstand! Dieser ganze Umbau führt zu einer Neuverteilung der Anstrengungen. Wir arbeiten nicht mehr nur an dem, was wir produzieren oder für den Kunden leisten, sondern wir verwenden einen immer größeren Teil der Arbeitszeit eben auf diesen Umbau. Die ständige Verbesserung und Erneuerung nimmt bei vielen Unternehmen ein Drittel der Ressourcen in Anspruch! Lassen Sie uns die normale Arbeit von der Umbauarbeit gedanklich trennen. Im Amerikanischen spricht

man von »Run & Change«, also vom Betreiben eines Unternehmens und dem innovativen Verändern.

- *Run the System:* Normale Arbeit im System ist Auftragsbearbeitung, das Unterrichten bei Lehrern, Produzieren, Hamburgerbraten, Kassieren, Postaustragen etc. Das sind *Arbeiten im System* selbst.
- *Manage the System:* Normales Managen prüft den Fortgang der Arbeit, sammelt Ergebnisse, führt das Personal, stellt die Qualität der Arbeit sicher etc. Das ist *Managen im System* selbst, um es zu betreiben.
- *Change the System:* Eine andere Arbeit betrifft das Arbeiten daran, wie in Zukunft anders oder besser gearbeitet werden soll. Innovation verändert die Produkte, das Management verändert das Geschäftsmodell, Technologie verändert die Arbeitsplätze. Das sind *Arbeiten am System.* Es ist »Arbeiten am Arbeiten«. Ich kann also auch wagen, dazu *Metaarbeit* zu sagen.
- *Lead the System-Change:* Der Umbau muss gemanagt werden. Was wird wann wie erneuert und verändert? Was ist die Gesamtstrategie? Wohin geht die Richtung? Will man in kleinen evolutionären Schritten verändern oder radikale Einschnitte vornehmen?
- *Meta-Management:* Der Computer hat das Management sehr verändert. Ohne Zahlentabellen ist Management heute kaum denkbar. Das Internet wird wieder ganz andere Strukturen möglich machen. Es stellt sich die Frage, ob man nicht nachdenken muss, was Management überhaupt ist? Muss man also nicht auch das Managen managen? Ist Management denn nicht bei der Auflösung von Boss-Mitarbeiter-Strukturen etwas ganz anderes? Managen wir überhaupt noch gut?

Die eigentliche Arbeit und die Arbeit am Umbau stören sich natürlich gegenseitig. Der Umbau hält von der Arbeit ab. Die eigentliche Arbeit stört den Umbau und damit die Zukunftsfähig-

keit. Jedes Unternehmen muss eine gute Balance zwischen gegenwärtigem und zukünftigem Geschäft halten. Das klingt leichter, als es ist. Denn normale Arbeit muss Routinen und effiziente Abläufe schaffen, um profitabel zu sein. Manager der normalen Arbeit brauchen Kontinuität und stetiges Arbeitsaufkommen. Das Change-Management bringt nun Unruhe in etwas, was unbedingt Ruhe haben muss.

Das Verändernde beißt sich nun mit dem Bewahrenden. Deshalb fällt Unternehmen ein ständiger Umbau sehr schwer.

In Zeiten großer technologischer Umwälzungen wie in der heutigen durch das Internet sind die Umbauarbeiten fast wichtiger als das Geldverdienen mit der eigentlichen Arbeit. Die Arbeiten am System oder die Metaarbeit nehmen ständig zu. Immer mehr Professionals werden gebraucht, um Neuaufstellungen, Umstrukturierungen, Geschäftsverlagerungen nach Asien oder technologische Neuerungen zu betreiben. Einige Beispiele:

- Professionals erdenken, entwickeln, planen und bauen neue Dienstleistungssysteme wie »Internetapotheke«, »Kaffeekette mit Wireless LAN« oder »Alles bio«.
- Sie bilden neue Ökosysteme von vielen Firmen, die gemeinsam eine Dienstleistung anbieten oder ein Produkt herstellen (Elektroauto mit vielen Lieferanten, Internetkaufhaus mit noch mehr Handelspartnern und Herstellern). Ganze Netzwerke von Firmen müssen zusammengebunden werden für Warenbeschaffung, Einkauf, Logistik, Marketing etc.
- Professionals dehnen das Unternehmen aus, bereiten es auf die globale Zusammenarbeit vor und machen es in der Welt fremder Kulturen fit. »Wie managt man in Indien oder Brasilien?«
- Sie führen neue Technologien und Arbeitsprozesse ein, was heute oft von einer neuen IT her begonnen wird. Ein bekanntes Beispiel für eine solche Umwälzung ist die Einführung von SAP in Unternehmen, demnächst die von Cloud-Computing.

- Professionals des Umbaus bereiten die normalen Mitarbeiter auf die Veränderungen vor, bilden sie aus und setzen viele von ihnen in andere Arbeitsbereiche um, denn die neue Arbeit ist ja effizienter als die alte. Der Umbau hat oft Entlassungen zur Folge, die zu erheblichen Störungen des Betriebsklimas führen.
- Sie begleiten den Außenauftritt des Unternehmens, kommunizieren mit Kunden und begleiten diese in die Zeit nach dem Umbau. Auch die Kunden sind regelmäßig durch den Wandel eines Unternehmens irritiert, nicht nur die Mitarbeiter.

Kurz: Die Industrialisierung der Dienstleistungen führt dazu, dass immer weniger Menschen an den Dienstleistungen selbst arbeiten und dass immer mehr Professionals dafür da sind, das System zu managen, zu verbessern, zu wandeln, zukunftsfähig und modern zu halten oder neue Inhalte zu erschaffen. Zum Beispiel: Das System einer Hamburgerkette ist die Hauptleistung, die wirkliche Arbeit aber, das Braten und Verkaufen der Hamburger ist ein Niedriglohnjob. Oder: Die Kunst ist es, ein profitables Banksystem oder Versicherungssystem zu kreieren, die eigentliche Arbeit im System wird dagegen immer einfacher und automatischer.

Die eigentliche Dienstleistungsexzellenz verschiebt sich von der Arbeit **im** System zu Arbeit **am** System. Die Metaarbeit nimmt gegenüber der Arbeit an Wichtigkeit zu.

Besonders die Metaarbeit, die ständig verändert, erfordert Top-Leute. Die Arbeit im System selbst verliert an strategischer Bedeutung. Mitarbeiter und unmittelbare Abteilungsleiter gehören als Commodity zum funktionierenden System dazu. Sie erledigen noch, was derzeit nicht automatisch geht. Sie stöhnen unter den vielen Metaarbeitern, den Beratern und Change-Managern, die mit ihren Veränderungen ständig die normale Arbeit durcheinanderwirbeln und oft empfindlich stören. »Lasst uns arbeiten!

Wir verdienen schließlich das Geld!«, rufen die Arbeitenden, die »Run the System« betreiben. »Nicht mehr lange!«, entgegnen die Metaarbeiter, die »Change the System« anstreben. Die Mitarbeiter, die die eigentliche Arbeit machen oder die Leistung erbringen, sind meist schlechter bezahlt als die Veränderer, die sich Mühe geben, alles so zu verändern, dass es bald keine Arbeit mehr gibt.

Ich habe diese Entwicklung schon lange kommen sehen. Mir war nicht wohl bei dem Anblick. Ihnen geht es sicher ebenso. Soll jetzt alles in Dienstleistungssysteme verschwinden? Sollten Ärzte und Apotheker, Rechtsanwälte und Professoren wirklich automatisierbar sein? Uns fröstelt.

Aber wir werden ja immer mehr von Computern untersucht und therapiert, bekommen Arzneien bald an Automaten und sehen uns Vorlesungen im Internet an. Neue Rechtssysteme sollen derzeit entstehen, die möglichst alle Streitfälle im Wege der Schlichtung beilegen und damit das echte Auskämpfen mit kompliziertesten Gesetzen weitgehend erübrigen ...

Ich war vor Jahren einmal sehr böse, dass ich das so kommen sehen musste, und schrieb das ganz garstige und sehr sarkastische Buch *Lean Brain Management*. In diesem schlage ich vor, einfach alle Intelligenz ins Internet zu verlagern und uns nur noch als unterbezahlte Roboter für noch benötigte körperliche Arbeit zu verwenden. Das Buch wurde von der *Financial Times Deutschland* zum Managementbuch des Jahres 2006 gewählt. Und ich sehe heute, dass das, was ich im Buch als satirische Warnung an die Wand nageln wollte, uns jetzt auf leisen Sohlen erreicht.

Unter Stress und trotzdem wirksam!

Umbau und Arbeiten gleichzeitig, das gibt Stress! Besonders wer Systeme neu konzipiert und bestehende quasi während der laufenden Produktion verändert, sieht sich fast umzingelt von allerlei »schicksalhaften Sachzwängen«, die im echten Leben

immer wieder den Erfolg zu verhageln drohen. Woher kommt der Stress?

Das gleichzeitige Arbeiten und Umbauen wird meist immer noch unprofessionell betrieben. Diese Unprofessionalität führt ständig zu immer denselben Konflikttypen und Reibungen.

Ich zähle ein paar davon auf:

- Schlechte Kommunikation zwischen allen Beteiligten (diese Klage steht auf jeder Liste ganz oben!)
- Hektischer Projektstart ohne genaue Planung, dadurch vorprogrammierte Termin- und Kostenüberschreitungen (wobei der Aufwand an Zeit, Geld und Arbeit ohnehin chronisch unterschätzt wird)
- Viel zu optimistische Erwartungen, die wegen der mangelnden Planung noch durch keinerlei Detailkenntnis und Konsequenzenbewusstsein getrübt werden
- Die Verteilung der Aufgaben ist unklar und schon gar nicht sicher zwischen den Beteiligten vereinbart
- Die Beteiligten unterschätzen die Arbeit in komplexen Netzen von Menschen und haben insbesondere wenig Verständnis für Projektdurchführung – das gilt oft auch für die Projektleiter.
- Wenig Anwendung von Methoden und Controlling
- Maßlose Unterschätzung der Komplexität eines Großprojektes und der entstehenden Probleme zwischen verschiedenen Unternehmenskulturen
- Vollkommen falsche Annahme, es bei Projekten mit lauter Professionals zu tun zu haben; keine Vorstellung, wie ein Projekt mit vielen Unprofessionellen, mit Zukunftsverängstigten und Egoisten unter gleichzeitigen enormen Interessenkonflikten gemanagt werden soll. In der Folge ganz naive und unbedarfte Klage, dass es im Chaos zu viel »menschelt«.

- Zwanghafter und untauglicher Versuch, Probleme mit noch mehr überforderten Menschen, mit viel mehr Geld oder mit Macht aus starren Hierarchien heraus zu lösen

Kennen Sie diese Probleme, die fast alle immer überall auftreten? Warum tun wir uns das an? Ich glaube, ich weiß es: Der Anteil der Metaarbeit am System ist immer noch weithin ungewohnt. Wir sind darin nicht wirklich professionell. Deshalb haben wir so ungeheuer viele »Troubled Projects«, also Projekte, »die in Seenot geraten sind«. Es gibt ganz wenige Professionals, die heute in allgemein eher unprofessionellen Umgebungen trotzdem ein gutes Projekt zustande bringen.

Der Spagat des heutigen Professionals zwischen divergierenden Zielen

Heute muss ein Professional alle diese Konflikte ertragen. Die Arbeiten im System müssen glattlaufen, was ja auch nicht so ganz selbstverständlich ist. Auf den gleichzeitigen Umbau wird von den normal Arbeitenden fast allergisch reagiert, weil sie das Erreichen ihrer Ziele in Gefahr sehen, wenn sie dauernd abgelenkt werden.

Das Unternehmen selbst betreibt den Wandel – aus demselben Grunde – oft halbherzig: Es fürchtet, die Gewinnziele zu verfehlen. Umbau stört diese Gewinnziele. Deshalb versuchen Unternehmen, den Wandel wie ein Zusatzhobby zu betreiben. »Es darf nichts kosten.« Mitarbeiter werden aufgefordert, für den Wandel Überstunden zu leisten (das tun sie aber schon für die normale Arbeit), indem sie einen Nebenjob beim Umbau annehmen. Im Amerikanischen: »Another night job!« Manager fordern die Mitarbeiter auf, die »Extrameile zu gehen«.

Damit hat die Arbeit am Umbau nicht den verpflichtenden Charakter der eigentlichen Arbeit. Umbau ist wie ein Ehrenamt, in dem man sich engagiert, wenn man gerade Zeit hat.

Diese halbherzige und eben unprofessionelle Organisation

von Run & Change führt zur Vernachlässigung des Change-Anteils, bis sich dieses Versäumnis bitter bemerkbar macht: Die Kunden verlangen bessere Produkte, das Unternehmen steht verglichen mit anderen schlecht da, der Wandel der Märkte wird ignoriert etc. Dann wird der Ruf nach Veränderung immer lauter und dringlicher, sodass nun hektische Aktivitäten des Umbaus beginnen, die oft schnelle Hüftschüsse zur raschen Entlastung darstellen. Die entsprechenden Umbaumaßnahmen verpuffen. Diese Erkenntnis wiederum verschärft die Konflikte mit dem Management der eigentlichen Arbeit. »Wir schaffen wie die Blöden, und die anderen stören uns, bringen aber nur schöne Pläne zustande, die nichts bewirken.«

Noch einmal: In vielen Firmen wird die Arbeit *im* System sekundengenau abgeliefert – mit atemberaubender Präzision! Aber die Arbeit *am* System sieht meist sehr amateurhaft aus.

Professionell ist, wenn trotzdem alles klappt. Neue Professionalität verlangt den »Spagat« zwischen allem Verschiedenen.

- Professionelle Arbeit in heutigen unprofessionellen Systemen verlangt das positive Umgehen mit vielen divergierenden Zielen und im Konflikt stehenden Menschen. Gute Professionals können eine Insel des Gelingens sein.
- Professionals und Manager der Zukunft könnten das Ineinanderwirken von Arbeit und Umbau professioneller gestalten. Dazu muss Meta-Management betrieben werden.

Wenn ich jetzt mehrfach die heutige Situation mit dem Wort »unprofessionell« belege, werden viele von Ihnen etwas zucken oder sich gar empören. Sie könnten denken: »Bei den vielen Konflikten ist es ganz natürlich, dass immer wieder Schwierigkeiten auftreten. Eine heile Welt wird es nicht geben. So ist die Welt nicht!«

Ich möchte mich ganz strikt gegen die resignative Haltung wenden! Sie ist für mich eine Art Ausrede, nicht hart daran zu arbeiten, dass die Konflikte eben nicht auftreten! Ich habe Ihnen ja

die Liste der hauptsächlichen Projektprobleme oben aufgeschrieben. Ist es zu viel verlangt, diese elementaren Dauerbrennerfehler einzustellen?

>>Dumme und Gescheite unterscheiden
sich nur dadurch, dass der Dumme immer wieder
dieselben Fehler macht und der Gescheite immer neue.<<
(Kurt Tucholsky)

Dass bei einem Umbau neue Fehler gemacht werden, die man noch nicht kannte, muss als Risiko hingenommen werden. »Fehler muss man zulassen!«, raten deshalb die Managementgurus. Sie vergessen meist hinzuzufügen, dass es im Sinne von Tucholsky wirklich nur neue Fehler sein sollten.

Wir sollten also zunächst das Zusammenspiel von normalem Arbeiten und dem umbauenden Metaarbeiten professionell regeln, dann wäre ein großes Konfliktpotenzial beseitigt.

Ob dann die Welt immer noch unheil sein muss, sehen wir ja dann.

Mich persönlich ärgert es, wenn Manager auf Mitarbeiterklagen über die unsinnige Systembürokratie resigniert antworten: »Das System ist komplex. Die Welt ist komplex. Man kann nichts tun.« Ich finde: Entweder sind sie dann unfähig, gute Strukturen zu bilden – oder sie sind keine »Leader«, also keine Führungspersönlichkeiten, die es schaffen, verschiedene Interessen zur Konzentration auf das Ganze zu vereinen.

In der neuen Zeit brauchen wir also entweder bessere beziehungsweise »einfachere« Systeme oder zahlenmäßig sehr, sehr viel mehr wirkliche professionelle Führungspersönlichkeiten. Die werden in einem weltweiten Netz von Abhängigkeiten gebraucht, um den Kurs zu halten und vor allem die Richtung zu bestimmen.

Wie gesagt: Die vernetzte und hoch verdichtete Arbeit bei widersprüchlichen Zielen verlangt trotzdem eine Konzentration auf das Wesentliche und Nachhaltige. Bei aller Ablenkung durch vieles andere muss die Richtung stimmen. Genau in diesem Punkt sehen wir heute, dass Unternehmen Mühe haben, nachhaltig auf Kurs zu bleiben. Es ist eine eher seltene Kunst, mitten im gefühlten Chaos mit unzersplittertem Willen zu agieren – wie ein Fels in der Brandung zu stehen. *Der wahre Professional hat diese fast körperlich spürbare Aura der Energie.* Er brennt. Dem Körper kommt im digitalen Zeitalter ein neuer Stellenwert zu. Es ist nicht mehr der physische Körper des Möbelpackers, sondern der des »Jedi-Ritters« oder des »Unternehmers«. Der Körper wird als Träger des wuchtigen Kraftstroms wichtig, nicht so sehr als einer der bloßen Kraft. »May the force be with you!«, heißt es in den Star-Wars-Filmen. Die Führungspersönlichkeit der neuen Zeit kann Energien bündeln und den Willen einen.

Das verlangt mindestens eine gute Gesundheit – körperlich und seelisch. Die Seele leidet ja auch, nicht nur der Körper. Der vernetzte Charakter der Arbeit wird von Mitarbeitern und Chefs als extrem stressend, überlastend und überfordernd empfunden – wenn sie nicht durch und durch professionell sind. »Kann ich zaubern? Soll ich alles gleichzeitig können?« Ja! Aber ja! Es stellt sich das neue Problem, wie Menschen mit dieser psychischen Belastung vieler gleichzeitiger Aufgaben umgehen. Früher war um 16:30 Uhr Dienstschluss, die Entspannung im Schrebergarten vor dem Grill war zu hundert Prozent garantiert. Das war einmal. Die Psyche kann sich nun wegen dauernder Blackberry-E-Mail-Erreichbarkeit bis in die Nacht nicht mehr von allein regenerieren. *Der wahre Professional sorgt erfolgreich für seine »seelische Wellness«.*

Das wird *gepredigt!* Aber wir sehen heute, dass viele dem Stress im und am System unter chronischem Overload und ständigen unprofessionellen Konflikten nicht mehr gewachsen sind. Die Konflikte setzen sich oft im Zwischenmenschlichen fort. De-

pressionen und Burn-outs nehmen ständig zu. Wir sind von verschiedensten Verpflichtungen hin- und hergerissen.

Es fällt schwer, die Konzentration auf das Wesentliche zu bewahren. Wir werden von allen Seiten von der eigentlichen Arbeit abgelenkt. Wer sich beim Chef wegen der Überlast beklagt, bekommt zur Antwort, dass man mit etwas gutem Willen unter Nachtarbeit alles gleichzeitig hätte schaffen können.

Das aber geht oft auch schon nicht mehr. Viele haben ihr Privatleben schon weitgehend geopfert. Sie werden rot vor Zorn und grau vor Ärger, dass der Chef immer noch glaubt, sie hätten eines, das geopfert werden könnte.

Wir fühlen uns überfordert, oft hilf- und machtlos. Wir haben immer öfter Angst bis in den Schlaf hinein, der nun auch geopfert wird, weil der Körper nicht will, was das Hirn über ihn verhängt hat. Das Herz ist unruhig und mahnt: Es geht um die Gesundheit.

Der Mensch ist in gewisser Weise der Mikrokosmos im Vergleich zum Unternehmen, das zwischen Wandel und normalem Arbeiten zerrissen ist. Die Spannungen des Unternehmens finden sich im Menschen selbst widergespiegelt. So wie das Unternehmen professioneller werden muss, sollte auch der einzelne Professional seinen inneren Zustand ruhig und möglichst konfliktfrei halten können.

Eine kleine persönliche Erklärung: Es ist nicht einfach – oder besser – es ist ziemlich schwierig, in der hektischen Arbeitswelt von heute und besonders morgen die innere Ruhe zu bewahren. Ich selbst sehe sehr oft eine Art Selbstausbeutung bei den Premium-Professionals und kenne insbesondere im Bereich von Investmentbanking schauderhaft abartige Arbeitszeiten. Im Augenblick nehmen Burn-outs so sehr zu, dass es wohl nicht noch schlimmer werden wird. Die Überlastung der Premium-Professionals, Stars, Politiker, Manager oder Spitzensportler ist verrückt! Trotzdem ist diese Überlastung nicht wegzubekommen, weil es chronisch zu wenige Premium-Professionals oder allgemein Leistungsträger gibt. Wir haben einfach zu wenige Leistungsträger!

Also werden die wenigen verheizt. Das Schlimme ist, dass diese wenigen das mit sich machen lassen. Sie haben oft Arbeitsplatzangst wie alle anderen auch. Dabei könnten sie es sich leisten, selbstbewusst auf einem ruhigeren und selbstbestimmteren Arbeitsleben zu bestehen. Eben genau das macht den wirklichen Professional aus, dass er bei aller Anspannung und unter höchsten Anforderungen von außen noch imstande ist, ein glückliches Privatleben zu führen. Ich werde oft gefragt, wie ich das alles hinbekomme. Ich traue mich kaum, eine Antwort zu geben. Ich fürchte, ich werde gesteinigt. In meiner Universitätszeit als Assistent und Professor habe ich mich einfach an die Bibliotheksarbeitszeiten gehalten. Meine Frau arbeitete als wissenschaftliche Bibliothekarin und hatte feste Dienstzeiten von 8 bis 16:30 Uhr. Die habe ich selbst absolut stur eingehalten und niemals etwas zu Hause gearbeitet. Dann bekamen wir Kinder. Johannes war ein Jahr alt, als ich zu IBM wechselte. Da habe ich laut Stempelkarte immer von 7:30 bis 16.20 gearbeitet und mich dann mit den Kindern etc. beschäftigt. Ende der 90er-Jahre brauchten uns die Kinder nicht mehr so wirklich. Meine Frau begann wieder zu arbeiten und ich fing mit dem Schreiben an. Seitdem arbeite ich zeitlich gesehen sehr viel mehr, aber ich habe immerhin über zehn Bücher in zehn Jahren geschrieben. Die sind unter echter intrinsischer Motivation entstanden – wie dieses hier auch. Das ist keine Arbeit, oder? Ich habe meist meine ganze Arbeit nicht als Arbeit gefühlt. Ich habe große Sorge getragen, dass das immer so ist! Dass die Arbeit mich erfüllt! Dass ich nicht unter Extremstress arbeiten muss! Das ist irgendwie immer gelungen. ABER: Ich muss natürlich immer mit dem leisen Unverständnis meiner Umgebung leben. Sehr oft, wenn ich um 16:30 Uhr ging, rief man mir hinterher: »Hast du einen halben Tag Urlaub genommen?« Ich habe innerlich das Gefühl gehabt, mich als Einziger normal vernünftig zu benehmen. Aber für fast alle anderen ist normal, was alle machen. Es war nicht so einfach, ehrlich nicht. Die Welt ist heute insgesamt unprofessionell, da muss sich das Professionelle eigentlich noch behaupten und seinen Platz erkämpfen.

Ideal wäre es, das Zusammenspiel von Arbeit und Wandel subjektiv als Klima des Wachsens, Prosperierens und Vorankommens zu erleben.

Im Grunde geht es ja um die heute viel diskutierte Nachhaltigkeit. Es geht darum, das Wertvolle durch steten Wandel wertvoll zu erhalten.

Nachhaltig handelt nicht, wer das Wertvolle auf ewig bewahrt, weil nichts beständig ist und ewig wertvoll bleibt.

> Nachhaltig handelt, wer das Wertvolle
> durch Wandel bewahrt.

Durch Wandel bewahren – mit dieser Formulierung ist der Spagat auf den Punkt gebracht. Wandel und Verharren müssen auf einer Metaebene zusammenkommen!

In meiner täglichen Arbeit spielt das stetige Neuerfinden des Unternehmens eine wichtige Rolle. IBM wird in diesem Jahr hundert Jahre alt, eben weil IBM sich immer wieder neue Geschäftsfelder erschloss. Der Großrechnerhersteller mutierte seit 1995 zum Servicegiganten und weitete gleichzeitig sein Geschäft entschlossen besonders nach Asien, Brasilien und Russland aus. IBM eröffnete den Markt des »E-Business« und mutierte selbst zu einem globalen Unternehmen (»Globally Integrated Enterprise«). Heute arbeiten mehr als 130.000 Mitarbeiter allein bei der IBM India! Dagegen sanken die Beschäftigungszahlen in Europa und Nordamerika. 2008 entschloss sich die IBM, unter dem Motto »The Smarter Planet« den weiten Einsatz der IT in Energie-, Wasser-, Verkehrsnetzen zu beginnen und das Gesundheitswesen zu revolutionieren. Können Sie sich vorstellen, wie viel Wandel wir täglich erleben? Es gibt die andere Seite »unserer« schrecklichen Fehler: IBM unterschätzte die Bedeutung von PCs und der Software für Computer. Sie ließ Chips von Intel bauen und das Betriebssystem von Bill Gates. Es tat weh, zu sehen, wie das als gering Eingeschätzte später zu größtem Business für andere wurde...

Der Weg im Wandel ist gar nicht klar! Trotzdem muss man entschlossen handeln. Es geht! Unternehmen können auch in der schnelllebigen Zeit zweihundert Jahre alt werden! Es geht sogar bei steigenden Gewinnen und Prosperität!

(Das ist jetzt kein Werbeblock für IBM. Ich will nur sagen, dass ich selbst in einem Positivbeispiel der steten Neuerfindung unter allgemeinem Gedeihen lebe – es geht also im Prinzip!)

Professionelle Unternehmen müssen beim steten Bewahren im Wandel trotzdem noch glücklich arbeiten und prosperieren! Wandel und eigentliches Arbeiten müssen integrativ Hand in Hand zusammenwirken. So weit sind unsere Management-Methoden leider noch nicht! Es gibt keine wirklichen Rezepte, wie das Divergierende integriert wird. Umso mehr brauchen wir Professionals der Zukunft, die diese Integration in ihrem Umfeld schaffen! Je größer das Umfeld, umso fruchtbarer die Wirkung. Noch einmal: Gute Professionals glänzen als Zentrum des Gelingens. Dies ist der Kern des folgenden Abschnittes über »Keystones«.

Die »Keystone«-Persönlichkeit und der T-Shape-Spezialist

Die neuen Anforderungen an die Professionalität von morgen möchte ich nun zu Begriffen verdichten. Wir haben gesehen, dass wir in Netzwerken arbeiten, dass die Unterschiede zwischen Mitarbeitern und Führungskräften verschwinden und dass wir einen guten Teil unserer Arbeitszeit verwenden, um die Arbeit, die Bedingungen, das Unternehmenssystem und unsere eigenen Fähigkeiten ständig weiterzuentwickeln. Wissen um den Umgang mit Menschen und Systemen hat Priorität gegenüber reinem Fachwissen (das ist brauchbar gut im Internet). Wer allerdings noch als Experte gutes Geld verdienen will, muss sehr viel mehr als bisher glänzen können und es auch verstehen, sich zu vermark-

ten, sich also mit seinem Umfeld im Markt auseinanderzusetzen. Ich möchte zwei Arten von erfolgreichen Professionals der Zukunft hervorheben:

- *Die »Schlüsselpersönlichkeit« im Netz, die »Keystone«-Persönlichkeit:* Keystones kümmern sich um das Pulsieren, Werden, Prosperieren, Gedeihen und Entwickeln des Ganzen. Die Arbeit am System bzw. die Metaarbeit nehmen einen großen Raum ein.
- *Der T-Shape-Spezialist:* Das ist der Experte der Zukunft, der mit seinem Wissen aktiv im System beiträgt und sich gut verkauft – der also nicht wie früher »nur am Schalter oder am Telefon« wartet, bis man bei ihm anfragt. Er hat tiefes Wissen und eine breite Vernetzung. Das Tiefe und Breite wird durch den Buchstaben T symbolisiert, daher die gängige Bezeichnung »T-Shape«. Solche Experten arbeiten mehr im System, verstehen aber auch die Aspekte des Ganzen, das sich ständig weiterentwickelt.

Die Bezeichnung »Keystone« für einen wichtigen Platz in Wirkungsnetzen habe ich in einem beeindruckenden Buch über Systeme von Unternehmen gefunden: *The Keystone Advantage: What the New Dynamics of Business Ecosystems Mean for Strategy, Innovation, and Sustainability* von Roy Levien und Marco Iansiti, Mcgraw-Hill Professional (2004). Unternehmen sollen – so wird dort empfohlen – Keystones in Unternehmenssystemen werden. Diese Sicht will ich hier kurz darstellen und dann auf Professionals statt auf Unternehmen anwenden. Erlauben Sie mir also eine kurze Abschweifung in die Welt der Unternehmen.

Keystone-Unternehmen und Nischen-Player in Ökosystemen der digitalen Zukunft

Unternehmen sind keine monolithischen Felsen mehr. Sie gleichen selbst meist schon einem Netzwerk. Größere Unterneh-

mer haben Hunderte bis Tausende Lieferanten, Zulieferer und Partnerfirmen. Sie beschäftigen Teilzeitkräfte von Leiharbeitsfirmen. Sie haben viele Leistungen des Unternehmens outgesourct, zum Teil nach Asien verlagert. Stellen Sie sich vor, wir würden in einem solchen Geflecht von Firmen und Menschen etwas anders machen wollen, etwas reformieren, erfinden oder ganz neu entwickeln. Dann müssten wir ja alle Lieferanten einbeziehen, sie überzeugen und zum Mitmachen bewegen! Wir können nun nicht mehr einfach nur befehlen, so wie es in einem einzigen großen Unternehmen noch hätte angehen können.

Die neue Ökonomie ist durch die starke Arbeitsteilung der Unternehmen ungeheuer vielschichtig geworden. Die größte Kunst ist, in diesem Geflecht etwas zu bewegen.

Das Erzielen einer solchen Wirkung ist das zentrale Thema des Buches *The Keystone Advantage*. Die Autoren betrachten Unternehmensnetzwerke als »Ökosysteme« von Firmen.

Der Einfluss dieser Sichtweise war stark in den Diskussionen über Unternehmenslandschaften zu spüren. Eine ganze Zeit lang wurde das Wort Ökosystem oder neudeutsch Ecosystem schrecklich inflationär benutzt. »Es nervte.« Was mich besonders betroffen machte, war die Tatsache, dass die Vorstellung des »Ökosystems« widerstandslos in alle Köpfe schwappte, wo es doch in dem Buch eigentlich um die Keystones in solchen Systemen ging. Man hörte also in Diskussionen das Wort »Ökosystem« überall und den Begriff »Keystone« fast nie.

Zur Klärung: Iansiti/Levien gehen im Buch auf Rollen ein, die einzelne Unternehmen in einem Netzwerk oder eben in einem Ökosystem spielen:

- Keystones
- Nischen-Player
- Landlords
- Dominators

Dominators sind die alten Großsysteme, die alles selbst in sich regeln und möglichst groß und mächtig werden. Die IBM

oder die Autokonzerne vor einigen Jahrzehnten sind gute Beispiele. Sie bedienten fast monopolartig ganze Wirtschaftsbereiche.

Landlords sind Unternehmen, die wichtige Schlüsselstellungen in der Ökonomie besetzen und die dortige Vormachtstellung zu ihrem vollen Gewinn ausreizen. Einfach und drastisch erklärt: Raubritter spannen eine Kette über einen Fluss und verlangen Zoll von durchfahrenden Schiffen. Ein Beispiel: Es gibt oftmals Produkte oder Erfindungen, an denen keiner vorbeikommt. Das Unternehmen Enron etwa besaß die Stromnetze in Kalifornien und erhöhte dramatisch die Strompreise, ohne dass sich die Kunden wehren konnten. Gleichzeitig fiel oft die Stromversorgung aus. Ein daraufhin durch Präsident Clinton angeordneter Rückzug von Enron wurde von Präsident Bush sofort rückgängig gemacht (2001). Im selben Jahr kam es dann zu den Enron-Skandalen.

Keystones: Keystone (wörtlich »Schlüsselstein«) ist übersetzt der Schlussstein im Scheitel eines Gewölbes, der sozusagen das Ganze zusammenhält. Keystone bezeichnet in einem Netzwerk eine Schlüsselposition. Im Tierreich bezeichnet man Tiere dann als »Keystone-Species«, wenn sie über ihre eigene Tierart hinaus einen großen Einfluss auf das ganze Tier- und Pflanzenreich haben. Biber bauen zum Beispiel Dämme und beeinflussen damit die ganze ökologische Umgebung. Elefanten fressen von Bäumen und »produzieren« eine Savanne, wo sonst Wald wachsen würde. Bären verteilen geschätzte fünfzig Prozent der gefressenen Lachse als Dünger auf das Land und begünstigen die Fauna.

Keystones in Unternehmensökosystemen sind demnach Firmen, die über ihre eigene Arbeit hinaus günstige Umweltfaktoren schaffen, die andere Firmen befruchten. Große IT-Firmen wie IBM oder Microsoft beschäftigen im Umfeld Abertausende von Entwicklern. Google und Apple bieten ungeheuer viel Arbeit für Entwickler von sogenannten Apps, also von Software, die über die App Stores gekauft werden kann. eBay bietet eine Plattform für Shopbetreiber. Amazon bietet die Möglichkeit für fast jeden, dort

als Privatperson oder Unternehmen Waren zu verkaufen. Keystones sind um die Gesundheit des ganzen Ökosystems besorgt und kümmern sich darum, dass das ganze Netzwerk gut arbeiten kann. Keystones helfen dem Netzwerk, natürlich gegen angemessene Bezahlung, sie fördern die Innovation selbst oder ermöglichen sie anderen. Sie ziehen Aufmerksamkeit auf sich, sodass sich immer mehr Aktivität um sie herum bildet. Sie sorgen dafür, dass das ganze Ökosystem immer mit der neuesten Technologie und den fortschrittlichsten Methoden arbeiten kann. Sie sind Partner der angeschlossenen Unternehmen des Ökosystems und stehen dann insgesamt mit ihrem Ökosystem in Konkurrenz zu anderen Keystones/Ökosystemen.

Zum Beispiel gibt es in der IT die Systeme der Windows-Entwickler und die der Linux-Entwickler, die miteinander wetteifern.

Nischen-Player sind dagegen die zum Teil kleinen einzelnen Elemente in den Ökosystemen. Sie bieten im Netzwerk etwas ganz Besonderes (»Reinert Sommerwurst«, »Eilles Tee« oder »Loriot«), müssen aber ihre Kunst, ihre Leistungen oder Produkte im ganzen Ökosystem vertreiben. Dazu benutzen sie alle Möglichkeiten der Handelsplattformen und Medien. Viele Nischen-Player kooperieren mit anderen, um integrierte Lösungen anzubieten. Sie können mit der Zeit Keystones werden. Viele Nischen-Player leben davon, gemeinsam genutzte Ressourcen besser nutzbar zu machen. Neben einer Firma wie SAP gibt es zahllose andere, die sich auf »SAP für Gießereien« oder Ähnliches spezialisieren.

Diese Konzepte für Unternehmen können wir nun von der Idee her sofort auf Professionals übertragen und verstehen.

Die Keystone-Persönlichkeit

Als Keystones möchte ich Professionals bezeichnen, die sich um das Gelingen des Ganzen kümmern, die also den Wandel be-

treiben und gleichzeitig die normale Arbeit blühend erhalten. Sie verbinden die Menschen zu funktionierenden Netzwerken, sie gestalten herausfordernde und konfliktarme Arbeitsumgebungen. Sie schaffen die Identifikation aller mit dem Netzwerk und dem Erfolg des Ganzen.

Darf ich diesen Abschnitt kurz halten? Sonst muss ich so viele gute Eigenschaften des Keystones aufzählen, dass Sie den sicheren Eindruck bekommen, ich würde die eierlegende Wollmilchsau als Patentrezept für das Heil der Welt predigen.

Es geht ganz einfach um ein neues Konzept professionellen Arbeitens. Früher teilten wir die Menschen in Mitarbeiter und Führungskräfte ein. Wir kennen Tausende Bücher, die insbesondere gute Manager und gutes Management beschreiben. Die brauchen wir nicht mehr. Wir müssen neue Konzepte von »Zum-Gelingen-Bringen« entwerfen. Ich meine wirklich das »Zum-Gelingen-Bringen«! Ich habe nicht gesagt, dass wir neue Konzepte »der Führung« brauchen. Die Grenzen zwischen Mitarbeiter und Manager verschwimmen ja. Im Amerikanischen gibt es das dort eher selten gebrauchte Verb *jell*. Es ist verwandt mit »gelieren« und bedeutet im Deutschen »zum Klappen kommen« (aus meinem Langenscheidt). Ich kenne das Wort aus dem feinen Buch *Peopleware* von Tom DeMarco und Timothy Lister. Ich habe neulich mit Tom selbst darüber diskutiert. Er hatte ein Wort – ein magisches Wort – gebraucht, um das umschriebene fast unsagbare »Klappen« prägnant auszudrücken (siehe sein Kapitel über das »jelled team«).

Der T-Shape-Spezialist

T-Shape-Personen sind solche, deren Fähigkeiten man durch das T symbolisiert. T-Shape-Personen vereinen in sich die Fähigkeiten des Spezialisten (»tief«) und des Generalisten (»breit«). Sie entsprechen dem erfolgreichen Nischen-Player im Ökosystem-Konzept von Iansiti/Levien.

Heute kennen wir Manager und Mitarbeiter. Manager rühmen sich, einen Überblick über alles zu haben (zum Beispiel über

ihre Zahlen), sie wenden erprobte Methoden des Managements an und sehen sich nicht gefordert, spezielles Wissen über das zu haben, woran ihre eigenen Mitarbeiter arbeiten. Sie sagen, sie seien »Generalisten« und »Hans Dampf in allen Gassen«. Aus dieser Position heraus verstehen sie kaum das »Fachchinesisch« ihrer Mitarbeiter, wenn die ihrem Chef etwas erklären wollen. Weil sie selbst in vielleicht unangemessener Helikoptersicht über allem schweben, empfinden sie nun ihre Mitarbeiter als extreme Fachidioten.

Die wiederum können nicht ruhig mit dem Eindruck leben, dass ihr Chef nun absolut gar nichts Inhaltliches versteht – und schlimmer noch – diesen irrsinnig großen Mangel als solchen nicht empfindet und auch als Kritik nicht akzeptieren will. Sie schimpfen fast täglich über »die da oben«, die »unter Realitätsverlust leiden«, die »keine Ahnung haben, was hier vorgeht«, die »nur oder allenfalls Zahlen im Kopf haben«, die »den Boden unter den Füßen verloren haben«. Die Schimpfkanonade endet meist mit: »Und so etwas hab ich als Chef.«

Beide Seiten sind meist sehr überzeugt von ihrer Art zu arbeiten! »Keine Ahnung in der Sache« steht gegen den Vorwurf »keine Ahnung vom Rest der Welt«, »Idiot« gegen »Fachidiot«.

Das war früher anders, als man eher den fachlich-technisch Besten zum Chef beförderte, nicht einen jungen Harvard-Absolventen mit konkretem Biss und abstrakter MBA-Methodenkompetenz. Die harte Unterscheidung zwischen Fachexperten und Führungskräften, also von Inhalt und Form ist erst neueren Datums. Über den Grund kann ich nur spekulieren: Fachexperten sträuben sich in aller Regel ganz schrecklich gegen die Industrialisierung ihrer Arbeit, die sie als Trivialisierung unter dramatischen Qualitätseinbußen empfinden.

Die Trennung in Mitarbeiter und Manager bewährt sich in Commodity-Arbeitsumgebungen gut. Wenn wir aber in die Exzellenzgesellschaft oder die Wissensgesellschaft aufbrechen, müssen diese beiden Berufsbildvorstellungen wieder besser integriert werden. Führungspersönlichkeiten sollten jetzt Keystone-Rollen einnehmen können, Experten nicht nur Experten sein, sondern sich durch ein T-Shape auszeichnen.

Den Begriff des T-Shape kenne ich aus dem Buch *The Ten Faces of Innovation: IDEO's Strategies for Defeating the Devil's Advocate and Driving Creativity Throughout Your Organization* von Thomas Kelley und Jonathan Littman, Crown Business (2005).

In meiner Interpretation möchte ich den T-Shape-Professional an die Vorstellung eines Nischen-Players in einem Ökosystem heranrücken. Er ist exzellent im Fach, kennt aber das Umfeld, in dem er arbeitet, so gut und breit, dass er selbst den Erfolg seiner Arbeit sicherstellen kann.

Ein bekanntes Beispiel zur Illustration: Erfinder werden meist leider, leider nicht zu Innovatoren, weil sie zwar fachlich ihr Produkt kennen, aber nicht das Umfeld im Unternehmen, bei den Kunden, im Markt. Sie scheitern an zu engem Blick und an der Unterschätzung vom Verkaufen, Bekanntmachen, Begeistern. Wenn sie »keinen T-Shape« haben, bleiben sie Erfinder und sind verbittert, dass es ihnen niemand »abkaufen« will. Sie merken das endgültige Scheitern meist daran, dass sie keine Mittel zur Produktreifeentwicklung bekommen. Dann empören sie sich über den mangelnden Mut des Managements oder die geizigen innovationsfeindlichen Kreditgeber. Die aber wollen einen T-Shape-Unternehmer sehen, keinen »Fachidioten«. Weil die Letzteren aber so empört sind, hören wir aus der Presse immer nur von Innovationsfeindlichkeit und absurden Kredithürden. In Wirklichkeit mangelt es an T-Shape-Professionalität.

Auch hier steht das »Zum-Klappen-Kommen« immer weit vorne, weit vor »technologischer Brillanz«. Gute T-Shape-Spezialisten können es zum Keystone bringen, wenn immer mehr »zum Gelingen gebracht ist« und sich ihre Reichweite im Ökosystem vergrößert. Klappen gehört zum Handwerk!

Coopetition in einer interdependenten Ökonomie

Viele sehen es als Bedrohung, in einem globalen Netz zu arbeiten, weil die Zahl der Wettbewerber dramatisch ansteigt. Für mittelmäßige Menschen stimmt das, sie verlieren ihre lokale Ni-

sche, wie hier schon diskutiert wurde. Gute Professionals haben natürlich große Chancen im Netz. Sie haben ebenfalls mehr Wettbewerber, aber eben auch ein großes Netzwerk von Menschen und Unternehmen, mit denen man nun zusammenarbeiten kann. Ich möchte das mit dem Begriff der Coopetition näher erläutern.

Die große digitale Vernetztheit der Unternehmensökosysteme führt dazu, dass wir alle im Wettbewerb mit allen stehen. Diese »simple Erkenntnis« wird seit Längerem auf uns eingepeitscht. »Jeder kämpft mit jedem! Nur der Schnellste gewinnt! Der Langsame wird gefressen! Keiner ist mehr sicher! Es ist Krieg! Wer nicht wächst, stirbt sofort!«

Das ist die Sprache von Scharfmachern und Angsthasen. Es ist die Sprache einer »Economy of War«, einer Wirtschaftsauffassung, die sich im Krieg mit Konkurrenten sieht und entsprechend hart agiert.

In den Begriffen von Iansiti/Levien:

Dominators und Landlords denken und agieren in einer »Economy of War«.
Keystones und Nischen-Player in Ökosystemen denken und agieren in einer »Economy of Peace«.

Wir hatten noch vor wenigen Jahren Kalten Krieg zwischen West und Ost. Gegeneinander hermetisch abgeschlossene Staaten standen sich gegenüber. Autark musste man sein, alles selbst produzieren können! Bloß keine Abhängigkeit von den anderen, die damit sofort zu Erpressungen übergehen würden! So dachte nicht nur die Politik. Auch die Unternehmen führten Krieg, spionierten sich aus und lieferten sich Preisschlachten oder feindliche Übernahmen. Die großen Konzerne organisierten sich wie eigene Staaten, sie produzierten am liebsten auch das Kohlepapier für Fünffachformulare selbst, weil sie offenbar fürchteten, der Weltmarkt für Formulare könnte von einem anderen Konzern dominiert werden. Die Autarkie der Staaten und Unternehmen wurde mit zum Teil abstruser und lächerlicher Zwanghaftigkeit verfolgt.

Heute sind wir dreißig Jahre weiter. Unternehmen bilden

Allianzen, sie gliedern Geschäftsteile aus. Sie sind Mittelpunkt von Zulieferersystemen oder Teil von Logistikketten. Jeder arbeitet mit jedem zusammen, nicht mehr gegeneinander! In den neuen interdependenten Ökosystemen geht es immer mehr um Zusammenarbeit vieler Unternehmen, die ihrerseits alle weltweit vernetzt sind.

Der Abschied von Krieg und vom eigennützigen Homo oeconomicus wurde Mitte der 90er-Jahre durch ein neues Wort angekündigt: Coopetition. Es stammt vom Novell-Gründer Raymond Noorda und kam durch einen Buchtitel in aller Munde (Barry J. Nalebuff, Adam M. Brandenburger: *Co-opetition*, Currency Doubleday, New York 1996).

Coopetition ist ein Kunstwort, nämlich eine Verbindung von Cooperation und Competition (also von Kooperation und Wettbewerb).

Es geht darum, dass in der digital vernetzten Welt einerseits alle Unternehmen mit allen zusammenarbeiten, andererseits natürlich auch Wettbewerber sind. Der Unternehmenserfolg hängt davon ab, dass das Unternehmen ganz normal professionell arbeitet und etwas Gutes leistet – unter Anlegung hoher Maßstäbe.

Diese Entwicklung von einer autarken Kriegswirtschaft zu einem Zusammenwirken in Ökosystemen vollzieht sich ganz genauso auf der Mikroebene der Mitarbeiter.

Keystone-Personalities und erfolgreiche Nischenspezialisten mit extrem guter Vernetzung sind gefragt. Ehrgeizige Ellenbogenmenschen brauchen wir nicht mehr. Gegen wen sollen die vielen Ellenbogen denn eingesetzt werden? Überlegen Sie: Früher mussten Sie sich gegen ein paar Kollegen durchsetzen, weil nur einer von allen in diesem Jahr befördert werden konnte. Heute arbeiten Sie in einem riesengroßen Netzwerk von Menschen, die Sie gar nicht alle bekriegen können! Wen wollen Sie denn in Ihrem Netz besiegen? Alle? Wie denn? Landlords und Dominators haben nur noch in den industrialisierten Niedriglohnjobbereichen ihren Platz wie früher.

Die Verschiebung aller Werte – wohin?

Nun kommt unsere Reise durch die vielen Veränderungen unserer Arbeitswelt langsam an ihr Ende. Wir haben beim Handwerker im Dorf angefangen, der nun die bessere Konkurrenz ein paar Dörfer weiter fürchten muss. Unser Blick weitete sich immer mehr, wir besprachen immer weitere Netzwerke, die globale Coopetition und die Notwendigkeit von Meta-Management.

Diese vielen Veränderungen bewirken eine anscheinend verwirrende Vielfalt von Änderungen in unseren Grundwerten, die immer diffuser werden und offenbar eine neue Richtung für die Zukunft suchen. Ich möchte darstellen, was im Kern vor sich geht, und hole dafür kurz aus.

Der Psychoanalytiker Fritz Riemann publizierte 1961 ein berühmtes Buch mit dem Titel *Grundformen der Angst*. Es ist längst zum Klassiker geworden. Riemann studierte darin vier Persönlichkeitsausrichtungen des Menschen, die sich in ihren Grundängsten unterscheiden:

- Angst vor Wandel
  (Merkmal der *zwanghaften* Persönlichkeit)
- Angst davor, dass alles notwendig so bleibt
  (Merkmal der *hysterischen* Persönlichkeit)
- Angst vor der Selbstwerdung
  (Merkmal der *depressiven* Persönlichkeit)
- Angst vor zu viel Nähe
  (Merkmal der *schizoiden* Persönlichkeit)

Sie merken, worauf ich hinauswill? Bitte nehmen Sie sich noch einen Moment die Zeit, diese verschiedenen Persönlichkeiten etwas näher kennenzulernen. Sie klingen irgendwie sehr krank, nicht wahr? Es sind eben psychologische Bezeichnungen! Rudolf Sponsel gibt in *Die vier Grundstrukturen nach Fritz Riemanns Grundformen der Angst* eine normalpsychologische Beschreibung der Eigenschaften. Ich lehne mich hier an.

- *Zwanghafte Persönlichkeit:* Sie zielt auf Recht und Ordnung, wahr und falsch, jede Frage hat eine richtige Antwort, sie liebt Kontrolle, Macht und Beherrschung. Alles muss perfekt sein. Sie ist gewissenhaft, ehrgeizig, ausdauernd, hartnäckig, sauber und sachlich. Sie strebt nach Sicherheit, Eigentum, ist deshalb vorsichtig und sparsam. Sie ist bodenständig, konservativ, konsequent und zuverlässig.

- *Hysterische Persönlichkeit:* Sie möchte ein anregendes, interessantes, spannendes Leben voller Abwechslung und Abenteuer, dafür sind ihr auch Risiken recht (»no risk, no fun«). Sie ist impulsiv, unternehmungslustig, liebt die Show, das Stehen im Mittelpunkt und den Applaus. Sie giert nach Kontakten, begeisternden Momenten, neuen Ideen. Gleichzeitig ist sie unstet, oberflächlich und immer auf der Suche nach Neuerungen.

- *Depressive Persönlichkeit:* Sie braucht Nähe und scheut Einsamkeit. Sie hat deshalb Angst, ein starkes Ich zu entwickeln, das bei der Anlehnung an andere stören würde. Sie passt sich an, liebt andere, ist warmherzig, mitfühlend, sorgend und ausgleichend. Liebe, Friede, Treue, Harmonie! Oder Glaube, Liebe, Hoffnung! Sie fühlt sich wohl, wenn sie geführt wird, sie ist brav, ordnet sich unter. Sie ist oft gutgläubig, unselbstständig, kann sich schwer entscheiden.

- *Schizoide Persönlichkeit:* Sie baut im Leben auf ein starkes, möglichst autarkes Ich und scheut zu große Nähe, die ihre Unabhängigkeit gefährden könnte. Sie lebt in einer selbstbestimmten Eigenwelt, wirkt distanziert, beherrscht, »cool«, ist rational, logisch, nüchtern, abstrakt. Ihr starkes Ich äußert sich in zum Teil extrem zur Schau gestelltem Selbstbewusstsein, das auf andere arrogant und verletzend wirken kann. Im Innern ist sie hochsensitiv und ringt bei oft intensiven inneren Gefühlen und deren Ambivalenz um innere Einheit.

Hier wollen wir einmal Riemanns Sichtweise übernehmen. Die Welt schwankt zwischen dem Wunsch, alles ewig so zu las-

sen, wie es ist, und dem Wunsch, Neues zu erleben. Menschen schwanken zwischen dem Aufgehen im Wir und dem Abgrenzen des eigenen Ich. Ich stelle diese Pole in einem Diagramm dar:

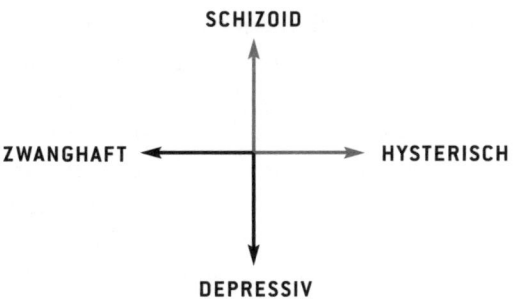

Oder analog ins wirkliche ökonomische Leben übertragen:

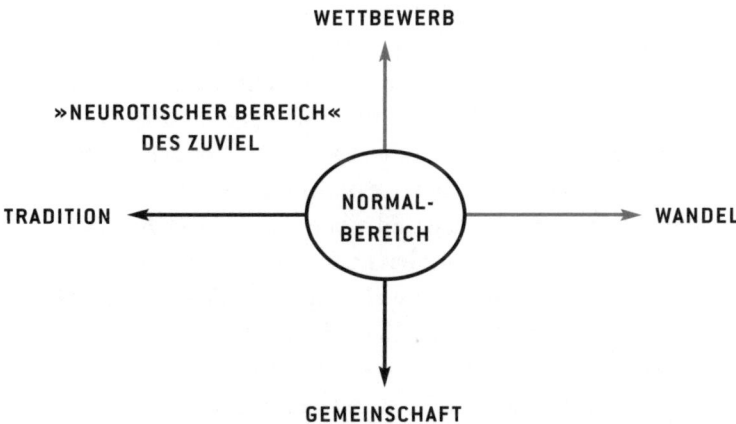

Die Wirtschaft bildet in stabilen Phasen Traditionen aus. Der Wettbewerb ist nicht ausgeprägt, die Menschen haben Zeit, etwas für die Gemeinschaft zu tun, finanziell oder in Form ehrenamtlicher Arbeit. Die deutsche soziale Marktwirtschaft ist in einer

solchen stabilen Phase entstanden. Es wurde versucht, Tradition und Gemeinschaft zu betonen, aber auch Wettbewerb »zuzulassen« oder sogar zu ermuntern. Wandel war damals automatisch Fortschritt und wurde gar nicht als Problem betrachtet. In den 70er-Jahren uferte der Sozialstaat mehr und mehr aus, die Gewerkschaften erstritten traumhafte Lohnerhöhungen und allerbeste Arbeitsbedingungen. Die 35-Stunden-Woche wurde zur Norm, eine 30-Stunden-Woche schien möglich. Alle dachten, es gehe nun ewig so weiter. Alle Maßnahmen waren entsprechend auf Langfristigkeit und Dauer ausgelegt.

Im Zuge der Revolution in der Automobilfertigung und der damit verbundenen Rationalisierung kam es zu einer Gegenbewegung. Die Arbeit wurde erst dichter und härter, dann wurden immer mehr unbezahlte Überstunden geleistet. Der globale Wettbewerb zwang zu Einschnitten, der unternehmensegoistische Trend, nur noch den Aktienkurs steigern zu wollen, verschärfte die Lage. Wettbewerb und Wandel wurden als Allheilmittel gepriesen! Das Kurzfristige siegte über das viel zu Langfristige vorher.

Unser satter Sozialstaat wurde abgespeckt und trieb in die entgegengesetzte Richtung, und zwar viel zu weit! Schauen Sie auf das folgende Bild, dort habe ich die verschiedenen Übertreibungen dargestellt:

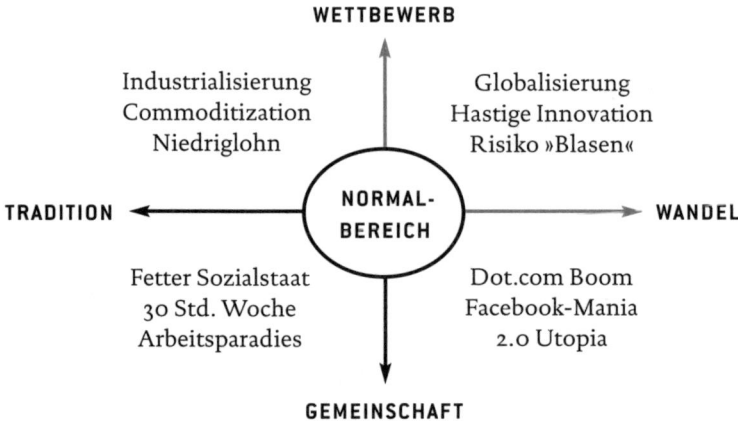

Das übertrieben Zwanghafte/Schizoide führt zu harter Industrialisierung und zu rücksichtslosem Optimieren der Arbeitsplätze in den Niedriglohnsektor und den Leiharbeiterbereich hinein. Das übertrieben Hysterische/Schizoide ist viel zu egoistisch hinter dem schnellen Geld durch hektischen Wandel her. Es wird im Herdentrieb der Gier absolut kurzfristig. Für Erfolg werden immer größere Risiken akzeptiert. Das Depressive/Hysterische begeistert sich wild für die Möglichkeiten des Internets und die neuen Möglichkeiten zum Chatten, Einkaufen, Surfen, Flirten und dem Schwelgen in Audio- und Videoangeboten. Die globale mobile Kommunikation wird zum großen Hype. Mit jeder technologischen Neuerung flammen immer kühnere »2.0 Utopien« auf, die von einer verbundenen Weltengemeinschaft träumen.

Alle unsere Werte stehen nun in einer Zerreißprobe zwischen diesen extremen Polen. Die Internetrevolution hat uns aus einer alten Welt herausgerissen und wir sind auf der Suche nach einer neuen. Wie sieht die aus? Wir wissen es nicht, aber wir merken, dass wir in vielen Aspekten zu weit gehen und dass viele von uns auch *zu weit gehen wollen*. Wohin wollen wir? Das Wort Nachhaltigkeit wird jetzt oft benutzt. Es vermittelt die Sehnsucht nach einem neuen Maßhalten. Wir wollen wieder in einen Normalbereich zurück und den exzessiven neurotischen Ausreißer rückgängig machen.

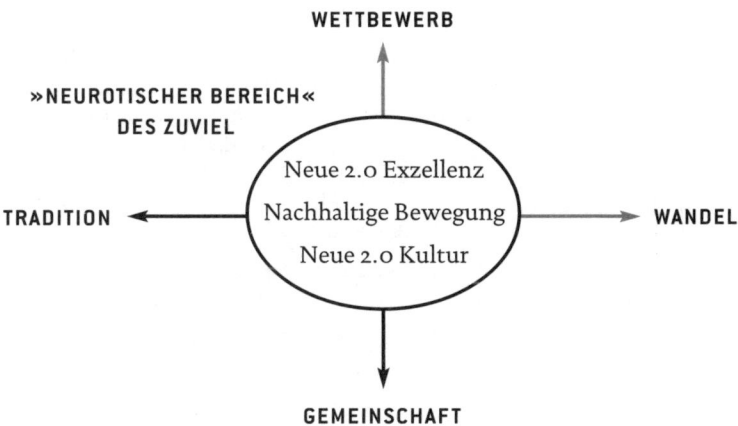

Die Zukunft liegt in neuer Exzellenz, die in natürlicher Weise einen Wettbewerbsvorteil sichert. Wir müssen uns in die Zukunft bewegen, aber geordnet und nachhaltig. Wir müssen uns öffnen für eine neue Kultur der digitalen Zeit.

Keystone-Persönlichkeiten sollen diese nachhaltige Bewegung der Ökosysteme sichern, T-Shape-Spezialisten die Basis aus Exzellenz neu bauen oder erweitern. Die neue Kultur wird nicht die alte sein, denn die neue Generation der Digital Natives wird bald das Ruder an sich reißen.

Wetterleuchten des Wechsels – die Digital Natives

Die neuen Menschen – Digital Natives

Unsere Kinder sind schon im Südosten des Diagramms geboren, oder nicht?

Als Digital Natives werden Menschen bezeichnet, die mit einem Smartphone aufwachsen. Es gibt verschiedene Definitionen, die sich zum Beispiel wie »Geburt nach 1977« anhören. Der Hauptpunkt ist, dass sie in einer vernetzten Welt mit Computerspielen und SMS sozialisiert werden. Sie verarbeiten Informationen anders als frühere Menschen, sie haben andere Denkmuster. Sie wollen nicht lesen, lieber sehen! Sie wollen alles verfügbar haben. Surfen, fertig! Kein langes Einarbeiten in dicke Lehrbücher, lieber 100 kurze YouTube-Videos.

Sie sind multitaskingfähig, können also mehrere Dinge gleichzeitig tun. Beispiel: Zwei Mädchen sehen sich nach langer Trennung wieder. Sie sitzen am Tisch nebeneinander und erzählen sich, was sie erlebt haben, dabei spielen sie auf dem Smartphone, schicken SMS an Freunde und zeigen sich gegenseitig die Antworten. Dabei haben sie jede einen Knopf im Ohr und hören Musik. Der Fernseher neben dem Tisch ist an, sie zappen ab und an.

Die Älteren unter uns können so etwas kaum verstehen. Insbesondere glauben sie nicht, dass man inmitten derselben Medienberieselung mit SMS und Instant Messenger noch normal Schulaufgaben erledigen oder Vokabeln lernen kann. Sie sehen, dass es geht, aber sie glauben es nicht.

Digital Natives spielen, überall läuft der Score mit. Jederzeit ist klar, wie gut sie sind. Deshalb lieben sie Umgebungen mit sofortiger und vor allem häufiger Belohnung. »Good job, Gunter!«, finde ich selbst so nervend, dass ich böse werde. Wir probieren gerade einen Supersprachkurs von Rosetta Stone aus, da regnet es Ermunterungen wie Sternschnuppen. Schade, dass man beim Kurs den Ton nicht ausschalten kann!

Digital Natives entscheiden sofort – und wenn's nicht klappt, tja, dann ist »Game over«. Noch ein Versuch! Eine Arbeit wird 90 Prozent getan, mal sehen, ob man durchkommt. Scheitern ist keine Schande.

Digital Natives erwerben durch ihre Dauervernetzung eine hohe Kulturkompetenz, sie sind immer überall erreichbar, sie surfen natürlich auch während der Arbeit und arbeiten am Strand. Sie gehen nicht mehr in den Turnverein, mögen keine regelmäßigen Vereinspflichten, möchten spontan heute ins Schwimmbad, morgen in die Videothek ... Ein Auto braucht man zum Fahren, wichtiger ist das neueste Smartphone!

Die alten Menschen – Digital Immigrants

Sie bedienen immer nur ein Gerät, sind seriell ausgerichtet. Sie korrigieren Geschriebenes nicht am Bildschirm, sondern auf dem Ausdruck, schauen nur zweimal am Tag in die E-Mails, nicht immer gleich dann, wenn der Computer piepst, dass etwas Neues ankam. Das Piepsen lassen sie durch einen Service-Mitarbeiter des Rechenzentrums ausschalten.

Digital Immigrants haben immer noch den Klingelton auf ihrem Handy, der beim Kauf eingestellt war, das Frontbild blieb ebenso.

Sind Sie so jemand? Erkennen Sie sich alle wieder?

Ich bin im Südwesten des Diagramms geboren und hoffe, die Werte der Welt schwingen wieder zurück wie die Konjunkturkurve nach dem Crash. Erwarte ich das? Nein.

In zehn oder zwanzig Jahren wird sich ein neuer Gleichgewichtszustand einpegeln. Werden wir Immigrants uns je daran gewöhnen, beim Skatspielen SMS zu schicken?

Ich kann inzwischen überall arbeiten, im ICE, beim Warten auf Flüge, in langweiligen Meetings und jetzt auch am Strand! Ja, es geht jetzt, weil es Laptops mit LED-Backlight gibt, die auch in der Sonne noch hell genug zum Arbeiten sind.

Viele ereifern sich über diese Entwicklung zum digitalen Leben! Das hat meinen vollen Respekt. Aber sie sagen damit wahrscheinlich nur, dass sie im Diagramm aus dem Südwesten stammen! Sie sind keine Immigranten, sondern Zwangsemigranten. Sie stammen aus der analogen Welt und werden nun in die digitale Welt vertrieben, sie leben hier im Exil. Dann sind sie eher Analog Exiles als Digital Immigrants. Sie sind schließlich nicht freiwillig im Digitalen!

Digital-Native-Professionals?

Wie ändern sich tatsächlich unsere Vorstellungen von professioneller Arbeit? Wie sieht es aus, wenn Digital Natives traditionellen Frontalunterricht von Analog-Exile-Oberstudienräten genießen dürfen? Passt unsere Bildung und unsere gesamte Kommunikation noch zur neuen Zeit? Wie gehen heutige Manager mit dem digitalen Zeitalter um?

Die Analog Exiles leisten heute erheblichen Widerstand. Sie argumentieren mit alten Werten, mit der Unsicherheit des Neuen, mit der privaten Datenunsicherheit. Sie halten Surfen am Arbeitsplatz für einen Kündigungsgrund, sie kriminalisieren normales Verhalten der Digital Natives oder erklären es für hoffnungslos naiv.

Die meisten Diskussionen über die neue Zeit werden von Si-

cherheitsbedenken dominiert. Ich bitte oft vergeblich, das Thema der Datensicherheit einmal aus der Debatte auszuklammern. Wir könnten doch erst einmal schauen, wohin wir wollen! Und danach – ja – müssten wir uns fragen, ob es einen sicheren Weg dorthin gibt. Diese meine Bitte hat gewöhnlich keine Chance. Fast alle Diskussionen werden von hartnäckigen Sicherheitsbedenken unterbrochen und ganz davon in Beschlag genommen, sodass alle stöhnen und irgendwann aufhören. Wenn das einmal nicht geschieht, melden sich Menschen zu Wort, die das Dauernutzen von Smartphones für gefährlich halten und voraussehen, dass die Digital Natives keine soziale Fähigkeiten erwerben könnten etc.

Es herrscht argumentativer Krieg! Die noch einflussreichen Digital Immigrants üben sich fast in antidigitalem Fundamentalismus. Das ist legitim, ja, aber es ist hinhaltender Widerstand. Die digitale Zeit kommt. Ich selbst versuche, Geschmack daran zu finden. Ich bin fast 60, lebe also noch 40 Jahre. Die sollen doch lieber 40 Jahre in der Heimat sein und nicht im Exil, oder?

Professionelle Intelligenz und der PQ

Warum wir uns mit unserem traditionellen Intelligenzbegriff künstlich beschränken

Im ersten Kapitel habe ich Ihnen die bevorstehenden und schon laufenden Veränderungen geschildert, die wir auf dem Weg zum Wissenszeitalter zu verkraften haben. Das Internet schraubt die Anforderungen an Professionalität höher. Neben der reinen Intelligenz werden nun auch Verkaufsgeschick, Charme, Kommunikationsgeschick und Managementtalent gefordert. Zusätzlich! Es wird immer klarer, dass der Begriff der reinen Intelligenz, die wir stark mit dem späteren Fachkönnen verknüpfen, erweitert werden muss – zu dem der Professionellen Intelligenz. Diesen Begriff will ich jetzt für Sie nach und nach im Laufe dieses zweiten Abschnittes im Buch entwickeln. Bitte erwarten Sie nicht, dass ich Ihnen in Form einer Definition oder als Formel hinschreibe, was ich unter Professioneller Intelligenz verstehe. Das geht ja schon bei Intelligenz nicht. Eine landläufige Definition von Intelligenz, die übrigens gar nicht so schlecht ist, klingt so: »Intelligenz ist, was der Intelligenztest misst!« In diesem Satz ist das allgemeine Dilemma eingefangen. Wir können zwar nicht genau sagen, was Intelligenz genau ist, aber wir haben doch ein ganz gutes Gefühl, wenn wir sagen: Mensch X ist intelligenter als Mensch Y, weil X einige Aufgaben im Kopf lösen kann, die Y nicht schafft.

Natürlich kommen wir bei der Professionellen Intelligenz da nicht weiter als bei der herkömmlichen Intelligenzdiskussion. Wir können aber in vielen Situationen davon sprechen, dass X viel professioneller ist als Y, weil X bei Problemen ruhig bleibt, weil X Zuversicht ausstrahlt, nie entmutigt ist, andere begeistert usw., was Y nicht kann. In diesem Sinne können wir uns einem Ver-

ständnis der Professionellen Intelligenz genauso gut nähern wie dem der Intelligenz.

Was ist Intelligenz? Was misst ein IQ-Test?

Der französische Psychologe Alfred Binet begründete Ende des 19. Jahrhunderts die Psychometrie. Er entwickelte 1905 mit dem Arzt Théodore Simon den sogenannten Binet-Simon-Intelligenztest, mit dem man den Entwicklungsstand von Kindern abschätzen wollte. William Stern setzte das Kindesalter ins Verhältnis zu den Testergebnissen und führte 1912, damals Professor in Breslau, erstmals den Intelligenzquotienten ein, der dann als IQ seinen Triumphzug insbesondere nach Amerika antrat.

Heute gibt es, wie gesagt, sehr viele Verfahren zur Messung von Intelligenz. Meist werden die verbale Kompetenz, die numerische Kompetenz, die Merkfähigkeit, die Verarbeitungsgeschwindigkeit und das logische Denken gemessen; dazu wird oft der Wissensstand geprüft.

Solche Tests werden in Deutschland gerade im Fernsehen populär gemacht. Derzeit ist ein Test der *Süddeutschen Zeitung* kostenlos online. Geben Sie »SZ IQ« bei Google ein, und Sie sind sofort dabei! Es wäre gut, Sie würden diesen Test jetzt gleich absolvieren. Er besteht aus verschiedenen Gruppen von Fragen, für deren Beantwortung Sie relativ wenig Zeit haben (mich selbst macht es sehr nervös, auch böse, weil ich in solchen Zuständen einfach nicht gut arbeite und auch nicht arbeiten will).

Die fünf Gruppen:

- Analogien (so etwas wie: »Montag ist zu Dienstag wie April zu, na wozu?« Antwort Mai. Oder: »Was passt nicht hinein: Pflaume, Kirsche, Pfirsich, Erdbeere, Nektarine?« Antwort: Erdbeere, hat keinen Kern/Stein)
- Mustergruppen (welches Muster passt nicht?)
- Gleichungen (Zahlengleichungen vervollständigen – wie bei Kreuzworträtseln)

- Matrizen (Muster vervollständigen)
- Logische Schlussfolgerungen (mit sehr seltsamen Voraussetzungen und Schlüssen, für die man echten Scharfsinn aufbringen muss)

Die Uhr zeigt den Countdown. Wenn die Zeit um ist, werden Sie mitleidlos zur nächsten Gruppe weitergeleitet. Okay, Sie absolvieren ihn jetzt? Trinken Sie lieber erst einen Kaffee.

***

Wieder da? Wie fühlen Sie sich? Gestresst? Sie haben es gesehen: Dieser Test misst sprachliche, logische und strukturelle Gewandtheit. Im Grunde müssen Sie sehr schnell die Strukturen hinter den Zahlenreihen entdecken, die innere Logik sehen und die richtigen Assoziationsklassen finden. Sprache – Struktur – Logik – und zwar so schnell wie möglich! Es geht also nicht nur darum, dass Sie die Antworten wissen, sondern auch, dass Sie ein »Blitzmerker« sind.

Warum stellt man solche Fragen, die so absolut nichts mit unserem Alltag zu tun haben? Was sagt das Ergebnis aus?

Die IQ-Tests werden natürlich sorgfältig validiert. Wenn jemand einen hohen IQ-Testwert hat, so sollte er auch normal intelligent sein. Es ist üblich, die IQ-Testwerte mit den Leistungen in der Schule zu vergleichen und die Testfragen so zu designen, dass die Werte im Test stark mit den Leistungen in der Schule korrelieren. Der IQ-Test ist ja eben deshalb entwickelt worden. Man will bei Kindern herausfinden, wie schulreif sie schon sind, für welche Schulstufe sie geeignet sind und wie sie wohl später an der Schule abschneiden werden. Dafür ist der IQ-Testwert eine gute Prognose.

Da nun auch gute Schulleistungen meist in ein Studium münden und damit hohe Eingangsqualifikationen für spätere Berufe sicherstellen, ist der IQ-Testwert auch ein ganz guter Indikator für den Erfolg im Beruf.

Ich fasse zusammen: Die Größen

- IQ-Wert,
- Leistung in der Schule,
- Leistung als Berufsanfänger,
- späterer Erfolg im Beruf

waren bisher gut korreliert. Genau das aber ändert sich gerade!

Leistungen im Beruf werden
in der neuen Zeit stärker von Professionalität
als vom IQ abhängen.

Da der Intelligenztest sich an den schulischen Leistungen orientiert, wird implizit angenommen, dass der Erfolg im Leben eng mit dem Wohlgefallen der Lehrer zusammenhängt, also mit guten Noten in Wissensfächern und dem Verhalten (in den beliebten Kategorien Ordnung, Mitarbeit, Fleiß und Betragen). Diese Verhaltensnoten begutachten schon so etwas wie die Arbeitshaltung eines späteren »Professionals«, aber wir fühlen doch schon bei der Wortwahl, dass man sich Berufserfolg wie eine Beamtenlaufbahn vorstellt, oder? Keine Rolle spielen:

- Ideenreichtum
- Kreativität
- Sinn für Exzellenz
- Begeisterung für das Lernen
- Sinnstiftendes Verhalten, Warmherzigkeit
- Kooperation, Teamfähigkeit
- Energie
- Humor
- Rhetorik
- Tapferkeit
- Gerechtigkeitssinn
- Beliebtheit und Erfolg beim anderen Geschlecht

- Gesunder Menschenverstand und Wissen um das rechte Maß
- Charme, Ausstrahlung
- Initiative und Führungsverhalten
- Sinn für Ästhetik

Warum geht es nicht um diese Eigenschaften? Das habe ich mich immer wieder gefragt. Ich will jetzt keine wissenschaftliche Debatte führen, sondern Sie einfach auf diese Tatsache stoßen:

Der Intelligenztest der Analogien, Muster, Assoziationen und logischen Schlüsse hat befremdend wenig mit diesen anderen Kategorien zu tun.

Wenn Sie mein herbes Befremden nicht teilen sollten, muss ich Sie jetzt doch noch einmal bitten, den empfohlenen Intelligenztest zu absolvieren. Insbesondere sollten Sie sich unter Zeitdruck einmal wirklich nervös bis schlecht fühlen! Und dann gehen Sie meine Liste von Idee bis Ästhetik noch einmal in Ruhe durch und fragen Sie sich, ob bei diesen Lebenskategorien die Geschwindigkeit wirklich wichtig ist. Wann brauchen Sie je wirkliches Tempo im Hirn? Bei

- Klassenarbeiten,
- Abiturprüfungen,
- Bewerbungsgesprächen,
- Klausuren.

Das sind menschengemachte Zeitengpässe! Wozu brauchen wir die? Wieso trinken Prüfer bei mündlichen Prüfungen seelisch entspannt Kaffee und setzen Prüflinge unter Stress? Warum immer Stress, der nichts mit IQ und auch nichts mit Leistung zu tun hat?

Multiple Intelligenzen nach Gardner, emotionale Intelligenz nach Goleman

Es gibt schon lange Kritik am herrschenden System der Intelligenzanbetung. Howard Gardner wurde 1983 mit seiner Theorie der multiplen Intelligenzen weithin bekannt (*Frames of Mind, the theory of multiple intelligences*, oder im Deutschen 1985 *Abschied vom IQ, die Rahmen-Theorie der vielfachen Intelligenzen*).

Gardner kritisiert die gängigen Vorstellungen der reinen Intelligenz, die sich sehr an der klassischen Vorstellung des Denkens orientieren. Er fragt: Was macht zum Beispiel die »Intelligenz« von Einstein, Picasso oder Gandhi aus? Aus der Untersuchung von Inselbegabungen wird ihm klar, dass es noch andere »Intelligenzen« gibt, nach seinem jetzigen Stand sind es neun. Er arbeitet Berichten zufolge gerade an der Vorstellung einer »spirituellen Intelligenz«. Hier die neun Intelligenzen:

- Sprachlich-linguistische Intelligenz
- Logisch-mathematische Intelligenz
- Musikalisch-rhythmische Intelligenz
- Bildlich-räumliche Intelligenz
- Körperlich-kinästhetische Intelligenz
- Naturalistische Intelligenz
- Interpersonale Intelligenz
- Intrapersonale Intelligenz
- Existenzielle Intelligenz

Gardner erklärt alle diese Intelligenzen an hervorragenden, maßgebenden Menschen (Bach, Darwin, Newton etc.). Die letzten beiden Intelligenzen sind das, was wir seit Golemans im Jahre 1995 erschienenen Buch *Emotional Intelligence* als emotionale Intelligenz verstehen. Goleman hat in seinem Werk die Arbeiten von John Mayer und Peter Salowey dem normalen Publikum nahegebracht. Für den Grad der emotionalen Intelligenz hat sich die Bezeichnung EQ eingebürgert.

Emotionale Intelligenz ist definiert durch eine Reihe von

Fähigkeiten, mit den eigenen und fremden Emotionen umzugehen. Dazu gehört, sich selbst emotional zu kennen, sich selbst positiv zu beeinflussen und zu motivieren, Emotionen zu verändern, um Ziele zu erreichen, die Fähigkeit zur Empathie und zur positiven Gestaltung von Beziehungen sowie zur Vermeidung von Reibungen aller Art. Ein hoher EQ sichert auch die eigene Beliebtheit!

Gardner geht es vor allem darum, alle verschiedenen Intelligenzen herauszufinden und auch dadurch immer wieder zu untermauern, dass der herkömmliche Intelligenzbegriff rund um den IQ nur einen kleinen Teil dessen umfasst, was der Mensch als Intelligenz besitzt. Gardner kritisiert, dass das Intelligenzverständnis nicht eines des Menschen an sich ist, sondern eines der jeweiligen Kultur, die bestimmte Intelligenzen verehrt und andere nicht. In anderen Kulturen werden das Musikalische und die Tanzkunst ungleich höher bewertet als in den westlichen Kulturen. Dort ist dann jeder in seinen Bewegungen »anmutig«. Gardner führt auch das Beispiel der Segler in der Südsee an, die über sehr weite Entfernungen zu anderen Inseln finden, indem sie sich an den Sternen orientieren. Wer ist wo »intelligent« oder »fähig«, lautet die Frage.

Golemans Gedanken gehen daher ganz praktisch von der Erkenntnis aus, dass reine Intelligenz im Sinne eines hohen IQ im Beruf oft allein nicht weiterhilft.

Zum Beispiel: Wir alle wissen, dass es ganz viele schlechte Ärzte und Lehrer gibt, unprofessionelle Manager und untaugliche Pfarrer. Diese sind aber durch sämtliche Siebe des Bildungssystems gegangen und daher alle intelligent! Sie sind nur leider nicht professionell. Sie verstehen die Menschen nicht, für die sie da sind, sie kümmern sich zu wenig, fühlen sich nicht verantwortlich, sind unbeliebt, besserwisserisch und von oben herab belehrend: »Du dummer Patient, Schüler, Mitarbeiter, Sünder!«

Goleman hat eine Antwort darauf gegeben, was diesen sonst so sehr intelligenten Menschen fehlen mag: ein höherer EQ.

Es gibt ausufernde Kritik an den Ansätzen von Gardner und Goleman (Und wenn Sie mich mit diesem Buch ernst genug nehmen, dann auch an mir, das wäre schön!). Die klassischen Intelli-

genzforscher sehen in den neuen »Intelligenzen« einfach nur Fähigkeiten, nicht objektive Intelligenz, die man fest im Gehirn lokalisieren kann. Insbesondere die emotionale Intelligenz wird auch von der breiten Öffentlichkeit als »weich« bezeichnet – im Gegensatz zu dem »harten« IQ. Speziell Gardner wird vorgeworfen, seit nunmehr dreißig Jahren nur immer neue Intelligenzen zu propagieren, ohne sich wie normale Wissenschaftler um empirische Studien zu kümmern, die seine Gedanken belegen, dass es sich jeweils um ganz andere Intelligenzen handelt.

Goleman wird entgegnet, dass sich der EQ nicht messen lasse, auch weil es sich nur um weiche Fähigkeiten drehe. Es gibt derzeit schon erste Versuche, den EQ zu messen (ich fordere Sie später im Buch auf, sich einmal zu testen). Es scheint herauszukommen, dass IQ und EQ ziemlich wenig miteinander zusammenhängen. Wer einen hohen IQ hat, ist auf gleiche Weise mehr oder weniger emotional intelligent wie andere Leute auch.

Dieser letzte Punkt hat mich besonders inspiriert. Wir brauchen natürlich beides, oder? IQ *und* EQ. Und noch viel mehr! Dazu hilft der Blick auf die Liste von Gardner. Ich will hier anschließen und die Professionelle Intelligenz diskutieren.

Wenn von Intelligenz die Rede ist, kommt mir oft die Begegnung mit einem ehemaligen Kollegen in den Sinn. Es ist schon länger her, da traf ich einen Topmanager der IBM an seinem letzten Arbeitstag im Hamburger Flughafen. Er spendierte mir ein Bier und sich selbst ein weiteres an der Bar. Er war selig. »Professore«, sagte er dann sehr nachdenklich mit Blick in die Höhe, »ich bewundere Sie, wie Sie schreiben und überzeugen, wie Ihnen die Kunden andächtig zuhören. Das kann ich nicht. Ich bin nicht so intelligent. Ganz und gar nicht. Nein, Professore, auf Ihre Art, das kann ich nicht. Aber irgendwann, Professore, jetzt hören Sie genau zu – da kommt beim Reden und Überzeugen ein kleiner, winziger Punkt – hören Sie? Da müssen Sie dem Kunden den Kugelschreiber mit einer gewissen Bestimmtheit über den Tisch reichen, damit er den Vertrag unterschreibt. Sehen Sie, Professore, das können Sie nicht. Ganz und gar nicht. Aber das kann ich!« Und er lächelte zufrieden in sein Glas. Mir aber gab es einen Stich ins Herz

und ich bewunderte ihn nun mehr denn je. Das mit dem Kugelschreiber brannte sich mir ein. Ich, keine Verträge holen können? Ich wollte es allen zeigen. Ich bemühte mich lange Jahre. Ich habe es nie wirklich gelernt. Fehlt mir diese Intelligenz, diese Bestimmtheit, genau jetzt den Abschluss zu erzielen? Oder habe ich es nur nie richtig lernen können? Ich habe es versucht – nach diesem Gespräch für viele Jahre. Ich habe aber leider wohl nur so viel Dealmaker-Intelligenz wie ich tanzen kann. Ich lasse mich also inzwischen von einem Kollegen mit einem Kugelschreiber begleiten. Und ich bin ganz sicher: Es gibt viele Intelligenzen – man merkt es dann nach der Schulzeit!

Menschen haben mehr als Verstand und Geist, auch Herz, Gefühl, Schönheitssinn, Kraft, Instinkt, Intuition ... Wie soll ich es sagen? Wir haben mehr »Hardware« in uns als nur den IQ-Testcomputer, der Analogien, Muster und Logik herunterschnurrt.

Nach allen Untersuchungen haben Menschen mit 20 Jahren den höchsten IQ, danach sinken die Testleistungen ab. Warum wohl? Wir sind dann nicht mehr in der Schule.

Verschiedene Intelligenzen
in einer Hardwarevorstellung betrachtet

Noch einmal zum Intelligenztest: Intelligenz erkennen viele Experten an der Verarbeitungsgeschwindigkeit eines Gehirns, an seiner geistigen Kapazität, seiner intellektuellen Leistung und seiner sprachlichen Ausdrucksfähigkeit. Klingt das nicht schon sehr stark nach »Computer«, nach Prozessorgeschwindigkeit und Festplattengröße? Ein Computer muss leistungsfähig sein, aber seine Nutzleistung hängt ebenso stark von den Programmen darauf ab. Was ist was?

Ein bekanntes Intelligenzkonzept von Raymond Bernard Cattell aus den 60er-Jahren stellt ein Modell der »fluid and crystallized general intelligence« vor. Cattell kennt zwei Intelligenzarten, die fluide/flüssige und die kristallisierte/kristalline Intelligenz. Unter der fluiden Intelligenz stellt sich Cattell den unveränderba-

ren angeborenen Teil vor (Wachheit, Auffassungsgeschwindigkeit, Verarbeitungslevel), während in seinem Ansatz die kristallisierte Intelligenz die Gesamtheit des Erlernten darstellt, also des erworbenen Wissens, des Verhaltens und von Fähigkeiten wie Schwimmen, Tanzen, Radfahren oder Kopfrechnen.

Nach Cattell ist die kristallisierte Intelligenz das Endprodukt, das die Bildung auf der Basis der fluiden Intelligenz vollbracht hat.

Dieses Konzept von Cattell möchte ich mit der uns heute geläufigen Metapher des Computers neu deuten. Wenn ein Computer eine Aufgabe schnell löst – woran liegt das? Es kann daran liegen, dass der Computer einen sehr schnellen Chip besitzt, also durch eine prächtige Hardwareausstattung punkten kann. Es kann aber auch sein, dass der Computer nur mittelmäßig gebaut ist, aber eine auf ihm installierte erstklassige Software die Lösung schnell findet.

Ob die Leistung nun dem pfeilschnellen Chip oder der Software zuzuordnen ist, lässt sich von außen nicht sagen. Es ist genau wie beim Menschen, der beim Vokabeltest gut abschneidet. Sind ihm die Vokabeln »zugefallen« oder hat er alles mühevoll lernen müssen?

In diesem Bilde möchte ich die Intelligenz des Menschen so deuten:

- Fluide Intelligenz ist wie die Qualität der Hardware eines Computers.
- Bildung ist wie die Qualität des Betriebssystems eines Computers.
- Berufsausbildung ist wie eine Anwendungssoftware auf dem System.
- Kristallisierte Intelligenz ist wie die Qualität von Hardware + Betriebssystem + Software.

Genauer erklärt für alle, denen diese Begriffe nicht hochvertraut sind:

Hardware: Wenn wir einen neuen Computer kaufen, achten wir auf die Eigenschaften der Hardware wie Schnelligkeit des Chips, Hauptspeichergröße auf dem Chip oder auf die Festplattenkapazität. Wenn der Chip schnell rechnet, ist der Rechner »blitzgescheit«. Wenn der Hauptspeicher groß ist, hat der Computer ein »gutes Kurzzeitgedächtnis«. Eine große Festplatte kann viel »Wissen« auf einmal speichern. Gute Hardware = hoher IQ.

Betriebssystem: Heute wird der Computer (»die Hardware«) praktisch immer gleich mit einem Betriebssystem zusammen geliefert. Früher verwalteten die ganz alten kleinen Betriebssysteme wie das DOS nur die verschiedenen Teile des Computers. Man konnte kaum von einem großen Betriebssystem sprechen. Der Computer bestand damals hauptsächlich aus Hardware. Die derzeitigen Betriebssysteme wie Windows oder Linux sind äußerst mächtige Grundwerkzeuge, die viele Basisprogramme für alles Mögliche bereitstellen. Es gibt einen Media-Player für die Wiedergabe von Bildern, Videos und Musik, viele Schriftarten sind vorinstalliert. Wir erwarten selbstverständlich Notizzettelfunktionen, Taschenrechner, einfache Spiele, Uhren, Spracheinstellungen, Internetzugänge und einen Browser auf dem neuen Rechner. Darüber hinaus finden Sie meist noch DVD-Brennprogramme, Lexika, einfache Textverarbeitung, Mailprogramme, Fotoverarbeitung, Diashows und so weiter auf einem neuen Computer vor. Die gehören heute zur Grundausstattung. Diese Basisprogramme führen alles das aus, was eigentlich immer von allen Benutzerarten gebraucht wird.

Software: Die mächtigen Programme wie Photoshop, die Office-Pakete für Text, Tabellen und Präsentationen oder gar SAP sind so etwas wie die wirklichen Jobs, die vom Computer ausgeführt werden. Sie heißen Software. Welche Jobs ein Computer überhaupt ausführen kann, oder – analog zum Menschen – welchen »Beruf er ausüben kann«, hängt von der Hardware *und* dem Betriebssystem ab. Viele Programme brauchen eine bestimmte Hardware (»reine Intelligenz«). Sie setzen aber auch das Vorhan-

densein von vielen Grundfertigkeiten, Methoden und Hilfsmitteln voraus, die nicht vom Programm selbst zur Verfügung gestellt, sondern vom Betriebssystem erwartet werden. Jede Softwareinstallation geht von Systemvoraussetzungen aus. »Mindestens soundso gute Hardware, mindestens Betriebssystem XY.« Es ist wie beim Menschen: »Für diese Berufsausbildung ist ein gutes Abschneiden beim Eignungstest und mindestens der und der Bildungsabschluss Voraussetzung.«

Der Computer: Von außen gesehen bekommen wir Antworten vom Computer, die sich aus dem Zusammenspiel von Hardware, Betriebssystem und Software ergeben. Das ist für mich wie die kristallisierte Intelligenz des Menschen, der über Intelligenz, Bildung und Ausbildung verfügt.

Von außen gesehen wissen wir nicht, was nun wodurch geleistet wurde. Der Mensch ist in diesem Fall wie der Computer ein Gesamtpaket. Wenn Forscher nun genau wissen wollen, was die fluide Intelligenz des Menschen genau ausmacht, müssen sie Menschen wie Sie und mich studieren, die aber schon über eine Menge von Angeborenem und Gelerntem verfügen. Was ist jetzt die wirkliche reine Hardware des Menschen, und was ist durch Erziehung und Bildung dazugekommen? Das ist eine wissenschaftliche und sehr akademische Frage. Zur Beantwortung dieser Frage suchen die Wissenschaftler immer nach Testfragen, die auf die Qualität der »Hirnhardware« schließen lassen und bei denen vorher gespeichertes Wissen bei der Beantwortung nicht hilft. Deshalb ist der von mir empfohlene Test der *Süddeutschen Zeitung* so unmenschlich »computerhaft«. Er testet nur die nackte Hardware, nicht die Bildung.

Ich will aber hier auf etwas ganz anderes hinaus. Betrachten wir wieder den Computer:

Computer können nicht fühlen, weder Freude noch Schmerz. Sie wollen nichts von selbst. Sie haben keine Intuition. Ihnen fehlt der Instinkt. Sie haben keinen EQ und keine Führungsstärke. Sie haben keine Triebe, kennen keine Bedürfnisse nach Nahrung oder

Sex. Sie haben keine Visionen und Träume von einer besseren Zeit. Sie wollen nichts verändern und keine anderen Computer motivieren, liebhaben oder verprügeln!

Ich will sagen:

Der Mensch hat mehr Hardware als ein Computer.

Diese dem Computerbild ferne Hardware des Menschen (die Fähigkeit zu fühlen, instinktiv zu reagieren, Erfahrungen zu machen, intuitiv zu wissen) ist für diesen überlebenswichtig und wird folglich auch vom wahren Professional gebraucht! Sie ist aber nicht Gegenstand des IQ-Tests und damit kein Faktor der Intelligenz und nur sehr eingeschränkt Gegenstand der Bildung und der Berufsausbildung. Man lernt zwar Verhaltensregeln der Kundenfreundlichkeit, der Projektleitung, des Führens etc., aber es wird nicht *eingeübt*. Alles lernt man zu wissen, ohne es zu können. Gefühle und Instinkte werden »kontrolliert« und in Schach gehalten. Alle Probleme werden über den Kopf oder den Geist »geregelt«.

Mit meinem Konzept der professionellen Intelligenz möchte ich Sie wachrütteln. Es gibt viel mehr als »nur« die klassische Bildung und das Ausbildungswissen. Es gibt das Professionelle mit Geist, Herz und Hand (»Neuro«, »Psyche«, »Soma«).

Intelligenz bezieht sich auf die »Hirnhardware« des Menschen.
Professionelle Intelligenz bezieht sich auf die »Gesamthardware« des Menschen.

Professionelle Intelligenz als Begabung zur Bildung von Erstklassigem

Ein Profi produziert erstklassige Arbeit. Zu diesem Zweck ist er am besten selbst erstklassig. Es gibt also zwei verschiedene Dimensionen der Erstklassigkeit, eine der »Werkzeuge« und eine des »Produktes«, das mit diesen Werkzeugen hergestellt wird.

Im Commodity-Bereich schafft man es durch Prozessauto-mation, erstklassige Leistungen durch den ausschließlichen Einsatz von Niedriglohnjobbern herzustellen. Das Erstklassige steckt in der Prozessintelligenz, im Geschäftsmodell, in der Automation oder in Computerprogrammen.

Man muss nicht zwingend erstklassige Professionals für ein erstklassiges Produkt einsetzen, wenn die ganze Intelligenz der Herstellung eigentlich im Verfahren steckt.

Hier ist aber von Professionals die Rede, die hoch qualifizierte Arbeit verrichten sollen.

In diesem Zusammenhang möchte ich einen alten philosophischen Begriff von Platon wieder in Erinnerung rufen. Mit ihm kann ich Professionelle Intelligenz gut und bildhaft beschreiben.

Es geht um die *Arete*. Im Deutschen hat man das Wort oft mit Tugend übersetzt, aber das trifft es nicht. Arete ist eine Eigenschaft von Dingen oder Menschen. Etwas hat Arete, wenn es seinen Zweck oder seine Funktion in besonders guter oder hervorragender Weise erfüllt. Arete ist ein Zeichen von Vortrefflichkeit, Bestimmung, Tauglichkeit oder »Bestmöglichkeit«.

Da Platons Philosophie vom Menschen will, dass sich dieser in seinem Sein der Idee des Guten nähert, ist ein Mensch mit Arete für Platon ein Mensch, der schon weit auf dem Weg zum Guten ist. Deshalb wird in diesem Zusammenhang für Arete oft das Wort Tugend gebraucht. Im ursprünglichen Sinn ist Arete das besonders gute Erfüllen eines Qualitätsmerkmals.

Ein schön gewachsener Baum hat Arete, ein wundervolles Schlachtross, eine prächtige Rüstung. Darf ich neben solchen klassischen Beispielen ein paar neuzeitliche anführen? Das iPad von Apple hat Arete, nicht wahr? Es ist in vielen Dimensionen »schön« oder »vollkommen«. Es übt eine Faszination aus, es verzaubert, es hat eine innere Magie. Für mich hat Nutella Arete, es ist einfach rundum das, was es sein soll. Mahatma Gandhi, Albert Schweitzer oder Albert Einstein haben Arete. Bang & Olufsen hat Arete, das Bild der Mona Lisa oder der Kölner Dom. Helden mit Mut und Stärke selbst unter widrigsten Umständen haben Arete, charismatische Herrscher oder große Künstler.

Professionelle Intelligenz ist die Fähigkeit
zur Bildung von sichtbarer Arete oder zum Erschaffen
von Erstklassigem.
Professionalität ist das Hervorbringen
von sichtbarer Arete oder von Vortrefflichem.
Ein Professional ist, wer mit professioneller Intelligenz
Professionelles hervorbringt.

Wahre Professionalität (solche mit Arete) bringt Beispielhaftes hervor, was als Leitbild oder Vorbild für die Profession im Ganzen dienen kann. Wahre Professionalität kümmert sich (»takes care«) um Kunden, Nutzer, Auftraggeber, Shareholder und Kollegen. Professionals geben ihre Kunst weiter und lehren andere, was Arete in der entsprechenden Profession ist. Sie passen die Vorstellungen von Arete immer neu an. Sie kümmern sich um die Arete der Profession als Ganzes. Das ist »Meta-Professionalität«, also nicht die spezielle Professionalität in der Arbeit selbst, sondern Professionalität *am* System.

Ich hoffe, Sie verstehen intuitiv genau, was ich meine, wenn ich sage, Nutella, iPads, Mona Lisa, Einstein, Porsche oder der Kilimandscharo hätten Arete. Wir wissen das! Wir können im Grunde genommen ziemlich sicher sagen, was oder wer Arete hat. Wir können aber nicht erklären, worin die Arete genau besteht. Um diese Frage wird in den Dialogen Platons viel gerungen – ohne rechtes Ergebnis.

Das ist nicht nur bei dem Verstehen von Arete so! Ein anderes Beispiel: Wir spüren alle, wenn etwas schön ist. Wir spüren die charismatische Aura von großen Königen. Wir haben ein sicheres Gefühl, was ein Genie ist. Aber erklären?

Immanuel Kant hat uns in seinem Werk *Kritik der Urteilskraft* eine weithin akzeptierte und adaptierte Vorstellung des Begriffes Schönheit gegeben. Ein ästhetisches Urteil ist nach Kant und offensichtlich auch ohne Kant subjektiv. Jeder von uns empfindet Schönheit anders. Aber das wahrhaft Schöne hat die Eigenschaft, dass der Eindruck der Schönheit weithin geteilt wird. Das Urteil der Schönheit ist eines von »subjektiver Allgemeinheit«.

Das ist bei Charisma oder dem Genialen doch ebenso! Wir spüren es, jeder für sich. Das Urteil eines jeden von uns ist subjektiv, aber sehr ähnlich. Und genauso ist es mit dem Urteil, ob etwas professionell ist oder nicht oder ob jemand ein Profi ist oder nicht.

Aber, aber, werden Sie sagen: Sieht es wirklich *jeder? Jeder Einzelne?* Kann jeder das Wunderbare der Zwölftonmusik oder von neuen Kunstprovokationen subjektiv so empfinden wie »alle anderen«, sodass ein Urteil der subjektiven Allgemeinheit gefällt wäre? Denn insbesondere bei moderner Kunst gehen die Meinungen zum Teil heftig auseinander. »Über Geschmack lässt sich streiten!«

Ich möchte diesen scheinbaren Widerspruch für dieses Buch so auflösen: Es kommt immer darauf an, ob man die Art der Arete wirklich zu würdigen weiß. Ein Ding, ein Mensch, ein Etwas hat Arete, wenn es in vortrefflicher Weise so ist, wie es von einem Kenner erwartet werden kann.

Ein Weinkenner kann die Arete eines Weines wahrnehmen, ein Gourmet spürt das Wunderbare eines Kobe-Steaks (1 kg für 600 Euro) auf der Zunge. Bei Malern erschließt sich die Arete oder die Kunst ihrer Bilder oft erst lange nach ihrem Tod. Wenn jemand zur Zeit Johann Sebastian Bachs »Ich liebe Bach!« sagte, dann meinte er mit ziemlicher Sicherheit die Kompositionen des Sohnes Carl Philipp Emanuel.

Es ist also nicht allgemein sicher, was Kunst ist, was schön ist, wer Charisma hat oder welche Lyrik das Herz anrührt. Es hat mit der Zeit, der Mode und der Art und Anzahl der Kenner zu tun.

Das Professionelle aber möchte ich als etwas Arete Schaffendes auffassen, dessen Arete wirklich vom Umfeld erkannt und gebührend geschätzt wird. Insbesondere der Kunde und der Arbeitgeber des Professionals sehen das Vortreffliche im Geleisteten – sonst ist es nicht professionell!

Es gehört zur Professionalität dazu, dass Kunden und Arbeitgeber das Professionelle sehen! Es ist nicht professionell, nur beispielhaft zu arbeiten! Das Beispielhafte muss auch erkannt und zum Beispiel genommen werden.

Wenn das nicht der Fall ist, wird ja professionelle Arbeit am

Kunden vorbei produziert, die nicht seinen Erwartungen entspricht.

Professionelle Intelligenz als Begabung zum Gelingen

In früherer Zeit war zwischen intelligentem Arbeiten und professionellem Gelingen gar kein so großer Unterschied. Das ändert sich.

Beispiel: Betrachten wir einen Universitätsprofessor. Er erzielt in klassischer Manier durch seine Intelligenz Resultate in der Forschung und publiziert sie. Er hat damit seine Arbeit erfolgreich geleistet. Sie ist gelungen. Im Sinne der reinen Forschung führt reine Intelligenz im herkömmlichen Sinne zum Erfolg, weil allein durch sie die Arete von Forschungsergebnissen erarbeitet werden kann. Für Professoren der klassischen Art könnten wir sagen, dass Intelligenz und Professionelle Intelligenz in ihrem Beruf fast zusammenfallen.

Das ändert sich in der neueren Zeit. Die Gesellschaft toleriert nicht mehr, dass Professoren ins Blaue hinein forschen und sich gar nur mit Sujets befassen, die sie interessant finden. Die Gesellschaft will, dass die Resultate eben für sie selbst wichtig sind und nicht nur für die Professoren, von denen viele ihren Job als Mittel zur Selbstverwirklichung sehen. Die Gesellschaft ist nicht mehr mit Ideen zufrieden, die in keinen realen Nutzen münden. Ideen sollen sich in Innovationen transformieren! Deshalb werden heutzutage Forscher aller Art verpflichtet, an der Verwertung ihre Erfindungen energisch mitzuarbeiten. Professoren werden immer stärker gedrängt, mit ihren Forschungsergebnissen »draußen« Geld zu verdienen.

Das Gelingen einer Innovation aber ist eine ungeheuer viel stärkere Leistung als das Erfinden von etwas Neuem! Das Erfinden einer Glühbirne ist nichts gegen den Aufbau eines Stromversorgungssystems, an das die Glühbirnen angeschlossen werden. Die Erfindung eines Autos ist nichts gegen den Betrieb eines Fließbandes. Kunden müssen die Innovation lieben und bezahlen, neue

Märkte und Vertriebswege müssen erschlossen werden. Die Umsetzung einer Idee in eine Innovation ist in der Regel um viele Male aufwendiger als das Erfinden.

Damit es am Ende gelingt, eine tolle Idee in etwas Wertvolles am Markt zu transformieren, muss sehr viel mehr als Intelligenz aufgewendet werden. Es muss viel mehr Arete geschaffen werden.

Ein Professor braucht nun die volle unternehmerische professionelle Intelligenz. Zum früheren Denken und Publizieren kommen nun Finanzen, Betriebsgründungen, Verhandlungen, Marketing etc. hinzu.

Es reicht nicht mehr, dass man ein guter Denker, Administrator, Finanzfachmann oder Künstler ist. Die engen Berufsfelder für Spezialisten weiten sich aus. Mit Inselbegabungen oder Inselfähigkeiten kommen immer weniger Professionals aus. Immer mehr von uns müssen Märkte, Kunden, globale Umfelder, fremde Kulturen, ästhetische Moden usw. in einem viel größeren Kontext in ihren Beruf einfließen lassen.

Inselfähigkeiten scheitern zunehmend:

- Erfinder erdenken, was keiner will.
- Manager gründen Firmen, die nie etwas verkaufen.
- Designer entwerfen Produkte, die glatt durchfallen.
- Künstler malen Bilder, die niemand je kauft.
- Wissenschaftler stellen Theorien auf, die so kompliziert sind, dass niemand sie je versteht und die daher auch niemand je anwendet.
- Weltverbesserer reden militant in die Menge, die nicht zuhören will.
- Politiker versuchen sich an Gesetzesentwürfen, deren Scheitern fast jeder vorhersieht.
- Manager setzen Firmen bei erfolglosen Reorganisationen in den Sand.
- Möchtegern-Stars blamieren sich bei Castingshows bis auf die Knochen.

Es gibt nur wenige Menschen, die eine professionelle Aura des Gelingens in alle Richtungen ausstrahlen. Viele erfolgreiche Unternehmer gehören dazu. Wir sprechen von Unternehmergeist, Sinn für das herzhafte Anpacken, geradlinigem Handeln, zuversichtlicher Energie, Herzblut für das Gelingen. Professionelle Menschen *handeln* gut, und zwar so (ich wiederhole das immer wieder), dass es gelingt.

Warum gelingt so vieles nicht? Erfinder müssen ihre Ideen umsetzen und vermarkten, das mögen sie fast nie. Sie möchten am liebsten jemanden finden, der ihnen die Idee schlicht gegen Geld abkauft, dann sind sie stolz und haben genug zum Leben, um weiter in Ruhe zu erfinden. Professoren sind meist am Ruhm interessiert, nicht am Gelingen einer Innovation. Wenn später jemand mit ihrer Idee Millionen macht, sind sie stolz, das alles höchstpersönlich erfunden zu haben, und sie finden es ungerecht, dass sie selbst mit der Idee allenfalls berühmt werden, der Umsetzende aber reich. Manager sind pfauenstolz, irgendwann Oberboss zu sein. Sie freuen sich oft mehr über die neue Machtfülle, als dass sie am Gelingen interessiert sind. Politiker denken im Durchschnitt mehr an Wahlen als an erfolgreiche Reformen. Dieses Arbeiten mit halbem *Herzen* an der Sache und mit ganzer *Intelligenz* am Egowohl führt fast regelmäßig zu allenfalls mittelmäßiger Professionalität.

Die professionelle Einstellung

Die Halbherzigkeiten bei der Arbeit empfinden wir meist als *Mangel an professioneller Einstellung*. Woran erkennen wir solche Defizite?

- Konzentration auf die geliebten Aspekte der Arbeit und Vermeiden der unangenehmen (»Ich arbeite gerne in Ruhe und hasse es, mich mit anderen zu streiten.«)
- Zu starker Fokus auf Eigeninteressen, der die Qualität der Arbeit für andere sinken lässt (»Erst die Karriere, dann die

Abteilung. Das machen alle, ich wäre schön blöd.« Oder:
»Ich habe auch ein Privatleben. Das muss respektiert
werden, wenn ich mal mit der Arbeit nicht fertig bin.«)

- Feste, selbstbewusste Meinung von der eigenen Perfektion,
  die jede Kritik ärgerlich abperlen lässt (»Ich bin hier schon
  lange im Job, ich weiß genau, wie der Hase läuft. Mir erzählt
  niemand etwas.«)
- Kein Ehrgeiz, professionelle Defizite zu beheben (»Ich
  arbeite so gut, wie ich kann. Es kann nicht jeder der Beste
  sein. Es muss auch Indianer geben, nicht nur Häuptlinge.«)
- Uneinsichtigkeit bei eigenen Unzulänglichkeiten (»Ich bin
  beim Casting unter seltsamen Umständen ausgeschieden,
  ich glaube, sie mögen mich nur deshalb nicht, weil ich
  selbstbewusst bin. Deshalb haben sie mich in
  unverschämter Weise kritisiert und behauptet, ich könne
  nicht singen, wahrscheinlich, um mich zu beleidigen.«)
- Zu starker Fokus auf die enge Sicht am eigenen Arbeitsplatz
  bei Unverständnis des großen Ganzen (»Man müsste jedem
  von uns eine eigene Sekretärin geben, dann würden wir
  effizienter arbeiten.«)
- Hoffnungslose Großideen, die wegen mangelnder Kenntnis
  des Gesamtzusammenhangs wirklich für umsetzbar
  gehalten werden (»Wir müssten meine Idee ganz groß
  rausbringen und die ganze Firma darauf konzentrieren.«)

Dem wahren Professional geht es um die Exzellenz seiner eigenen Arbeit und einen Beitrag seiner exzellenten Arbeit zum
Ganzen. Wenn er dies nicht ohne Weiteres erzielen kann, überlegt
er, wie er die eigenen Fähigkeiten verbessern und damit selbst ge-
nügend Exzellenz (»Arete«) zum Einsatz bringen kann.

Kurzfristig steht die Exzellenz der Arbeit ganz vorn, es geht
ja um das Ergebnis. Um dieses zu erzielen, müssen die Mittel zum
Zweck hinreichend gut sein.

Langfristig gesehen steht seine eigene Vortrefflichkeit im
Vordergrund, die er stetig ausbaut oder verändert, damit er in Zukunft noch vortrefflichere Arbeit abliefern kann. Gute Professio-

nals vertiefen ihr Spezialwissen und erweitern ihren Horizont (»T-Shape«).

Gute Professionals suchen Feedback, um ihre Arbeit zu verbessern (nicht, um Lob zu bekommen). Wenn Sie Personalvorgesetzter sind, kennen Sie das wahrscheinlich: Viele Mitarbeiter fragen Sie, wie Sie deren Arbeit finden. Die Mehrzahl kommt in einem Ton wie ein Kind daher: »Papa, ist das gut so?« Daraufhin erwartet sie ein: »Toll, Kind! Brav, Kind. Weiter so!« Mitarbeiter mit wirklich professioneller Einstellung wollen *wirklich* wissen, wie das Ergebnis beurteilt wird. Sie fragen viele Leute, darunter den Chef, den Superexperten, den Kunden und den Projektleiter. Ihre Arbeit soll ja aus allen Perspektiven »Arete haben«, also vorzüglich sein. Dazu muss man die verschiedenen Sichtweisen der eigenen Arbeit kennen.

Für mich ist die Haltung von Mitarbeitern gegenüber konstruktivem Feedback sehr bezeichnend. Während echte Professionals nur darüber reden wollen, wie sie besser werden können, sind andere nur auf Lob aus oder sie gehen Feedback aus dem Wege, weil sie Kritik fürchten und Stress vermeiden wollen. Diese anderen wollen also Bestätigung, dass sie so weitermachen *sollen*, oder sie bevorzugen das Schweigen über ihre Arbeit, worauf sie so weitermachen *können*.

Wenn Sie sich wirklich eingehend mit professioneller Einstellung beschäftigen wollen, schauen Sie sich am besten die Castingshows der Superstars und Supermodels im Fernsehen an. Die Kandidaten hören zu großem Teil nicht auf konstruktives Feedback, sind von sich selbst überzeugt, wollen nicht lernen, zicken gegen andere herum und denken viel mehr über ihre Chancen auf die nächste Runde nach als über die Frage, was sie in der nächsten Runde an Fähigkeiten zeigen müssen. Nach normaler Vernunft könnte man das Weiterkommen in Runde eins als Chance feiern, jetzt durch Coaches des Fernsehens eine unbezahlbar wertvolle Ausbildung im Fach zu bekommen. Diejenigen, die das so sehen können, schaffen es auch relativ weit. Klar, ein Supermodel muss schön sein und Ausstrahlung mitbringen, aber gleich danach ist die professionelle Einstellung dramatisch wichtig.

Diese Einstellung ist denn auch das beherrschende Thema, es wird in den Sendungen unablässig darüber geredet. »Nicht selbstzufrieden sein! Pech hinnehmen! Andere würdigen und von ihnen lernen! Keine Zicken! Verstehen, was kritisiert wird! Urteile der Jury in Verbesserung umsetzen! Die Jury wirklich als konstruktiven Ratgeber verstehen! Keinen Fehler wiederholen! Alle sonstigen Interessen, Bequemlichkeiten oder Bedürfnisse für die Zeit des Lernens einfach vergessen!«

Schauen Sie sich die Sendungen daraufhin an. Wie viele Kandidaten haben eine professionelle Einstellung? Nur wenige. Wie viele gewinnen eine professionelle Einstellung während der Casting-Runden? Auch wenige. Die professionelle Einstellung ist so schwer zu ändern! Ist sie etwa angeboren?

Ist Professionelle Intelligenz angeboren?

Ich traue mich nicht, das Buch zu schreiben, ohne einen Blick auf diese immer wieder aufflammende Diskussion zu werfen, ob nun die Intelligenz geerbt wird oder nicht. An die dominierende Ursache der Vererbung wurde lange geglaubt. In neuerer Zeit zeigen Forschungen aber auch, dass sich Nervenbahnen während des Lebens verändern können – dass sich das Gehirn »umbaut«, je nachdem, was wir wie erleben.

Ich habe durch meinen Vergleich des Menschen mit dem Computer eine Erklärungsmöglichkeit, die wir als Arbeitshypothese annehmen könnten: Die Hirnhardware ist gegeben, das Betriebssystem erworben. Wo genau die Grenzen zwischen Hardware und System liegen, ist selbst beim Computer nicht eindeutig, weil ja ganz wichtige Programme wie das Addieren und Multiplizieren schon direkt auf dem Prozessor ausgeführt werden und nicht als Software. Mag also die Intelligenz irgendwie angeboren sein, aber die Bildung oder die Professionalität kommen durch das Leben, die Erziehung und die Arbeit dazu. Die Erziehung schaut, was als Hardware vorhanden ist und macht das Beste aus dem Menschen. Ich bekomme öfter Leserbriefe dieser Art: »Ich habe

kein Abitur und kann meinen Kindern nichts mitgeben. Ich entlasse sie daher chancenlos ins Leben. Ich weine.« Und ich antworte immer wieder: »Sie haben doch ein Herz! Sie können die Kinder lehren, zu dienen und zu herrschen, zuverlässig zu sein, pünktlich, gewissenhaft, neugierig, aufmerksam, verantwortungsbewusst, liebevoll ... Ist das wenig? Ist Christus nur mit Abitur ins Leben zu integrieren?«

Es gibt zwei entgegengesetzte Anschauungen über Intelligenz und natürlich dann auch über emotionale, ästhetische oder Professionelle Intelligenz. Die einen behaupten, jeder Mensch trage alles Nötige in sich und könne durch gute Umwelt- und Erziehungsbedingungen zum blühenden intelligenten Menschen geformt werden. Viele Naturwissenschaftler dagegen vertreten die These, praktisch alles sei vererbt und damit eine Frage der »Hardware« des Menschen.

Zwischen diesen beiden Auffassungen, dass entweder die Umwelt und Erziehung oder aber die Gene für unsere Intelligenz verantwortlich sind, toben fast religiöse Kriege. Es gibt die Partei der »Environmentalists« (Umwelt ist Ursache) und die der »Hereditists« (Vererbung ist Ursache). Diese ideologische Auseinandersetzung gibt es auch bei der Beurteilung von Hyperaktiven oder Depressiven, von Schizophrenen oder Übergewichtigen. Die einen suchen die Ursache der Krankheit vor allem in den Genen, die anderen in der Erziehung, der Umwelt oder in Seelenzuständen. Es gibt immer diese beiden konträren Auffassungen, die sich nicht versöhnen oder in der Mitte treffen wollen.

Die reine Forschung wird zunehmend unsicherer. Es gibt bei Studien eine verwirrende Vielfalt von kaum eindeutig zu interpretierenden Ergebnissen. Alles läuft darauf hinaus, dass Vererbung UND Umwelt die Intelligenz beeinflussen. Über Prozentsätze wird noch gestritten. 50:50? 70:30? Es gibt kaum statistisch saubere Langzeitstudien – und da man dazu Kinder mit Tests traktieren muss, beginnen die Wissenschaftler zweckmäßigerweise erst mit diesen Tests, wenn die Kinder sprechen können. Dann aber könnte ja schon ein großer Teil der Intelligenzbildung vorgeformt sein (»Prägung«), oder?

Nach allem, was ich an Widersprüchlichem studiert habe, würde ich für mich selbst alle Ergebnisse so zusammenfassen (das ist aber subjektiv, ja?):

> Jeder erbt eine gewisse Intelligenz jeder Art, und danach kann liebevolle Erziehung gegenüber der normalen noch 15 IQ-Punkte mehr herausholen, also nicht unendlich viel, aber ziemlich viel. Oder in der Computeranalogie: Die angeborene Hardware kann so liebevoll mit einem guten Betriebssystem ausgestattet werden, dass viele Performanceprobleme des Prozessors oder der Speichereinheiten nicht wirklich auffallen.

Man muss sich dabei klarmachen, dass 15 Punkte hier sehr viel ausmachen! Der IQ-Test ist so angelegt, dass die Ergebnisse die typische Glockenkurve um den Wert 100 bilden. Die meisten Menschen haben einen IQ zwischen 85 und 115. Unter 85 wird man etwas sorgenvoll gesehen, 100 ist normal, ab 115 ist man sehr intelligent, ab 135 oder 140 hochbegabt. Wenn man in einer solchen Skala 10, 15 oder 20 Punkte gutmacht, bedeutet das eine ganze Menge! »Eine Klasse besser.«

Die Diskussion, ob etwas angeboren ist oder nicht, entwickelt sich wohl schon seit alters aus der allgemeinen Verzweiflung, gewisse Dinge dem normalen Menschen nicht oder nur schwer beibringen zu können. Dann diskutieren die Philosophen Jahrhundert um Jahrhundert, ob Tugend oder Tapferkeit angeboren sein könnten. Sie stellen die Frage immer so: »Kann man Arete oder Tapferkeit lehren?« Kann man aus jedem Menschen einen guten Menschen oder einen Helden machen? Wie stellte man das an? Wenn es ginge, dann wären doch Arete oder Tapferkeit eine Art Wissen, das sich vermitteln und aufnehmen ließe?

Die Dialoge Platons handeln von dieser Debatte, bleiben aber unentschieden im Vagen. Man spürt, dass Sokrates eigentlich fühlt, dass die höchsten Dinge nicht lehrbar sind, aber er trauert wohl auch schon vorgreifend über diese ungeliebte Vorstellung. Es wäre doch besser, man könnte sie lehren, dann wäre Hoffnung für

alle da! Sokrates verkündet bei Platon keine Entscheidung. Er fragt, was Arete überhaupt *ganz genau* sei und weicht so einer Antwort aus.

Dieselben Diskussionen gibt es bei anderen Qualitäten des Menschen. Neben der Intelligenz wird besonders viel über Kreativität nachgedacht. Ist die angeboren? Ich wollte gern ein Bild von allen solchen ähnlichen Debatten gewinnen und habe im Internet nach Meinungen gesucht, welche Eigenschaften einem Menschen nicht beigebracht werden können. Ich fand vor allem diese:

- Humor
- Kreativität
- Charisma, Ausstrahlung
- Spielintelligenz
- Empathie
- Führungsqualität
- Intelligenz
- Ehrgeiz

Diese kamen immer wieder vor, als Ausreißer auch die offenbar nicht lehrbare Kunst, Hartz-IV-Anträge auszufüllen. Ich habe noch eine weitere Runde mit dem Suchbegriff »ist erlernbar« im Internet gesucht und dazu Meinungen gefunden, dass folgende Fähigkeiten ganz bestimmt erlernt werden könnten:

Machtausübung, Führung, Kreativität, Verführung, Talent, Optimismus, Malerei, Musik, Charisma, logisches Denken, Humor, Schlagfertigkeit, Design, Nachhaltigkeit, Geldmachen, Mathematik, Geistheilung, Webdesign, kontrolliertes Trinken, faires Streiten, Gesundheit, Glaube, Hypnose, Verkaufen, Verantwortung, Selbstreflexion, Ehrgeiz, Qualität, rollendes »r«, Umgang mit Tieren, Gefühl, Börsenerfolg, Orgasmus, Rechtschreibung, Kunst, Unternehmertum, Genialität, Erfolg, Intelligenz, Zigeunerkartenlegen, Linksverkehr, Pendeln, gutes Aussehen, Weisheit, Geduld, Fußreflexzonenmassage, Superschlaf, Zivilcourage, Stillsitzen, Ab-und-zu-den-Mund-Halten, Kunst des Besprechens, Empathie.

Die obere Liste kommt in der unteren natürlich komplett vor. Man kann es lernen, sagen die einen. Es ist angeboren, erwidern die anderen. Wir fühlen aber sicher alle, dass vieles nur sehr schwer erlernbar ist – wenn überhaupt. Wir sind in solchen Fragen schon immer sehr kontrovers gestimmt, obwohl die plumpe Wahrheit bestimmt in etwa so lautet:

> Alles, aber auch alles, kann bis zu einem bestimmten Grad erlernt werden, wenn man es wirklich will und sich die entsprechende Mühe gibt.

Trotzdem bleiben viele dabei, das Ganze im Entweder-oder-Modus zu diskutieren. Meist stehen da weltanschauliche Fragen, Absichten oder Interessen im Raum. Ich liste ein paar auf. Diese Interessen machen einen sachlichen Umgang mit Intelligenzen sehr schwer:

- *Ethisches Unbehagen:* Nicht nur Sokrates, wir alle mögen im Herzen den Gedanken nicht, dass die wesentlichen Fähigkeiten der Menschen bei ihrer Geburt ungleichmäßig verteilt sind. Wir würden von Gott, wenn er uns erschafft, Chancengleichheit erwarten. Wir lieben die Idee, gleich zu sein.
- *Arbeitsmotivation:* Arbeitgeber verlangen maximale Leistung. Wenn die nicht erbracht wird, schließen sie gerne anschuldigend auf mangelnden Einsatz und fehlenden Willen, die Extrameile zu gehen. »Ich kann nicht!« wird nicht akzeptiert. »Geht nicht gibt's bei mir nicht!«, heißt es dann.
- *Niederlagenerklärung:* Wer etwas nicht schafft, wird die Idee gut finden, die eigenen Gene seien verantwortlich und »nehmen hinweg alle Schuld«. Eltern, deren Kinder Niederlagen erleiden, glauben gerne, die Kinder seien von Geburt an so gewesen. Immer ist das Zahnen, die Pubertät oder die Genetik verantwortlich – nie die Eltern selbst. Damit sind die Eltern die Verantwortung los, sie können

akzeptieren, dass ihr Kind erfolglos ist. Arbeitgeber können das nicht und vertreten deshalb das Gegenteil.

- *Gerechtigkeitssinn:* Ist der Hang zu Kriminalität angeboren? Darf man jemanden wegen angeborener Delinquenz ins Gefängnis werfen?
- *Akzeptanz von Heilverfahren:* Wenn Burn-Outs, Depressionen, Ängste, schizophrene Zustände oder AD(H)S durch das Umfeld entstehen, ist dieses schuldig. Dann muss sich das Umfeld verändern beziehungsweise der eigene Umgang mir diesem, etwa die Arbeits- und Familiensituation des Betroffenen. Dafür gibt es Therapien aller Art. Wenn diese Seelenzustände aber erblich bedingt sind, kann man das Problem problemlos mit Psychopharmaka lösen. Da das Umfeld sich aber nicht zuständig fühlt und schon gar nicht irgendeine Schuld bekennen will, stellt es sich indirekt auf die Seite der dadurch blühenden Pharmaindustrie.
- *Akzeptanz von Lehrangeboten:* Es gibt eine ganze Industrie des Lehrens, Coachens, der hoffnungsgebenden Botschaften, von Allheilmitteln und rettenden Präparaten, Konferenzen, Zeitungsabonnements, Diäten etc., die alle von dem Mythos leben, alles könne von jedem erlernt werden – nur nicht allein, sondern mithilfe der angebotenen Mittel. Die müssen natürlich sehr teuer sein, denn jeder sieht ja, dass er es allein nicht kann.

Es geht nicht so sehr um die Wahrheit! Es ist sogar ökonomisch sinnvoll, dass beide Ansichten, die der *Hereditists* und die der *Environmentalists* nebeneinander bestehen. Dann gibt es auch immer die entsprechenden Industrien dazu. Die einen behandeln Symptome oder beseitigen akute Gehirnprobleme, die anderen ernähren sich von der Hoffnung auf Verbesserung. Auch wenn es um Selbstrechtfertigung geht, sind beide Auffassungen je nach Lage immer griffbereit. Die Erfolgreichen protzen mit ihrem Arbeitseinsatz, nie mit ihren Begabungen oder Genen. Die Loser konnten es dagegen wegen ihrer bedauernswerten Gene nie schaf-

fen. »Mir fehlt deine Begabung!«, rufen sie den Erfolgreichen zu, und die antworten: »Faule Ausrede, arbeite härter, so wie ich!«

Zur Rationalisierung unseres jeweiligen Handelns und Denkens haben wir als Gemeinschaft ein Bedürfnis, beide Standpunkte, den der Environmentalists und den der Hereditists, möglichst simpel und glasklar polar gleichzeitig nebeneinander im Kopf herumzutragen.

Der grüne Daumen für Menschen

Sie verstehen die Wahrheit? Intuitiv ist es klar, dass es sowohl eine Vererbungsseite als auch eine Erziehungsseite gibt. Pflanzen, Tiere und Menschen werden mit einem gewissen Potenzial geboren und entwickeln sich meist ganz ordentlich von selbst. Wer sie aber zur wirklichen Blüte bringen will, die Pflanzen und Tiere und Menschen, der muss sich durch lange Übung und Erfahrung einen »grünen Daumen« erwerben. Der grüne Daumen ist eine neue Wortschöpfung für die Begabung im Umgang mit Pflanzen. Früher sprach man von Ernteheil. Heil ist ein germanisches Wort, es drückt Gesundes, Glückhaftes, Begnadetes, Ganzes aus. Könige hatten Königsheil. Jesus ist der Heiland. Im Angelsächsischen gibt es *hale* (frisch), *whole* (ganz), *holy* (heilig). Menschenheil müsste man haben, das Pendant zum grünen Daumen. Wenn es offensichtlich den grünen Daumen gibt, warum diskutieren wir nicht die Förderung des menschlichen Analogons? Dann würden wir uns um Menschen endlich kümmern, statt uns zu streiten, ob die Intelligenz nun gottgegeben ist – so als suchten wir Gründe, keine Verantwortung tragen zu müssen. Wir müssen anstreben, einen grünen Daumen für Menschen zu erwerben, um aus einer gegebenen »Hardware«, aus Hirn, Herz und Hand, das Beste zu machen.

Wir müssten mehr Menschen wie Mrs. A haben!

Im Buch *Intelligence and How to Get It* von Richard E. Nisbett wird eine anekdotische Quelle zitiert, nach der man bei der

Befragung von vielen einstigen Schülern einer Grundschule herausfand, dass sie sich im Erwachsenenalter kaum an ihre ersten LehrerInnen erinnerten. Nur die, die »Mrs. A« als Lehrerin hatten, konnten sich sehr gut an sie und ihren Namen erinnern, sie hielten sie überwiegend für herausragend fähig. Diejenigen der Schüler, die Mrs. A als Lehrerin hatten, waren signifikant erfolgreicher in den weiteren Schulstufen. Wie schaffte Mrs. A das? Einhellige Antwort: »With a lot of love.« Liebevoll eben, mit Extrahilfe am Nachmittag und beim Mittagessen, das sie stets zusammen mit den Schülern einnahm.

Das kennen wir doch mehr oder weniger alle? Dass ein einzelner Mensch uns weiterbrachte und entscheidend wachsen ließ? Sehen Sie, es gibt sogar Studien dazu.

Und noch eine: Janke und Havighurst (*Relations between ability and social status in a midwestern community.* In: Dunlap (Hrsg.): *The Journal of Educational Psychology*, Volume XXXVI, 1945) testeten Kinder verschiedener sozialer Klassen nach Intelligenz und nach mechanisch-handwerklichen Fähigkeiten (Minnesota Mechanical Assembly Test). Die 16-Jährigen waren nach den sozialen Klassen A/B, C, D, E geordnet, A ist die höchste Klasse. Ihre durchschnittlichen IQ-Werte lagen in den Klassen bei 128, 112, 104 und 98, aber die Mechaniktestwerte bei 46,8, 51,6, 48,8 und 53. Was fällt uns dazu ein? Oberschichtkinder sind schlau, aber praktisch unbegabt. In den unteren Schichten ist es andersherum. Oder: Was man Kindern beibringt, lernen sie.

Und Sie sehen, was aus vielen solchen Studienergebnissen herausleuchtet: So etwa 15 Punkte kann man durch Erziehung, Übung und Training herausholen.

Für mich ist klar: Es gibt den grünen Daumen auch für den Umgang mit Menschen. Wir müssen uns einen Ruck geben und das anerkennen. Wir müssen den Mut aufbringen, uns selbst zu fragen, ob wir selbst einen grünen Daumen haben. Wenn nicht – haben wir uns bemüht, einen zu bekommen? Bilden wir Eltern, Lehrer und Führungskräfte sorgfältig daraufhin aus? Oder lieben wir doch heimlich die Theorien der unveränderlichen Gene und Charaktere? Die machen nämlich keine Arbeit.

Professionalisierung und Industrialisierung
von Intelligenzen durch Intelligenz

Schauen wir noch einmal auf die Liste von Eigenschaften, Fähigkeiten oder Intelligenzen, die von vielen Menschen im Internet für nicht lehrbar oder erlernbar gehalten werden.

- Humor
- Kreativität
- Charisma, Ausstrahlung
- Spielintelligenz
- Empathie
- Führungsqualität
- Intelligenz
- Willensstärke

Genau diese Eigenschaften brauchen wir aber als Professionals! Stellen Sie sich vor, wir würden für unsere Kinder eine Mrs. A engagieren, die mit Liebe und Hingabe hilft, bei ihnen Kreativität oder Spielintelligenz zum Erblühen zu bringen – könnte das nicht gehen? Oder mindestens viel weiter führen, als wir das in unserem Arbeitsalltag gewöhnt sind?

Es geht, aber im Vergleich zur reinen Wissensvermittlung in Schule und Universität ist das eine ganz neue und viel größere Aufgabe.

Wir klagen jeden Tag, dass Menschen rüde mit uns umgehen, uns unfreundlich bedienen, rücksichtslos sind, nur an sich denken, Probleme vor sich herschieben, unkreativ an Gewohnheiten kleben und dabei bestimmt keinen Spaß verstehen – die Liste können Sie beliebig fortsetzen. Was tun wir aber?

Wir bemühen uns nicht wahrhaft um Gefühle, Energien, Intuitionen, Instinkte, Talente, Begabungen, Träume, Hoffnungen, Ideen, Prinzipien, Visionen in uns, die Ausdruck anderer Intelligenzen sind als der mathematisch-sprachlichen. Wir simulieren alle diese im Sinne der harten Intelligenz

nicht objektivierbaren Sinne, Eigenschaften und Sinnstrebungen durch explizite Benimmregeln, Methoden, Ordnungen, Normen und Geschäftsprozesse.

- Energie wird durch Druck und Zwang künstlich erzeugt (»Pflicht«).
- Empathie wird durch Etikette und korrekte Floskeln vorgeführt.
- Kreativität wird zweimal jährlich für 15 Minuten in einem Brainstorming rituell gefeiert.
- Prinzipien und Glaubenssätze werden – selbst wenn es welche gibt – immer nur appellativ beschworen, aber bedenkenlos den täglichen Sachzwängen geopfert.
- Intuition und Gefühle werden nicht positiv verwendet, sondern als »subjektiv« abgestempelt und verdrängt.
- Emotionen müssen unterdrückt werden (»keine Emotionen bitte!«), es besteht die Pflicht konsequenter Impulskontrolle.
- Mitarbeiter bekommen detaillierte Arbeitsvorschriften in »Jobrollenprofilen«, die nicht auf die spezifischen Talente der Mitarbeiter eingehen.

Wir sorgen dafür, dass alle Menschen auf diese Weise durchschnittlich höflich, geordnet und konfliktvermeidend ihre vorgeschriebenen Aufgaben abarbeiten. Der normale Alltag läuft dann einigermaßen störungsfrei ab.

Ich möchte Beispiele einflechten. Ich durfte einmal für eine halbe Stunde im Flugsimulator der Boeing 777 das Fliegen erlernen. Ich war tief erstaunt, dass man das Flugzeug fast so einfach wie ein Auto bedient. Nach fünf Minuten Einweisung flog ich los. Wundervoll. Ich konnte den Riesenvogel tatsächlich ohne Probleme in den Himmel starten! Ich drehte eine Runde und sollte landen. Das war ohne Gefühl ganz ungewohnt, ich crashte die 777 am Boden. Macht ja nichts. Neuer Versuch. Das Starten klappte prima, die Landung ging jetzt ganz gut, ich setzte aber hart auf. »Reifenverbrauch!«, lächelte der Trainer und sagte: »Jetzt können Sie es im einfachen Fall.« Ich bat ihn, einmal Sturmböen und

Hagel oder Gewitter einzustellen, ich würde gern einen dritten Versuch erleben. Also los. Ich versuchte jetzt dasselbe im Inferno. Ich sah kaum etwas, ich wurde total durchgeschüttelt, das Flugzeug schwankte, ich überdrehte alle Flugwerte, überall blinkten Warnleuchten (»Flügel weichen mehr als 30 Grad von der Waagerechten ab!!«), weil das Flugzeug außer Balance war. Sie müssen sich die Warnleuchten wie Zuschauer bei einem Kunststück vorstellen, die alle gleichzeitig brüllen, dass etwas furchtbar schiefläuft. Ich war in Schweiß gebadet, verlor vollkommen den Überblick und gab auf. Der Flugsimulator hatte mich an ein physisches und nervliches Ende gebracht. Da sprach der Trainer diese »Worte zum Sonntag«: »Fliegen bei schönstem Wetter ist sehr leicht, fast wie Autofahren in der Sonne. Sie lernen es in 10 Minuten. In diesen 10 Minuten machen Sie den größten Lernfortschritt beim Fliegen. Damit Sie aber Kapitän werden, müssen Sie nun viele Jahre lang üben, damit Sie unter allen Bedingungen professionell fliegen.«

Was heißt das für den Umgang mit unseren Gefühlen, Intuitionen, Energien oder Talenten? Wir bleiben meist auf dem Niveau eines Wochenendlehrgangs. Wir wissen, was bei schönem Wetter zu tun ist. Wissen Sie, wie lange man braucht, um Kunden wirklich empathisch zu bedienen? Die Mitarbeiter im Supermarkt sagen zu jedem Kunden an der Kasse »Guten Tag« und speziell beim Kaufland nach dem Kassieren noch zusätzlich: »War alles in Ordnung?« Das ist ein eisern andressiertes Regelwerk und wird durch Testkäufer überprüft. Es ist genau wie das Fliegen bei schönem Wetter in weniger als einer halben Stunde erlernbar. Das andressierte Grüßen ist aber von Empathie genauso weit entfernt wie ein paar absolvierte Flugsimulatorminuten vom Bestehen der Kapitänsprüfung.

Heute erleben wir die totale Industrialisierung der Arbeit. Jeder Beruf wird durchleuchtet, wie er effizienter gestaltet werden kann. Für diesen Veränderungsprozess wird genau beschrieben, was im Beruf geleistet werden soll. Früher sagte man zur »Putzfrau«: »Machen Sie sauber.« Heute gibt es detaillierte Vorschriften für Cleaning-Manager, wie oft wöchentlich was genau wann wie

sorgfältig gewischt wird. Früher ging man zum Automechaniker und bat: »Schau mein Auto durch, ob es okay ist.« Heute gibt es Checklisten vom Werkstattmeister. Man hat Anspruch auf genau diesen Check, nicht darauf, dass das Auto sauber ist oder gut in Schuss gehalten wird. Wenn Sie sich früher bei der Bank über Aktien beraten ließen, erhofften Sie vom Bankberater einen heißen Tipp, der natürlich auch in einen Reinfall münden konnte. Heute erklärt Ihnen ein Investment-Experte, was objektiv im *Handelsblatt* oder in hausinternen Studien erklärt wurde. Einen Tipp gibt er nicht. Er breitet nur Wissen aus (das Sie durch Surfen schon haben). Er arbeitet wie die Putzfrau eine Checkliste ab. Versicherungsagenten müssen heute per Gesetz alles protokollieren, wozu sie geraten haben. Sie beraten also, was jede Nachprüfung übersteht, sie sagen also nur das, was im Internet auch steht. Die Dokumentationswut bei ärztlichen Behandlungen wirkt genauso. Unternehmensberater kommen mit Checklisten und schauen im Computer nach, was der empfiehlt...

Was geht da vor? Alles wird in Pflichtenheften und »Service-Level-Agreements« festgelegt. Dort steht haarklein, was getan werden muss, Schritt für Schritt. Genau das wird abgearbeitet. »Haus blitzsauber«, »Auto heil«, »Patient gesund«, »Vermögen gut angelegt«, »schmackhaftes Hamburger-Menu XXL« entsteht durch Abhaken oder wie beim Computer durch die peinlich genaue Ausführung eines Arbeitsprogramms. Die Ausführung der Arbeit wird programmiert, das Endergebnis des Programms ist die vereinbarte Leistung.

Mir ist es einmal passiert, dass mein Auto nicht mehr fuhr, aber die Elektronik des Autos beim Abfragen sagte, dass alles in Ordnung sei. Da meinte der »Mechaniker«, der nur durch den Bordcomputer und seine Inspektionsprogramme gesteuert war: »Formal gesehen ist das Auto jetzt in Ordnung. Es fährt zwar nicht, aber wir haben alles getan, was nach Vorschrift abgearbeitet werden muss – außerdem sagt das Auto selbst, dass es okay ist.« Dasselbe sagt Ihr Investment-Experte, nachdem Ihre gekauften Aktien in den Keller gerauscht sind. »Ich habe Sie pflichtgemäß darüber belehrt, dass Aktien auch fallen können. Sie wussten das.«

Die auf diese Weise programmierten Berufe sind damit »kritikbefreit«. Es wird nur garantiert, dass das Programm durchgeführt wird, nicht, dass das Ergebnis gut ist. Sie kaufen als Kunde nur die Programmausführung, nicht das Resultat.

Viele Berufe, bei denen es oft Kritik an »schwarzen Schafen« gibt, reagieren auf diese »Störfälle« mit einer sogenannten »Professionalisierung«.

Berufsverbände legen bei Rechtsanwälten, Ärzten, Steuerberatern, Personalberatern etc. fest, was ein Angehöriger des Berufsstandes können muss (durch Prüfungen dokumentiert) und welche Mindeststandards seine Leistungen erfüllen müssen. Der Kunde kann dann juristisch seine Rechte geltend machen, wenn die Leistungen eines Experten die festgelegten Normen nicht erfüllen. Heute gibt es immer stärkere Bemühungen, die Dienstleistungsberufe zu professionalisieren. Lehrer, Professoren, Arbeitsvermittler, Karriereberater oder Immobilienmakler bekommen Normen, ethische Richtlinien und vor allem dies: Kontrollen, die natürlich wieder nach vielen Checklisten eine Art Programm darstellen.

Durch die Normen und Kontrollen, die Service- und Qualitätsdefinitionen wird im Prinzip aufgeschrieben, was zu tun ist. Dieses Vorschriftensystem ist inhaltlich ein ausführbares Programm, das nicht zu viel Expertise braucht, weil es ja auf Mindeststandards beruht. Je niedriger diese Standards sind und je detaillierter das Programm ist, umso mehr wird die Erfüllung der Vorschriften zur Commodity.

Der Durchführende muss nur noch so weit angelernt oder ausgebildet werden, dass er das Programm ausführt. Mehr ist nicht nötig, weil ja das Ergebnis nicht explizit gefordert wird, sondern nur die Ausführung. Ein Lehrer nimmt also den Stoff nach Lehrplan durch. Das ist seine Pflicht. Er wird aber nicht danach beurteilt, ob er seine Schüler so gut vorangebracht hat wie Mrs. A.

Die eigentliche Intelligenz ist dann in den Programmen, nicht in denen, die sie ausführen.

Solche Entwicklungen habe ich ja am Anfang des Buches schon beschrieben. Ich wiederhole diese Gesichtspunkte hier

noch einmal mit dem Wort »Programm«, um Ihnen dies nun deutlich zu machen: In dem Programm oder im Lehrplan steht nicht, dass zum Beispiel der Lehrer oder Arzt Wärme, Humor, Gelassenheit, Ruhe, Charakter etc. zeigen soll.

Diese Elemente, die bei Premium-Arbeiten eine sehr wichtige Rolle spielen, wenn Sie zum Beispiel einen Star-Arzt oder eine Superschule suchen – diese Elemente sind nie Teil der Professionalisierung oder der Standardisierung. Im Programm steht allenfalls: »Jeder Kunde ist beim Eintreten innerhalb von drei Sekunden in einer landesüblichen Form zu grüßen. Mitarbeiter, die den Lehrgangabschluss ›Höheres Grüßen‹ absolviert haben, achten auf eine Harmonie mit der Grußformel, die der Kunde wählt.«

Die Berufe werden also nicht derart professionalisiert, dass man alle in diesem Beruf so verbessert, dass sie alle gleichmäßig exzellent sind – nein, man programmiert sie alle gleich. Damit sind alle derart Professionalisierten ganz okay, aber nicht wirklich exzellent. Mein Hauptpunkt ist:

> Professionalisierung regelt die Arbeit fast ausschließlich mit der harten objektiven klassischen Intelligenz, die in die Programmierung des Berufes, in seine Methoden, Strukturen, Jobrollenbeschreibungen, Durchführungsbestimmungen und Kontrollen einfließt. Alles ist beschreibbar und **wird** beschrieben und dokumentiert. Damit wird menschliche Arbeit zur reinen Sachleistung industrialisiert.

Wenn es nur darauf ankommt, dass der vereinbarte Arbeitsprozess ausgeführt wird, werden Humor, Wärme, Höflichkeit, emotionale Intelligenz, persönliche Zuwendung etc. nur in einem extrem effizienten Maß gebraucht.

Bei industrialisierter Arbeit werden Instinkt, Intuition, Gefühl, Begeisterung und emotionale Intelligenz genauso wenig gebraucht wie die klassische Intelligenz. Das wenige, was gebraucht wird, wird in Form von Gesprächsfloskeln antrainiert.

Die intelligente Professionalisierung der Arbeit kommt ohne
alle andere Intelligenzen im Bereich von Gefühl, Wille, Instinkt,
Humor, Intuition oder Führung aus, weil diese nur in niederer
Form als beschreibbare Anweisungen oder erlernbare
Gesprächsfloskeln vorkommen. Dadurch werden sie bei der
Professionalisierung durch die klassische Intelligenz des
Auswendiglernens simuliert und ersetzt.

Ja, und weil das so ist, denken wir unter Umständen, wir brauchen nur die eine, die bekannte reine Intelligenz des Geistes. Freundlichkeit gegenüber Kunden und Nettigkeit des Chefs gegenüber Mitarbeitern wird heute oft nur als eine Beigabe gesehen, die die Arbeit erträglicher macht. Hart industrialisierende Manager verzichten oft sogar bewusst auf Freundlichkeiten, weil sie im Effizienzwahn glauben, dass Mitarbeiter dann schlechter arbeiten oder vielleicht sogar Lohnerhöhungen fordern. Freundlichkeit gegenüber Kunden wird oft mit »Kulanz« verwechselt, viele haben eine irrationale Angst, dass jedes Eingehen auf den Kunden irgendwie Geld kosten und den Gewinn schmälern wird.

Professionelle Intelligenz über die professionalisierte Stufe hinaus

Langsam, ganz langsam hat sich die Stimmung bei der Arbeit verfinstert. Das Menschliche hat den Rückzug angetreten, es hat der Effizienz fast klaglos Platz gemacht. Die Gewerkschaften haben keine Zähne mehr. Sie waren laut mit Forderungen, als es uns gut ging. Jetzt, wo wir sie brauchen könnten, sind sie stumm. Das ist nicht ihre Schuld, es sind ja wir, die nichts entgegensetzen wollen. Wir haben Angst um unsere Arbeitsplätze, die aber aus Effizienzgründen so oder so wegfallen, ob wir uns nun ducken oder nicht.

Wir müssen uns aufmachen, neue Arbeit in der Wissensgesellschaft zu finden. Bessere Arbeit, die nicht industrialisierbar ist. Wir würden dann mehr entwickeln, erforschen, Projekte leiten,

internationale Kommunikation betreiben, kurz: Wir müssen einen Platz als Keystone in der globalen Welt einnehmen.

Dazu müssen wir mehr und mehr können – in einem beträchtlichen Ausmaß. Das erklärte ich im ersten Teil des Buches.

Wir müssen über das Industrialisierbare hinaus. Das ist dasjenige, was sich nicht wie ein Rezept aufschreiben lässt. Hamburger-Menus sind industrialisierbar, Sterne-Cuisine ist es nicht...

Dieses »Darüber hinaus« hat viel mit der Professionellen Intelligenz zu tun, die wir erwerben müssen. Was aber ist Professionelle Intelligenz genau?

Auf der Suche nach der Professionellen Intelligenz

Ich habe bisher nur sehr allgemein gesagt, was ich unter Professioneller Intelligenz verstanden wissen möchte.

Natürlich kann ich den Begriff auch jetzt nicht endgültig definieren. Auch wird jeder von Ihnen unter Professioneller Intelligenz etwas anderes verstehen, in Nuancen anders oder auch stark verschieden. Es gibt verschiedene Herangehensweisen, sich über die Bedeutung eines Begriffes einig zu werden. Ich versuche es über diese Zugänge:

- Wir können einen Begriff durch Diskussion unserer Vorstellungen nach und nach persönlich begreifen. Dazu ist die Betrachtung von Beispielen von Professionals und professionellen Leistungen gut (Wer hat professionelle Arete? Was hat professionelle Arete?).
- Der Begriff wird durch etliche Eigenschaften charakterisiert, die als Liste eine besser fassbare Vorstellung ergeben.
- Wir können professionelle Teilintelligenzen definieren und diese per Test in der Stärke messen – wer dann hohe Scores hat, hat einen hohen PQ.

- Manager können an etliche Mitarbeiter sehr hohe Ziele vergeben und schauen, wie sich die besten von ihnen dabei anstellen – so wie sie es tun, muss es professionell sein!

Professionelle Intelligenz verstehen

Professionelle Intelligenz ist das Talent, Arete oder »Exzellenz« zu erzeugen. Sie ist auch das Talent, etwas zum Gelingen zu bringen. Man braucht die Fähigkeit, etwas zustande zu bringen, und es muss etwas Gutes herauskommen. Das Endergebnis muss stimmen, und dazu müssen in der Regel die Werkzeuge taugen: Professionalität für ein professionelles Ergebnis.

Das ist sehr einfach zu verstehen, denke ich – es ist aber vage. Man muss also sehr lange Dialoge wie Sokrates in den Werken Platons führen, bis man sich auf einen gesunden Menschenverstand in dieser Sache geeinigt hat. So etwa: »Sag, Sokrates, wenn jemand fünfzig Jahre an einem Bild arbeitet, das erst nach tausenden Versuchen so schön wird wie Helena im Leben, sag: Ist der professionell?« Und Sokrates könnte antworten: »Das Schönste mag ein Leben erfordern. Gleichwohl wäre zu fragen, ob das Bild nicht frischer und liebender geworden wäre, wenn er es vor dem Greisenalter beendet hätte.« – »Hat er aber nicht zu viel Zeit vertan, Sokrates?« Usw.

Oder: »Wenn jemand, Sokrates, ein Unternehmen vollkommen professionell begründet und ein Sturm vernichtet es vollständig: Richtet ihn nicht das fehlende Endergebnis als Menschen? Ist er dann ein Versager?« Und Sokrates könnte antworten: »Darin müssen wir die Zeichen der Götter zu deuten versuchen ...«

Im Ernst: Das Generelle ist wohl sehr leicht zu sehen, aber im Speziellen muss viel nachgedacht werden. Am besten wäre es sicher, man könnte in der Nähe des eigenen Arbeitsplatzes einigen Meistern bei der Arbeit zusehen und von ihnen auch in Diskussionen direkt lernen. Bei IBM kennen wir die Funktion eines Mentors, der als Meister seines Fachs mit Jüngeren ab und zu persönlich spricht und sie konstruktiv weiterbringt. Wir ermutigen die

Jüngeren, mit einer kleinen Anzahl von solchen Meistern Kontakt aufzunehmen und sich mit ihnen zwecks Mentoring dann öfter zu treffen. Die Mentoren sollten am besten sehr verschieden sein und auch verschieden von ihrem »Schüler«. Jeder soll ja in seinem Fach Meister werden und gleichzeitig auch Schwächen ablegen, die man am besten mit Menschen diskutiert, die anders sind. Zum Beispiel sollten sich technische Experten von Vertriebs-Assen beraten lassen. Oder Manager von technischen Experten. Oder Vertriebsfachleute von Controllern etc. Man wird viel schneller professionell, wenn man nicht im eigenen Saft kocht und den überall geforderten Blick über den Tellerrand zum eigenen Programm macht.

Konstruktives Feedback von »weiter oben« und von »ganz woanders her« ist wohl das Wertvollste, was man bekommen kann. Ich hatte im Laufe meines Lebens so einige leuchtende Gespräche, bei denen ein Groschen fiel, wie man so sagt, und die Wirkung für viele Jahre hatten.

Kompetenzen eines Professionals

Ein zweiter Weg, sich dem Begriff der Professionellen Intelligenz zu nähern, ist das Nachdenken über Fähigkeiten, Fertigkeiten und Kompetenzen, die ein Professional haben sollte. In meinem Buch *AUFBRECHEN!* habe ich bereits eine Liste vorgelegt, die ich Ihnen hier nochmals unterbreite. Sie sollten schon beim groben Überfliegen fühlen, dass wir eigentlich alle diese Kompetenzen haben sollten. Wer professionell intelligent ist, schafft es, sich einen Großteil der folgenden Fähigkeiten anzueignen:

- Soziale Kompetenz (Verstehen, Empathie, Teamfähigkeit, Kommunikationsfähigkeit, Kooperationsfähigkeit, Konfliktlösungsfähigkeit, normal gutes Benehmen)
- Fachliche Kompetenz oder Sachkompetenz (sein Handwerk verstehen)
- Führungskompetenz und Durchsetzungskompetenz

(entscheiden, verhandeln, überzeugen, motivieren, Kritik
üben, delegieren, Zeit managen, Konflikte bewältigen,
ordnen, präsentieren, anleiten, coachen, unter
widersprüchlichsten Bedingungen den Spagat zwischen
allem schaffen)
- Methodenkompetenz (methodisch Probleme lösen und an
  Unbekanntes herangehen, Informationen beschaffen,
  strukturierte Lösungstechniken kennen)
- Selbstkompetenz, Persönlichkeitskompetenz (Energie,
  Belastbarkeit, Kreativität, Stabilität, Gewissenhaftigkeit,
  Zuverlässigkeit, Integrität, Courage, Mut, Flexibilität,
  Selbstständigkeit, Selbstdisziplin, Ausgeglichenheit auch
  unter Stress, Unsicherheitstoleranz, Schaffen eigener
  Identität, Selbstreflexion, gutes Umgehen mit eigenen
  Problemen, Gefühlen, Erfolgen und Misserfolgen, Stärken
  und Schwächen, sicheres Auftreten)
- Interkulturelle Kompetenz (Wissen um andere
  Landeskulturen, Subkulturen und Firmenkulturen,
  Verstehen, Sensibilität, Takt, Kommunikationsfähigkeit,
  gemeinsames persönliches Klima im Angesicht
  verschiedener Kulturen bilden können)
- Interdisziplinäre Kompetenz (vernetztes Denken;
  Verstehen des Wesens anderer Wissenschaften, Methoden,
  Strukturen und diverser Berufsauffassungen, z.B. von
  Controllern, Juristen, Journalisten etc.; Gefühl für das
  Übergeordnete und für Synergien)
- Lernkompetenz (selbstbestimmtes lebenslanges Lernen)
- Analytische Kompetenz (Was ist wichtig? Überblick durch
  Analyse verschaffen. Was sind die kritischen
  Erfolgsfaktoren, wie hängt eines mit dem anderen
  zusammen?)
- Konzeptionelle Kompetenz (Konzepte und Strategien
  entwickeln und anderen vermitteln)
- Kreative Kompetenz und Innovationskompetenz
- Aktive Prozesskompetenz (planen, Systeme optimal bauen,
  steuern und verändern, Geschäftsprozesse organisieren,

managen, Projekte steuern, Systembrüche überwinden –
das Komplexe kennen und beherrschen)
- Passive Prozesskompetenz (»wissen, wie alles tickt«,
  Kenntnis aller Prozesse)
- Sprachkompetenz (Formulieren, Reden, Rhetorik,
  Fremdsprachen)
- Kompetenz der Körpersprache (»90 Prozent der
  Kommunikation ist non-verbal«)
- Mathematische Kompetenz (normal rechnen können,
  Reales und Zahlen verbinden können, korrekte Schlüsse
  ziehen und inkorrekte erkennen, Größenordnungen richtig
  einschätzen, Wahrscheinlichkeiten von Risiken kennen,
  Tabellen und Statistiken verstehen, Pläne oder Sachverhalte
  in Zahlen kommunizieren können)
- Internetkompetenz und »Computer Literacy«
  (Computerbeherrschung)
- Verkaufskompetenz (Wünsche und Motive der Kunden
  verstehen, Beziehungen herstellen, aktives Zuhören,
  Wünsche des Kunden mit seinen finanziellen
  Möglichkeiten harmonisieren, Sympathie besonders beim
  ersten Kontakt erzeugen, vertrauensvolle Basis schaffen,
  ihn letztlich zum Abschluss bewegen, also aus einer
  unterlegenen Position heraus doch zu siegen)

Solche Fähigkeiten drücken aus, was wir können müssen,
um wirklich professionell agieren zu können. Wenn wir die Liste
verstanden haben, verstehen wir ein bisschen mehr von der »Arete
der Professionalität«. Wir verstehen das wahrhaft Professionelle
so wie ein Feinschmecker das wirklich gute Essen. Es reicht aber
nicht, diese Fähigkeiten verstanden zu haben, sondern man muss
sie erwerben und erfolgreich zum Gelingen einsetzen. Das Verstehen erfolgt über unsere normale Intelligenz. Unser Verstand er-
fasst, was es ist. Er setzt ja noch nichts um!

Die gerade aufgezählten Fähigkeiten sind noch keine »Intelligenzen«, sondern eben Kompetenzen. Ich will nun die aufgezählten Kompetenzen nach unseren »Sinnen« ordnen, denn wir können auf verschiedene Arten erkennen und entscheiden. Durch Hören, Sehen, Riechen, Schmecken und Anfassen! Oder durch den Verstand, das Gefühl, die Intuition, den Instinkt! Daraus ergibt sich eine Anordnung nach verschiedenen Einzelintelligenzen.

IQ – die normale Intelligenz des Verstandes: Mit ihr bilden wir Fähigkeiten zum Erfassen und Lernen aus, wir entwickeln Methoden und Pläne, wir steuern und kontrollieren, wir verwalten und ordnen, wir formulieren Regeln und Konventionen, bilden Strukturen und Gesetzesrahmen, rechnen, analysieren, entscheiden nach objektiven, messbaren Kriterien. Wir kennen uns in Abläufen und Geschäftsprozessen bestens aus und gestalten und verbessern sie. Wir sind sprachlich kompetent, können uns exakt ausdrücken und klar kommunizieren. Wir sind mathematisch so versiert, dass wir aus Zahlen und Statistiken korrekte Schlüsse ziehen und Risiken einschätzen können. Wir können Sachverhalte rhetorisch sauber präsentieren. Der reine Gebrauch der nüchternen, »kalten« Intelligenz kommt in Riemanns Schema der Grundängste dem Traditionellen (»Zwanghaften«) ziemlich nahe. Die intelligente traditionelle Persönlichkeit ist (ich wiederhole) so charakterisiert: Sie ist gewissenhaft, ehrgeizig, ausdauernd, hartnäckig, sauber und sachlich. Sie strebt nach Sicherheit, Eigentum, ist deshalb vorsichtig und sparsam. Sie ist bodenständig, konservativ, konsequent und immer zuverlässig. Sie glänzt durch gute Kopfnoten in der Schule, in Ordnung, Mitarbeit, Fleiß und Betragen. Sie liefert als Professional intelligente Ordnungen, Organisationen und Strukturen und ist selbst als Mensch intelligent organisiert.

Intelligente Menschen werden respektiert und geschätzt.
Hauptwerte: Ordnung und Gerechtigkeit.

Gestörte Intelligenz wird perfektionistisch, herrisch, besserwisserisch, überkritisch, beckmesserhaft, bürokratisch, pharisäerhaft, ärgerlich, hat Angst vor Fehlern. Gestörte Intelligenz hat Probleme, das als falsch Erkannte (etwa die Unternehmensorganisation) tatsächlich zu verändern.

Intelligenz ist gut im Betreiben von Strukturen *im* System, zeigt sich aber unwillig beim Arbeiten *am* System.

EQ – die emotionale Intelligenz des Herzens und der Zusammenarbeit: Mit ihr steigen die Kommunikationsfähigkeit, das Verstehen anderer, die Empathie, die Teamfähigkeit, Kooperationsfähigkeit, Konfliktlösungsfähigkeit und das Taktgefühl. Während ein hoher IQ mehr auf »gutes Betragen« optimiert, will ein hoher EQ eher »gutes Benehmen«. Das Herz geht mit eigenen Gefühlen angemessen um, es erkennt die Gefühlsregungen und Motivationen anderer, es fühlt mit. Emotionale Intelligenz verhilft zu guten Beziehungen zu anderen Menschen. Sie schafft reibungslose Zusammenarbeit und integriert Teams. Emotional Intelligente sind gute Katalysatoren im Team, damit alles gut klappt. Emotionale Intelligenz ist wichtig für interkulturelle Kompetenz.

Emotional Intelligente sind bei anderen beliebt, man ist gern mit ihnen befreundet.

Hauptwerte: Gemeinsamkeit und Kooperation.

Gestörte emotionale Intelligenz nutzt die Kenntnisse über die Gefühle anderer zu Manipulationen und »Tratsch«, um »am beliebtesten« zu sein, im Mittelpunkt der Herzen zu stehen, überall »eingeladen zu sein« und Dank zu verdienen. Oder sie ist zu gutgläubig und lässt sich ausnutzen. Sie kommt in Riemanns Schema der Grundängste dem Depressiven am nächsten.

Emotionale Intelligenz ist gut für das Arbeiten im Team, sie hat nichts gegen Arbeiten am System oder gegen Wandel, *wenn* die Teamstrukturen intakt bleiben. »Wir entlassen ein paar nach der Einsparrunde« ist inakzeptabel.

VQ – die vitale Intelligenz des Instinktes und des Handelns: Vitale Intelligenz verhilft zu Führungskompetenz und Durchset-

zungsfähigkeit. Sie kann große Energien freisetzen und Titanisches vollbringen. Sie entscheidet nach Bauch (»der sichere Instinkt der vitalen Intelligenz«) auch unter großer Ungewissheit, wo Wissen fehlt und das Herz verzagt. Sie kann gut und schlau verhandeln, scheut keine Risiken, wenn sie Neuland betritt. Vital Intelligente sind wie siegessichere Helden, die andere durch Begeisterung mitziehen. Sie erteilen wie natürlich Befehle, die andere auch sofort ausführen. Sie können unter widersprüchlichsten Bedingungen und absolutem Stress wie ein Fels in der Brandung stehen. Sie sind oft charmant, lieben die Show, können sehr großherzig sein. Sie sind selbstdiszipliniert, haben Courage und Mut und beeindrucken durch selbstsicheres Auftreten. Sie sind Meister der Körpersprache und haben oft das Charisma des Herrschers.

Vital Intelligente genießen Respekt bis hin zu Ehrfurcht.

Hauptwert: Tapferkeit, »Braveheart«.

Gestörte vitale Intelligenz ist machtgierig, rücksichtslos, despotisch, neigt zum Unterdrücken anderer. »Es darf nur EINE(N) geben!« Sie sucht unstet neue Herausforderungen und stärkeren Kitzel. Unter Stress betrügt sie und kann delinquent werden. Sie kommt in Riemanns Schema der Grundängste dem Hysterischen am nächsten.

Vitale Intelligenz ist gut für energetische Stärke im Wandel, sie begeistert sich leicht für den Sieg nach einem Weg durch Abenteuer im neuen Umfeld. Vital Intelligente sind die geborenen Entrepreneurs oder Unternehmer.

AQ – die Intelligenz der Sinnlichkeit (»Attraction«) und der instinktiven Lust und Freude: Intelligenz der Attraktion weiß um Schönheit, Ästhetik, Lust, Verführung, Aufmerksamkeit, Werbewirksamkeit und die Kunst des Verkaufens. Sie kann sinnlich berühren und für sich einnehmen. Sie kann gut verkaufen und Marketing betreiben. Sie verzaubert und verzückt. Für die berühmten Auftritte von Apple-Gründer Steve Jobs hat man den Begriff »Reality Distortion Field« geprägt, weil er durch eine Mischung aus provozierender Herausforderung, Charisma, Charme, überschwänglicher Übertreibung und Beharrlichkeit die Käufer seiner

Produkte zu überzeugten Jüngern macht, die im Mac mehr als ein Produkt sehen. Könnte Kleopatra solch eine Persönlichkeit gewesen sein? Während emotionale Intelligenz die Gefühle anderer erkennt, versteht und mitfühlt, vermag Intelligenz der Attraktion in anderen Gefühle entstehen zu lassen, sie kann »Lust erwecken« oder »Aufmerksamkeit erregen«. Vielleicht sollte ich hier ein neues Wort einführen? Ich versuche es mit Intropathie. Empathie ist das Verstehen der existierenden Gefühle, Intropathie dann die Fähigkeit des Hineinsetzens von Gefühlen in einen anderen hinein, wie »verliebt machen«.

Attraktiv Intelligente werden geliebt (»angehimmelt«), genießen »Starruhm« und können Idole sein.

Hauptwerte: Attraktivität, Schönheit, künstlerische Performance.

Gestörte Intelligenz der Attraktion manipuliert Gefühle anderer. Sie kann durch Liebesentzug, Mobben, Ignorieren auf andere sehr destruktiv wirken. Sie verteilt dann quasi Schmerz statt Lust, Abstoßendes statt Anziehendes. Gestörte Intelligenz der Attraktion neigt zu Täuschungen und Fakes (»Schminke + Fassade«) »Es darf nur EINE(N) geben!« – hier im Sinne des Applauses, nicht der Macht. Sie sucht unstet neue Herausforderungen und stärkeren Kitzel. Sie kommt in Riemanns Schema der Grundängste dem Hysterischen am nächsten.

Intelligenz der Attraktion freut sich über Wandel wie über neue Mode, die neue Freuden verheißt. Sie begeistert durch das eigene Verzücktsein.

CQ – die Intelligenz der Kreation (»Creation«) oder der intuitiven Neugier: Kreative Intelligenz ist vom Neuen elektrisiert. Sie schafft Kunstwerke in neuen Stilen, liebt Innovation, treibt Forschung in neuen Gebieten voran. Sie ist »ein bisschen verrückt«. Sie versteht sich auf freies, »entfesseltes« Denken, hat weite Assoziationen im vernetzten Denken, kann übergeordnet denken und intuitiv komplexe Strukturen verstehen. Sie ist zur Konzeption von Übergreifendem fähig. Wo die Intelligenz des IQ analysiert, integriert kreative Intelligenz zu einem Werk. Das lebenslange

Lernen ist integraler Teil ihres Lebens. Kreative Intelligenz ist visionär und grenzenlos, sie gebiert die großen Ideen. Wenn sie allerdings einmal eine große gefunden hat, bleibt sie oft lebenslang bei ihr und versucht, sie zur endgültigen ewigen Form zu transformieren. Sie versucht leider nur selten, noch einmal etwas ganz anderes Wunderbares zu erschaffen.

Kreativ Intelligente erfahren Bewunderung ihrer geistigen Kühnheit, sie erringen Ruhm.

Hauptwerte: aufregende Neuheit, ganzheitliche Konzepte.

Gestörte kreative Intelligenz wirkt seltsam, verrückt, im zu queren Denken nun für andere schräg, ist verbohrt in unhaltbare Ideen, die sie verzweifelt propagiert oder denen sie zynisch vereinsamt als Einzige treu bleibt.

Kreative Intelligenz freut sich über Wandel wie das Neue, bleibt aber oft bei einer eigenen großen Idee (»mein Stil«, »meine Lehre«) stehen und ist dann nicht mehr wandlungsfähig.

MQ – der »Sinn für Sinn«, also die Intelligenz der Sinnstiftung und des intuitiven Gefühls (»meaningful«, bedeutsam): M-Intelligenz hat einen ausgeprägten Sinn für Sinnhaftigkeit und ethisch wertvolle Ideale. Sie liebt weltrettende Konzepte und engagiert sich für diese oft aufopfernd ehrenamtlich (Religion, Menschenwürde von Ausländern, Betreuung von Armen und Schwachen, Open Source, Greenpeace, gesundes Leben, Rettung der Wale und Kröten). Alle Menschen sollen gut sein! Die M-Intelligenz übernimmt die Initiative dahin. Sie erwärmt Seelen zum Mittun (Albert Schweitzer, Gandhi) und kann oft viel für die Gemeinschaft bewegen (»Wikipedia«).

Hauptwerte: gemeinschaftlich getragener Sinn oder gemeinsame sinnvolle Arbeit.

Gestörte M-Intelligenz ärgert sich bei Sinnleere über schnöden Mammon und über die in Trivialität verlorene Seele, sie predigt dann unangenehm penetrant und kämpft militant für das Sinnvolle. Kann sich in zu kleine oder pauschale Ideen versteigen (»Die Menschheit kann gerettet werden, wenn sie vegetarisch wird«).

M-Intelligenz hat eher »ewige« Vorstellungen, will Ideale verwirklichen. In diese Richtung hin verändert sie alles gern, bei anderen Richtungen leistet sie Widerstand.

Die Professionelle Intelligenz als das integrierende Dach

Wer einen hohen PQ hat, schafft, dass es gelingt. Dazu ist es notwendig, die nötigen einzelnen Intelligenzen nicht nur zu haben, sondern eben auch in sich wohlgestaltend zu integrieren. Welche nötig sind, hängt von der Arbeit des Professionals ab.

Wissenschaft braucht IQ und CQ (die nicht kreativen Wissenschaftler lösen ein paar Probleme, ja, aber sie erschaffen nichts wirklich Neues). Management braucht vor allem vitale Intelligenz, aber es beschränkt sich zu sehr auf den IQ, also auf Tabellen und Zahlen. Innovation braucht nicht nur kreative Intelligenz, sondern ebenfalls vitale Intelligenz. Netzwerke wie Open-Source-Bewegungen brauchen MQ, andere wie Facebook leben je nach Nutzung vom sinnlichen Reiz und von sinnvollen Gemeinschaften, während »der IQ sich abschätzig darüber äußert«.

Professionelle Intelligenz stellt das Gelingen in den Vordergrund und braucht je nach Zweck verschiedene Intelligenzen in verschieden hoher Ausprägung.

Bei Innovationen in Großunternehmen stoßen Kreativität und sogar Vitalität fast regelmäßig mit den Konventionen und Regeln der Bürokratie zusammen. Innovatoren müssen Wege finden, wie sie trotz allem im Unternehmen etwas verändern. Dazu brauchen sie auch EQ, um zu überzeugen, und AQ, um zu begeistern. Sie müssen genug von Bürokratie verstehen, um sie als Hürde zu nehmen. Gerade Innovation braucht einen hohen PQ, weil sie stark mit allem anderen vernetzt ist.

Professionals mit hohem PQ können aus vielen Perspektiven eine gestalten, die die Bahn für das Neue frei macht.

Innovation ist ein Extrembeispiel, aber wenn Sie einfach um sich schauen, sehen Sie, dass die Welt um uns herum immer stär-

ker erfordert, dass wir »multi-intelligent« arbeiten. Dieses Faktum will ich immer stärker herausarbeiten.

Die Hochdimensionalität der Professionalität braucht viel PQ

Im Premium-Segment der Arbeit oder der Produkte muss alles stimmen. Ein Auto muss funktionieren und effizient hergestellt werden, aber es muss auch schön sein, zum Einsteigen verführen, die Umwelt schonen, familienfreundlich sein, mit aller Informationstechnologie prunken, dem stolzen Besitzer Selbstbewusstsein verleihen, Fahrspaß vermitteln, unkaputtbar sein, wenig kosten und teuer wirken. An solchen Beispielen sehen wir, dass ein Auto nicht nur auf der Basis von Fachkönnen und IQ-Intelligenz gebaut werden darf. Auch das Kreative, Innovative, Ästhetische und Sinngebende spielen eine wichtige Rolle. Ein Auto muss Sex-Appeal haben, das sehen Sie in Autoausstellungen: Ferraris und Porsches werden einfach so mit streichelndem Blick angestaunt, während viele andere Hersteller solche Effekte nur durch den Einsatz lächelnder Models vor dem Auto erzielen.

Es ist nicht die EINE Intelligenz, die eine Rolle spielt, es geht immer um ein komplexes Zusammenspiel verschiedener Intelligenzen. Unsere heutige Premium-Welt will alles, und »alles« ist sehr hochdimensional und multifaktoriell.

Keystones und T-Shapes

Professionelle Intelligenz ist die Grundlage der Fähigkeit, alle diese verschiedenen Einflussparameter, auf die es ankommt, angemessen zu berücksichtigen. Es geht immer um eine harmonische Integration vieler Aspekte. Autoingenieure müssen sich um die vielen Kundenanforderungen kümmern, Manager müssen

sich um die Harmonisierung der »Stakeholder« bemühen, also die Interessen von Mitarbeitern, Managern, Eigentümern, Kunden, Lieferanten und Analysten »unter einen Hut« bringen, wie man im Management sagt.

Diese Anforderungen an Integrationsfähigkeit steigen um ein Mehrfaches, wenn sich die Welt wandelt und alles neben der Arbeit noch verändert werden muss. Sie steigen nochmals, wenn die Welt global, vernetzt und interkulturell zu werden beginnt.

Wen brauchen wir? Ich wiederhole:

- *Die »Schlüsselpersönlichkeit« im Netz, die »Keystone«-Persönlichkeit:* Keystones kümmern sich um das Pulsieren, Werden, Prosperieren, Gedeihen und Entwickeln des Ganzen. Die Arbeit am System bzw. die Metaarbeit nimmt einen großen Raum ein.
- *Den T-Shape-Spezialisten:* Das ist der wirkliche Experte der Zukunft, der mit seinem Wissen aktiv im System beiträgt und sich gut verkauft – der also nicht wie früher nur am Schalter oder am Telefon wartet, bis man bei ihm anfragt. Er hat tiefes Wissen und eine breite Vernetzung. Das Tiefe und Breite wird durch den Buchstaben T symbolisiert, daher die gängige Bezeichnung »T-Shape«. Solche Experten arbeiten mehr im System, verstehen aber auch die Aspekte des Ganzen, das sich ständig weiterentwickelt.

Ich komme gerade nach einem anstrengenden CeBIT-Tag 2011 ins Hotel. Mir klingen noch marktschreierische Stimmen im Ohr: »Wir stellen Sie alle ein! Wir suchen Sie, denn Sie sind top! Sie haben nicht nur Fachkönnen, Sie integrieren! Sie können internationale wechselnde kleine Teams in wechselnden Projekten anleiten, Sie sind das Zentrum des Erfolgs! Sie können kommunizieren und noch einmal kommunizieren! Sie verstehen alle Kulturen und haben eine spezielle emotionale Intelligenz für jede von ihnen! Sie lassen sich durch Veränderungen nie irritieren! Sie bleiben immer gut gelaunt! Sie …« Und dann schien der Sprecher zu

erwarten, dass sich nun die vielen Keystone-Persönlichkeiten aus der Zuschauermenge herauslösen würden, um die Einstellungsformulare auszufüllen.

Und dann sprach ich noch mit einem Bekannten, der alles kann in der IT, wirklich alles, der lange als IT-Experte angestellt war, dann wegen einer Firmenpleite freiberuflich weiterarbeitete und mit den Jahren immer mehr ins Stöhnen kommt: »Der Markt ist hektisch, die Projekte werden kürzer, ich muss mich sehr viel öfter nach einem neuen Projekt umsehen, in dem ich mitarbeiten kann. Die Tagessätze werden von Jahr zu Jahr brutaler verhandelt. Ich kann fachlich zwar alles, aber das weiß ja keiner außerhalb! Ich müsste mehr Talent haben, mich während der Arbeit in anderen Projekten bekannt zu machen, damit sie mich bei Bedarf anfordern. Ich arbeite zu wenig in Netzwerken, ich weiß das, aber ich habe irgendwie kein Talent dafür. Für mich wird die Welt zu kompliziert.«

Dysprofessionalität im Premium-Segment

Und weil die Welt immer höherdimensionaler, komplexer und komplizierter wird sowie mehr Intelligenzen verlangt, wird der Schaden durch Unprofessionalität immer größer. Ich möchte da eher verstärkend von Dysprofessionalität reden.

Unprofessionelle Arbeit ist schlampig und muss »verbessert« werden. Fehler werden unter Hilfe beseitigt. In vielen Berufen führt Unprofessionalität zu Produktivitätsverlusten. Eine Stunde verbaselt? Kostet einen Stundenlohn Verlust! Bei hochwertigen Arbeiten aber kann Dysprofessionalität zu echten Katastrophen führen.

- Ein neues Automodell ist stromsparend, zweckmäßig etc., aber leider hässlich. Das kostet bestimmt mehr als hunderte Millionen! (Kein AQ!)
- Ein Politiker entschuldigt sich wie alle anderen auch erst, nachdem man ihm sehr viel unter die Nase gerieben hat. Er

stürzt wie alle anderen. Mit mehr EQ hätte er vielleicht bleiben dürfen. Die Partei des EQ-Defizitärs verliert die Wahl.

- Ein Gesetzesvorschlag ist sehr gut, aber so formuliert, dass er die Opposition beleidigt oder provoziert. Es gibt Streit und die Arbeit von Monaten geht in den Papierkorb. Kein EQ!
- Unterirdische Bahnhöfe, Transrapidbahnen, Flughafenerweiterungen scheitern, ziehen sich Jahre zu lang hin und kosten Milliarden mehr. Da fehlt fast alle Intelligenz.
- Der Vertrieb eines Unternehmens verärgert potenzielle Neukunden durch zu viel Verkaufsdruck. Gestörte vitale Intelligenz.
- Der Vorstandsvorsitzende erklärt vor Investoren die neue Strategie, überzeugt aber nicht und wirkt unsicher. Der Aktienkurs stürzt ab, es gibt kein frisches Geld. Kein VQ.
- Ein gemeinnütziges Unternehmen beginnt, die ehrenamtlichen Mitarbeiter zu sehr zu Mehrarbeit zu drängen, um den Stamm bezahlter Mitarbeiter abzubauen. Die Ehrenamtlichen kündigen ihre Hilfe auf. Kein höherer Sinn mehr in ihrer Arbeit!
- Ein 18-jähriger angehender Fußballstar lässt sich von der Presse eine unbedachte Kritik am Trainer entlocken, der überreagiert – eine Vereinskrise führt zu Turbulenzen. Mangelnder EQ und VQ.

Jeden Tag sehen wir ganze Unternehmen und Lebensläufe kollabieren, weil irgendjemand an entscheidender Stelle absurd falsch agierte, meist, indem er einfach einen bestimmten xyQ nicht hatte. Dadurch vernichtet er oft viel mehr Werte, als er lebenslang neue Werte erarbeiten kann. Der Verlust ist dann höher als sein Lebensgehalt.

Eine Anekdote: Kurz vor seiner Pensionierung übergibt der erfahrene Großkundenbetreuer seine Aufgaben an einen jungen Nachfolger. Er verrät ihm ein Geheimnis. »Der Kunde darf absolut

keinen Alkohol trinken, er leidet an einer schweren Krankheit. Er hat eine Flasche teuersten Cognacs im Büro versteckt. Wenn du zum Verkaufsgespräch kommst, fragt er immer: ›Möchten Sie einen Cognac?‹ Dann musst du ›Ja, gern!‹ sagen. Dann schenkt er dir ein und murmelt dabei: ›Dann muss ich wohl mittrinken.‹ Das tut er dann, ist vollkommen glücklich und unterschreibt alles.« Der junge Kollege entgegnet streng kritisch, dass er selbst das Trinken von Alkohol strikt ablehne. Der ältere Herr lächelt erfahren und wünscht ihm alles Gute. Der Junge aber geht zum Großkunden und lehnt einen Cognac rundheraus ab. »Ich trinke nicht.« Da unterschreibt der Kunde nicht. Erst einige Monate später verlangt er einen anderen Ansprechpartner …

Ich glaube, ich lese keinen Morgen das *Handelsblatt* ohne eine Meldung, dass jemand über seinen rüden Führungsstil stolperte, den Markt vollkommen falsch einschätzte, die Kunden verärgerte oder dass Produkte durchfielen, die absolut offensichtliche Design-Fehler oder abstruse Preise hatten. Diese Fehler werden alle von hochintelligenten Menschen begangen!

Ist vernetztes Handeln mit mehreren Intelligenzen zu viel verlangt? Sehen diese Dysprofessionellen denn nichts?

Weil das so zu sein scheint, glaube ich, dass es sich wirklich um andere als die klassischen Intelligenzen handelt, die hier nötig sind. Es gibt offensichtlich emotionale, kreative, attraktive, vitale etc. Analphabeten.

Untaugliche Lösungsversuche
bei mangelnder Professioneller Intelligenz

Intelligenz verwendet man, um sich zu bilden. Die anderen Intelligenzen müssen aber ebenfalls ausgebildet werden! Der Umgang mit den Gefühlen, der Schönheit, dem Neuen, dem technisch Besseren, dem Sinnvollen muss eine entsprechende Bildung erfahren, damit die Professionalität steigt. Die normale Bildung zieht sich über viele Schul- und Universitätsjahre hin.

Bei Herzensbildung, Teamarbeit, Innovation, Kreativität,

Forschung, Unternehmertum oder Sinnstiftung scheinen alle zu glauben, man müsse nur Ratgeber mit Titeln wie »10 Schritte zum höheren EQ und du hast Freunde« kaufen oder ein sehr teures Seminar darüber besuchen. Wenn unser IQ weiß, was ein EQ überhaupt ist, wird es schon reichen?! Wir sind schon zufrieden, wenn wir vom Verstand her wissen, wie es geht. Dass man alles jahrelang üben muss, wird ignoriert.

In der Beratungsbranche ist es üblich, den Stand der Dinge nach Exzellenzstufen zu erfassen und dabei eventuelle Probleme aufzudecken (»Maturity-Model« des »Issue-based Consulting«). Ein ganzes Unternehmensgebiet wird nach Erfolgsfaktoren kartografiert. Danach stellt man durch Umfragen oder Datenanalyse fest, welchen Reifegrad oder welchen Grad der Professionalität das Unternehmen in Bezug auf die einzelnen Problemfelder hat. Man kann zum Beispiel alles in die folgenden sechs Stufen einordnen:

Stufen der Exzellenz:

1. »Noch nie davon gehört!« (noch nicht bewusst damit in Berührung gekommen, »unaware«)
2. »Schon davon gehört!« (der Sache gewahr geworden, »aware«)
3. »Ich weiß einiges darüber und finde es wichtig.« (Grundkenntnisse, »Knowledge«)
4. »Ich wende es in Grundzügen mit Erfolg an.« (Grundfertigkeit des Gesellen, »Skill«)
5. »Ich bin Experte und wende es professionell an. Alles klappt.« (Meisterschaft, »Mastery«)
6. »Ich bin ein Guru oder Maßgebender auf dem Gebiet, ich verbreite die Lehre und erweitere sie. Ich zeige die Erfolge.« (führender Experte, »World-Class«)

Beispiel: »Sag mal, was machen diese vielen chinesisch anmutenden Menschen mit ihren langsamen Bewegungen im Park?« – »Das ist Tai-Chi, eine chinesische Bewegungslehre, die

aus der inneren Kampfkunst des Schattenboxens entstand. Sie wird heute als Gymnastik für Geist, Seele und Körper gesehen.« – »Aha, noch nie davon gehört. Woher weißt du das?« – »Wikipedia! Ich habe nachgeschaut, weil wir über das Tai-Chi-Symbol sprachen, du weißt schon, Yin und Yang.« – »Und sie machen aus Yin und Yang Gymnastik?« – »Nein, es ist nur dasselbe Wort im Deutschen, im Chinesischen sind es verschiedene Wörter. Ich hab es durch den Zufall der Wortübereinstimmung so in der Wikipedia gefunden und dabei gelernt, dass Tai-Chi sehr, sehr wichtig ist.« – »Und? Wirst du das ausüben?« – »Nein, natürlich nicht. Ich habe keine Zeit. Ich bin nur nicht mehr verstört, wenn ich die Leute sich so seltsam bewegen sehe.«

Das ist die Diskussion von Stufe 1 mit Stufe 2. In Stufe 3 würde man ein Buch über Tai-Chi lesen und eine Stunde Volkshochschulkurs belegen, in dem einige Bewegungen erklärt werden. Dann weiß man über die Grundzüge Bescheid. In Stufe 4 beschäftigt man sich ernsthaft mit der Materie und bringt es unter der Anleitung eines Meisters zu einigen Fertigkeiten. Der Meister selbst steht auf Stufe 5, er holt sich Inspiration bei den maßgebenden Gurus auf diesem Gebiet (Stufe 6).

Ein vollkommen analoges Beispiel aus einem Unternehmen: »Sag mal, auf den neuen verschenkten Firmen-Kaffeepötten steht ›Double Five‹, was bedeutet denn das?« – »Uiiih, frag das nicht in Gegenwart unseres Abteilungsleiters. Mann, dass du das nicht weißt! Es ist die Strategie des Unternehmens. Es bedeutet, dass wir in fünf Jahren den Umsatz verdoppeln wollen. Wie sollen wir das schaffen, wenn du das nicht weißt?« – »Meinst du, ich muss noch mehr tun, als meine Ziele zu erfüllen?« – »Nein, das reicht. Aber du musst das große Ganze kennen. The Big Picture!« – »Was tut denn der Abteilungsleiter dafür, sag mal?« – »Er bringt uns die Strategie bei, er selbst hat sie bei einem großen Management-Meeting lernen müssen, es ging bis in die Nacht, er musste auch PowerPoints downloaden und üben, über ›Double Five‹ einen Vortrag zu halten. Er kennt jetzt die Strategie genau. Er wird dafür sorgen, dass sie jeder kennt. Ich habe von Beratern gehört, dass wir zuerst alle auf Stufe 3 müssen. Wir bekommen dazu extra Broschüren und

Flyer.« – »Aha, verstehe. Bedeutet das schon, dass wir konkret an der Strategie arbeiten müssen?« – »Das weiß ich nicht, wir müssen sie ja erst kennen und dann mal sehen. Sie sagen, in der Firma bleibt wegen der Umwälzungen kein Stein auf dem anderen, aber bei der täglichen Arbeit ändert sich nichts. Das Tagesgeschäft ist hart und hat erst mal nichts mit einer Strategie zu tun.« Die meisten bleiben wie diese beiden auf Stufe 1 und Stufe 2 stehen.

Wer heute in Unternehmen oder im Staat etwas durchsetzen will, muss schwer darum kämpfen, dass er überhaupt irgendeine Aufmerksamkeit für seine Sache gewinnt. Es ist schon viel, wenn die Mehrheit der Angesprochenen schon einmal »etwas davon gehört« hat. Denken Sie an neue Gesetze, Reformen, Unternehmensstrategien oder die dauernden Aufforderungen, das Verhalten im Verkehr, im Kundenverhältnis oder bei der Mitarbeiterbetreuung zu verändern. Das meiste wird einfach als Kommunikationsgeblubber ertragen – so wie Regen und Schneematsch. Viele registrieren lediglich, dass da etwas Neues kommen könnte. Man weiß auch, dass das meiste scheitert und deshalb keine Aufmerksamkeit verdient. Nur wenige befassen sich ernsthaft mit der Materie, leiden aber inmitten der allgemeinen Ignoranz. »Die Masse ist träge.« Ganz wenige, wirklich ganz wenige agieren tatsächlich und eignen sich neue Kenntnisse so gut an, dass sie diese dann wirklich verwenden können. Zum Beispiel belegen viele einen Töpferkurs und haben dann Grundkenntnisse, aber nur wenige schaffen es bis zu den Fertigkeiten eines Gesellen! Die meisten Unternehmen verpflichten alle Mitarbeiter zu Lehrgängen in Unternehmensethik oder in emotionaler Intelligenz. Kaum jemand kommt dadurch auch nur auf Stufe 3. Alles bleibt vor der Stufe 3 oder allerspätestens vor Stufe 4 stehen. Ich will diese Kurse nicht total schlechtmachen. Immer wieder gibt es Fälle, in denen ein großes Aha-Erlebnis jemanden im Kurs zu einer größeren Veränderung im Leben verhilft – aber im großen Durchschnitt tut sich nichts.

Die verpflichtenden Lehrgänge und Kurse, die in Unternehmen etwas auf die Grundkenntnis-Stufe bringen sollen, werden ergänzt durch das Hochjubeln und Feiern von vorzeigbaren Vor-

bildern (»Role-Models«), die das, was gelernt werden soll, schon in besonderer Weise verkörpern und dadurch Erfolg haben. Zum Beispiel werden alle Ermahnungen an das männliche Management, Frauenkarrieren zu fördern und die Gleichstellung zu betreiben, mit der Präsentation erfolgreicher Frauen begleitet. Grundkurse, die auf Stufe 3 heben sollen, werden mit dem Vorzeigen von Beispielen aus Stufe 5 oder besser 6 garniert. In der Kirche wird also Moral gepredigt und ein Heiliger als Beispiel angeführt, wie es im besten Fall zu gehen hat.

Dadurch hofft man und erwartet eigentlich sogar, dass sich das ganze System auf Stufe 4 bis 5 bewegt. Das aber bedeutet schrecklich viel Arbeit! Ich kann durch Essen von Delikatessen noch lange nicht kochen! Ich kann durch Friseurbesuche noch lange nicht Haare schneiden! Ich werde durch Lesen der Bibel noch lange nicht meine Sünden los.

Wir denken immer, das Wissen um etwas würde schon helfen. Wer etwas weiß, kann es ja im Prinzip, denken wir. Das ist in Commodity-Berufen so. Im Premium-Bereich aber muss man wollen, fühlen, agieren, überreden, überzeugen, interessant sein, Neues zu bieten haben.

Professionelle Integration
aller Intelligenzen

Humboldt 2.0

Unser heutiges Bildungssystem ist noch immer stark von Wilhelm von Humboldt geprägt, der in Preußen wirkte. Er schrieb in einem Bericht an den König von Preußen im Jahre 1809 die viel zitierten Sätze:

Es gibt schlechterdings gewisse Kenntnisse, die allgemein sein müssen, und noch mehr eine gewisse Bildung der Gesinnungen und des Charakters, die keinem fehlen darf. Jeder ist offenbar nur dann ein guter Handwerker, Kaufmann, Soldat und Geschäftsmann, wenn er an sich und ohne Hinsicht auf seinen besonderen Beruf ein guter, anständiger, seinem Stande nach aufgeklärter Mensch und Bürger ist. Gibt ihm der Schulunterricht, was hierzu erforderlich ist, so erwirbt er die besondere Fähigkeit seines Berufs nachher sehr leicht und behält immer die Freiheit, wie im Leben so oft geschieht, von einem zum andern überzugehen.

Kurz: Wir sollen so breit und allgemein gebildet werden, dass wir in Zeiten des Wandels auch in anderen Berufen arbeiten können. Seit dieser Zeit haben wir das deutsche Abitur, das die allgemeine Hochschulreife einschließt. Mit dem Bestehen des Abiturs haben wir die prinzipielle Kenntnishöhe erreicht, jede Wissenschaft studieren zu können. Die Schulbildung versorgt uns in diesem guten Sinne mit dem nötigen »Betriebssystem« für das ganze künftige Leben.

Diese Auffassung müssen wir angesichts des heutigen technologischen Wandels, der Globalisierung und der damit verbundenen Veränderungen in der Arbeitswelt unbedingt beibehalten,

aber auf einen neuen Stand bringen. Die heutigen jungen Menschen werden in neue, sich ständig wandelnde Berufe hineinwachsen. Arbeitstechniken werden alle paar Jahre erneuert werden, wir alle müssen uns mit den Kulturen und Bildungsformen anderer Weltvölker auseinandersetzen. Die Innovationsgeschwindigkeit nimmt zu, wir müssen uns laufend »updaten« und selbst zu Erneuerungen beitragen.

Humboldts Forderung, dass wir die Freiheit brauchen und die Möglichkeit haben müssen, »von einem zum andern überzugehen«, ist heute aktueller denn je. Sie betrifft uns jetzt auch mehr oder weniger alle. Wir müssen eben nur das, was Humboldt für die klassische Bildung forderte, auf die professionelle Bildung ausweiten.

Wir müssen, um wieder in der Computeranalogie zu argumentieren, unser Bildungsbetriebssystem ganz gehörig »upgraden«. Im modischen Slang von heute: Wir brauchen Humboldt 2.0.

Es ist deshalb klar, dass ich jetzt fordere, dass wir neben den Kenntnissen auch die anderen Intelligenzen bilden sollen. Und ich habe Sie ja auch schon zu überzeugen versucht, dass wir diesen Weg gehen *müssen*. Aber es ist nicht so einfach.

- Verstehen wir schon allgemein die neuen Anforderungen zur Ausbildung aller unserer Intelligenzen?
- Wie integrieren wir verschiedene Intelligenzen in uns zu einem »Charakter«? »Ordnung« und »Kreativität« zum Beispiel stehen ja auch irgendwie *gegeneinander*. Wie wird aus allem Widerstrebenden ein Ganzes?
- Reicht es, die Intelligenzen einzeln auszubilden und auf eine von selbst stattfindende innere Zusammenfügung zu hoffen?
- Brauchen wir eine Erziehung zur professionellen Selbstentwicklung?
- Frontalunterricht zur Wissensvermittlung ist ökonomisch billig durchführbar, wie viel würde eine professionelle Bildung kosten? Wie würde sie aussehen?

- Können das Schule und Universität überhaupt leisten? Wie?
- Können Eltern, die selbst im Commodity-Bereich arbeiten, zu Professionalität erziehen?
- Was tun Unternehmen für die Professionalität der Mitarbeiter? Was könnten sie tun?

Um diese Fragen geht es mir im Folgenden. Ich bespreche jetzt die einzelnen Teilintelligenzen der Professionellen Intelligenz noch eingehender und komme danach zur Frage ihrer Integration.

Sechs Sinne für Professionalität

Man kann die verschiedenen Intelligenzen auch zum Vergnügen benutzen, beim Lesen von Romanen, beim Flirten oder zur Lösung letzter Fragen der Metaphysik. Das ist hier jedoch nicht das Thema! Es geht mir um deren Beschreibung ausschließlich als Teilintelligenzen der Professionellen Intelligenz. Ich sehe also jetzt alles unter dem Blickwinkel des Professionellen an.

Die verschiedenen Teilintelligenzen organisieren die Arbeit jeweils anders. Stellen Sie sich einfach vor, Ihre Abteilung bestünde ausschließlich aus hochintelligenten Managern, aus nur emotional Intelligenten, aus nur kreativ Intelligenten etc. Schließen Sie die Augen, sehen Sie vor sich, wie die Teilnehmer des Meetings den Raum betreten und wie das Meeting beginnt.

Das Meeting der hochintelligenten Manager beginnt pünktlich und hat eine klare Agenda, die Kleidung ist formal. Die emotional Intelligenten reden bei ihrem Zusammentreffen in kleinen Gruppen überall, das Meeting beginnt später und ist fast weniger wichtig als die erste Vertrauenserneuerungsphase, die Kleidung ist informeller. Wie treffen sich Wissenschaftler? Werbetexter? Künstler?

Die verschiedenen Teilintelligenzen für sich regeln alle Dinge des Lebens jeweils ganz anders. Gespräche laufen anders, Probleme werden ganz verschieden gelöst. Dadurch kommt es natürlich auch zu Widersprüchlichkeiten zwischen Teilintelligenzen, die verschiedene Antworten auf die gleiche Frage geben!

Ich habe bei IBM öfter kleine Workshops dazu ausprobiert. Ich lasse die Teilnehmer zunächst Tests absolvieren. Dann sortiere ich die Teilnehmer nach ihrer hervorstechenden Teilintelligenz und lasse sie in »artreinen« Gruppen vorne auf dem Podium immer dasselbe Thema diskutieren. Zum Beispiel: »Arbeiten Sie in 20 Minuten einen Plan für das Betriebsfest aus – dazu bekommen Sie ein Budget von 11 Euro pro Person.«

Die Controller (klassische Intelligenz) stören sich dann immer an dem zu kleinen Budget und denken nach, was man für so wenig überhaupt noch feiern kann. Wenn vorne Wissenschaftler (kreative + klassische Intelligenz) diskutieren, dann kommen sie fast immer nach wenigen Minuten zu dem Ergebnis, dass sie eine Wanderung zum wissenschaftlichen Diskutieren und Kennenlernen organisieren – dazwischen gibt es einmal Zwiebelkuchen und ein Glas Federweißer. Fertig! Und diese Lösung gefällt ihnen sehr. Unternehmercharaktere (vitale Intelligenz) spucken fast verächtlich auf die 11 Euro und beschließen sofort, zum Beispiel Gokart-Rennen zu fahren. »Da sammeln wir Geld ein! Auf keinen Fall werden wir uns den Tag mit läppischen 11 Euro versauern lassen, notfalls bezahle ich das selbst!«, tönen die Unternehmer und nennen die Controller »Pfennigfuchser«. Bei fast jedem zweiten Workshop steht an dieser Stelle einer der gescholtenen Controller pfiffig lächelnd auf und weist die Unternehmer im Team spöttisch darauf hin, dass Gokart-Rennen als Betriebsveranstaltung Probleme mit dem Unfallversicherungsschutz verursachen und deshalb faktisch gar nicht erlaubt seien. Daraufhin gibt es immer köstliche Kommentare von beiden Seiten!

In diesem Sinne gehen einseitige Teilintelligenzen an die Erledigung fast JEDER Aufgabe sehr verschieden heran. Nur wer das weiß und versteht, kann die verschiedenen Auffassungen und Vorgehensweisen professionell unter einen Hut bringen.

IQ-professionelles Vorgehen –
das Richtige entscheiden und tun

Die normale Intelligenz, wie sie in den IQ-Tests abgefragt wird, dient im Beruf dominant dem Schaffen von Ordnungen und Strukturen, die alle Abläufe zuverlässig regeln sollen. Arbeit dient dem Broterwerb und gehört zur Pflicht des Menschen, der sie gewissenhaft und pünktlich erledigt. Die Arbeit wird stets auf die intelligenteste Art und Weise ausgeführt. Intelligenz nimmt an, dass es auf jede Sachfrage eine richtige Antwort gibt, auch auf die Frage, wie eine Arbeit bestmöglich zu tun ist. Diese beste Art wird verbindlich festgelegt und für alle vorgeschrieben. Das Management definiert ein Managementsystem, wie die gesamte Arbeit eines Unternehmens organisiert wird. Ich zähle hier einige Begriffe auf, wie sie im Zusammenhang mit einer intelligenten Unternehmenssteuerung vorkommen:

- Analyse von Diagrammen und Statistiken
- Führen von Tabellen und Projektplänen
- Stundenpläne und Finanzbudgets
- Investitionsrechnungen und Business-Cases
- Rollen- und Zuständigkeitsbeschreibungen
- Stellenbeschreibungen und gerechte Gehaltstabellen
- Pflichtenhefte und Zielvereinbarungen
- Vertragswesen
- Rechnungswesen und Steuern
- Preiskalkulation und Einkaufswesen
- Methoden und Vorgehensweisen
- Geschäftsprozessbeschreibungen und Verwaltungsvorgänge
- Rechtliche Rahmenbedingungen, das »Kleingedruckte«
- Festgelegte Entscheidungswege
- Genehmigungsverfahren
- Entscheidungsberechtigungen (»Prokura«)
- Kompetenzbereiche
- Sicherheitsrichtlinien

- Ausführliche Dokumentationen
- Formularwesen
- Kontrollverfahren, Prüfungen
- Planungen innerhalb von Planungszyklen
- Meetings zur Koordination
- Kundenumfragen und Marktanalysen
- Sorgfältig bis ins Detail geplante Mitarbeiterveranstaltungen
- Forschung und Entwicklung
- Sofortige Konsultation von externen Beratern bei »Neuem«

Normale Intelligenz geht objektiv und ohne Ansehen der Person vor. Intelligenz macht sich nicht von Gefühlen abhängig. Sie analysiert Informationen, um zu Entscheidungen zu gelangen, sie schaut *nicht* träumend aus dem Fenster oder sinniert. Sehen Sie sich die obige Liste der Hilfsmittel und Methoden an! Wundert es Sie dann noch, wenn bis vor einiger Zeit die Vorstände der großen Unternehmen vor allem Juristen oder Ingenieure waren? Große Entwicklungsabteilungen verbesserten die Produkte und ein bürokratischer Verwaltungsapparat sorgte für den Absatz im Markt.

Ganz ohne Ironie: Große Organisationen und Managementsysteme sind wie erhabene Kunstwerke. In ihnen steckt durch lange Erfahrung erworbene »kristallisierte Intelligenz«. Jedes Detail ist ausgearbeitet, alles ist absolut korrekt.

Wer von der Ordnung abweicht, ist ein Feind des Systems und muss mit Sanktionen rechnen. Große Systeme haben oft paranoide Angst vor Abweichungen und Verstößen, vor Diebstahl, Untreue, Faulenzerei, Krankfeiern, in neuerer Zeit vor dem privaten Surfen oder gar Spielen im Internet und dem Zeitverschwenden durch private Telefonate, Facebook-Aktivitäten oder das Abfassen von Mails und SMS-Nachrichten. Das zeigen jüngste Abmahnungen wegen Surfens und die 2010 berühmt gewordenen Kündigungsfälle wegen Unterschlagung von Pfandbons im Centbereich oder wegen Mitnahme einer nicht gegessenen Frikadelle nach einem Managementmeeting.

Wandel oder Veränderungen in einem solchen System müssen deshalb sorgfältig geplant und in allen Instanzen abgesegnet

sein, sonst erscheinen sie als Eigenmächtigkeiten, die das intelligente System fürchtet – Eigenmächtigkeiten bedeuten Kontrollverlust!

Diese großen perfekt durchdachten Systeme sind lange mit der Erfahrung gewachsen. Wenn jemand in einem solchen gewachsenen Ganzen etwas Größeres verändern will, stört dieser Wandel an einer Unzahl von Stellen im System und erfordert eine Unzahl von Korrekturen, die insgesamt so viel Arbeit erzeugen, dass man lieber nichts ändert – oder nur ganz behutsam. Am einfachsten sind ganz kleine Veränderungen, die man lokal vornehmen kann. Bei jedem größeren Wandel kommen von überall Gegenstimmen aus dem System, die vor der komplexen Struktur warnen, die nicht leicht zu ändern sei. Die werden dann von den »Change-Agents« oder Veränderungsmanagern als große anonyme Masse von »Bedenkenträgern« wahrgenommen und herzlich gehasst. Im Grunde aber weiß niemand, wie viel gewachsene Intelligenz in einem alten erfahrenen System steckt – sie wird daher nicht respektiert.

In der heutigen Zeit neigt man zu drastischen Veränderungen in Unternehmen, die jetzt wendig und agil sein sollen – das ist der Ausdruck der Machtübernahme durch die vitale Intelligenz des entschlossenen Handelns, auch unter Risiko ins Ungewisse hinein. So etwas widerstrebt der planenden, analysierenden und nachdenkenden Intelligenz, die lieber alle Fälle im Voraus berücksichtigen will.

Heute, in Zeiten des Wandels, werden die damals perfekten Strukturen als »verkrustete Organisationen« kritisiert. Sie sind eben »kristallisierte Intelligenz«! Neue Arbeitsformen der Projektarbeit vertragen sich aber nicht mehr mit den alten hierarchischen Ordnungen. Fortschrittliche Teamarbeit wird gefordert, einschneidender Strukturwandel ist nötig, Innovationen werden lebenswichtig. Es ist die Zeit für den Einsatz der anderen Intelligenzen!

Diese werden aber in einer langen Übergangszeit nur widerstrebend »simuliert«:

- EQ (emotionale Intelligenz): Teamarbeit wird durch noch engere Rollen- und Pflichtenbeschreibungen künstlich erzeugt. Kommunikation wird ständig »geregelt« und »verbessert«. Das funktioniert nur schlecht, es gibt nicht enden wollende Klagen über die Qualität der Kommunikation.

- VQ (vitale Intelligenz): Das energische und schnelle Handeln im Wandel gelingt bei komplexen Entscheidungswegen nicht. Man versucht, das schnelle Agieren durch Geldentzug (Budgetkürzung) und Terminnot (»Deadline«) zu erzwingen.

- AQ (intelligenz für das Attraktive): Das Image der Alten wird durch Hochglanzbroschüren aufpoliert und neu »organisiert«, statt eines echten Wandels wird »bessere Darstellung dessen, wie wir gesehen werden wollen« betrieben.

- CQ (kreative Intelligenz): Innovationen, die wirklich verändern könnten, werden erst sehr spät übernommen, und zwar erst dann, wenn sie schon im Markt etabliert sind und daher Struktur und Ordnung haben. Versuche, von selbst Innovationen zu initiieren, bleiben in steifen Brainstorming-Sitzungen unter Bedenkenträgern wirkungslos.

- MQ (»Sinn für Sinn«): Große intelligente Unternehmen haben in der Presse einen großen Namen und eine lange würdevolle Geschichte. Das gibt ihnen einen »Sinn«, ohne dass er je erarbeitet wurde. Er ist entstanden. Im Wandel müssen sich Unternehmen neu erfinden, auch neu beschließen, wozu sie eigentlich da sind. Das gelingt besonders den ehrwürdigen, alten Institutionen kaum. Sie weichen dann auf Wortblasen-Visionen aus, »Weltmarktführer mit den besten Produkten für die zufriedensten Kunden« zu werden.

Wie schon gesagt: Klassische Intelligenz ist gut im Betreiben von Strukturen *im* System, zeigt sich aber unwillig beim Arbeiten

am System. Ein gewachsenes System ist über die Zeit fast heilig und unfehlbar geworden, es kann nur schwer geändert werden. Durch die feinen, ungeheuer vielen und bis ins Detail gehenden Verstrebungen der Bestimmungen, Regeln und Konventionen ist es ein großes komplexes Geflecht geworden. Wer es verändern will und wie Sisyphus immer wieder scheitert, schimpft dann auf den »Filz«.

EQ – professionelle Zusammenarbeit und Kommunikation

Emotionale Intelligenz sorgt sich um die menschliche Seite. Im Amerikanischen ganz kurz: »I take care.« – »Ich kümmere mich.« Emotional Intelligente kümmern sich um Mitarbeiter, Kollegen, Kunden und Lieferanten. Sie sorgen sich um ein gutes Betriebsklima. Vor allem verstehen sie sich auch selbst. Emotionale Intelligenz ist so etwas wie die Grundlage der Herzensbildung, so wie IQ-Intelligenz die Grundlage für klassische Bildung ist.

Ein guter Einstieg in das Thema der emotionalen Intelligenz ist das Absolvieren eines EQ-Tests. Darf ich Sie darum bitten? Sie tippen bei Google »SZ EQ« ein und kommen sofort auf den kostenlosen EQ-Test der *Süddeutschen Zeitung*. Dort gibt es eine sehr ausführliche Auswertung in den verschiedenen Kategorien:

- EQ allgemein
- Gelassenheit
- Geselligkeit
- Nervosität
- Extraversion
- Erregbarkeit
- Depression
- Aggression
- Maskuline/feminine Verhaltensmuster

An dieser Liste können Sie schon sehen, dass der emotional intelligente Mensch als gutgelaunter, menschenfreundlicher

Kommunikationsmittelpunkt gesehen wird, der mit eigenen und fremden Nervositäten, Traurigkeiten und Ausrastern gut umgehen kann.

Mir fällt dazu sofort das antike Orakel von Delphi ein. Nach der Überlieferung wurde der Besucher mit zwei Inschriften über dem Eingang begrüßt:

»Erkenne dich selbst!« und »Nichts im Übermaß«

Offenbar versuchten die Priester im Orakel, Menschen bei der Auflösung innerer psychischer Widersprüche zu helfen. Man brachte sie dazu, ihre eigene Innenwelt zu betrachten und zu verstehen. Was löst diese inneren Widersprüche aus? Was macht »emotional dumm«? Ganz sicher die Übertreibungen wie Impulsivität, Herrschsucht, Aggression, Hysterie – ja, alle Neurosen sind ja Übertreibungen. Denken Sie an Narzissmus, Manie, Paranoia, Sadismus, schizoide Introversion, Vermeidungshaltungen oder Angstzustände/Phobien aller Art. Alles, was nur in die Nähe solcher neurotischen Anwandlungen kommt, setzt die emotionale Intelligenz dramatisch herab. Wenn emotionale Dummheit vor allem in solchen Übertreibungen der Persönlichkeit begründet liegt, dann ist »Nichts im Übermaß« schon so etwas wie ein Meta-Ratschlag für das emotional Intelligente.

Wenn Sie also etwas für Ihren EQ tun wollen, wandern Sie in Gedanken zum Apollo-Tempel hinauf. Dort fordert Sie Apollo auf: »Erkenne dich selbst!«, und Sie antworten wie alle Besucher: »Du bist.« Und dann nehmen Sie den Orakelspruch hin, der sehr wahrscheinlich eine spezielle Version von »Nichts im Übermaß« ist.

Das ist die philosophische Erklärung, die wir nun schon zweieinhalbtausend Jahre kennen. Denken Sie jetzt aber konkret jetztzeitig an die Keystone-Persönlichkeit. Ich wiederhole nochmals:

Die »Schlüsselpersönlichkeit« im Netz, die »Keystone«-Persönlichkeit: Keystones kümmern sich um das Pulsieren,

Werden, Prosperieren, Gedeihen und Entwickeln des Ganzen.
Die Arbeit am System bzw. die Metaarbeit
nimmt einen großen Raum ein.

Keystone-Persönlichkeiten sind Katalysator in sozialen Netzen, sie kennen die anderen, interessieren sich für ihre Motivationen, können mit Abteilungsegoismen und Silodenken der großen Organisationen umgehen und verbreiten das allgemeine Klima eines »Yes, we can!«. Sie bringen Selbstvertrauen, Leben und Agilität in die heute oft zu starren Strukturen der Organisationen. Sie erfüllen Teams mit einem gemeinsamen Verständnis der Zusammenarbeit und entwickeln eine allgemeine gegenseitige Sympathie füreinander.

Emotionale Intelligenz kann gut und erfolgreich kommunizieren, Konflikte minimal halten und die Zusammenarbeit günstig beeinflussen.

In vielen Unternehmen planen die Stäbe die Prozesse und Richtlinien neu, sie legen Abläufe und Verfahren fest. Das ist das Werk der normalen Intelligenz. Nun muss man »die neuen Prozesse mit Leben erfüllen«. Das fordern die Planer meist fast zornig, wenn sie sehen, dass die Menschen das Neue nicht annehmen. Emotional Intelligente schaffen es, Leben hineinzubringen – und noch viel, viel, viel besser wäre es, wenn die Geschäftsprozesse der Unternehmen und Institutionen gleich unter Mitarbeit emotional intelligenter Menschen kreiert würden! Normale Intelligenz ist in Gefahr, Abläufe eben »ohne Ansehen der Person«, ohne Rücksicht auf Gefühle und Annehmlichkeiten zu planen. Rein Intelligentes ist starr, hölzern und nüchtern, oft auch rigoros und hart (»Keine Ausnahme! Wo kommen wir hin, wenn jeder eine Extrawurst will! Das öffnet die Schleusen zum Chaos!«). Herzensbildung mildert diese harte Ordnung, in der ein Übermaß von normaler Intelligenz viel zu hohe Rigidität erzeugt.

Natürlich können wir auch die emotionale Intelligenz übertreiben. Sie bleibt dann zu weich, was ihr oft vorgeworfen wird. Sie macht zu wenig Druck. Die vitale Intelligenz zeigt Willen nach vorn, am besten voll fokussiert auf einen Punkt. Der unbe-

dingte Wille des Menschen ist nicht ausgeglichen und will nach vorne – und zwar jetzt und schnell! Zu viel EQ macht sehr nett, beliebt und mäßig erfolgreich. EQ hat Verständnis für Neues und den Wandel. EQ hat große Sympathie für MQ (den Sinn). EQ rastet aus, wenn es Härten gegenüber dem Team setzt – wenn etwa Entlassungen drohen oder Bonuszahlungen nur sehr selektiv vergeben werden sollen. EQ hasst alles, was Konflikte erzeugen kann.

Vergleichen Sie bitte die Intelligenz hinter der Systemorganisation mit der hinter einer erfolgreichen Zusammenarbeit im Netz! Absolvieren Sie den IQ-Test und den EQ-Test der *Süddeutschen Zeitung*. Sehen Sie, wie weit entfernt die beiden sind? Sehen Sie, wie sehr sich die Fragen der Tests unähnlich sind? Sehen Sie, wie dringend wir beides brauchen? Besonders heute?

VQ – professionelles Handeln – wirkungsvoll sein

Vitale Intelligenz hat viel mit der Willensenergie zu tun, die wir uns im Körper vorstellen. IQ erinnert mehr an »Verstand«, EQ an »Herz«. Vital intelligente Menschen haben eine große energetische Ausstrahlung, eine des starken Selbstbewusstseins. Sie strahlen das Charisma des Herrschers aus. Sie kommunizieren stark durch Körpersprache. Sie wollen etwas und setzen es auch zuversichtlich um. Sie kämpfen gerne und stehen an der Front. Sie zeichnen sich durch vieles aus:

- Führungsfähigkeit
- Durchsetzungsfähigkeit
- Fähigkeit, Befehle zu geben, die wie natürlich befolgt werden
- Tapferkeit
- Konfliktfähigkeit
- Ruhe im Sturm
- Ausstrahlung eines Jedi-Ritters
- Hartnäckigkeit auch nach Rückschlägen

- Angstfreiheit, die auf Verzagte ausstrahlt, Unverwundbarkeitsgefühl
- Geschäftssinn und auch Sinn für »Kriegsführung« und Macht
- Begeisterung in Erwartung des bevorstehenden Sieges

Wir alle haben Wünsche und gute Vorsätze. Und gehen mit Verve an die Tat? Ach nein, zwischen dem Wollen und dem Tun klafft eine Lücke. »Sie reden nur, aber es geschieht nichts!« So heißt es oft über unsere Chefs und Minister. Warum will man etwas sehr und tut es dann nicht? Warum verspricht man etwas und hält das Versprechen nicht ein? Warum fasst man Vorsätze, freut sich über sie und lässt sie dann fallen? Warum sehnt sich das Herz und entsagt sofort im Verzicht, wenn es Verstrickungen zu geben droht?

Ich versuche eine Erklärung und damit auch eine der vitalen Intelligenz: Klassisch Intelligente stellen sich einen Verstand im Gehirn vor, der gute Entscheidungen trifft und dann etwas will. Nun muss der Verstand dem Körper klarmachen, dass der alles nur noch ausführen muss, was der Verstand beschloss. »Hör auf zu rauchen, treib Sport, iss Joghurt statt Schweinshaxe, verkaufe mehr Autos, arbeite die Nacht durch!« Das geht oft schief. Die emotional Intelligenten wiederum haben ein Herz, das nicht direkt will, sondern sich etwas wünscht: »Ich möchte den Menschen klar sagen können, dass sie netter sein sollen. Ich will im Meeting anmahnen, dass wir uns mehr helfen.« Aber es geschieht nichts.

Beides liegt daran, dass zum Tun nicht nur das Befehlen gehört, sondern auch das Gehorchen. Der Verstand befiehlt, der Körper tut nichts. Das Herz wünscht, der Körper tut nichts. Er will nicht. Da zwingt der Verstand den Körper durch Regeln, Gesetze, Radarfallen und Strafen – oder er verführt ihn durch Belohnungen und Anreize. Da überredet das Herz den Körper ... IQ und EQ haben alle Mühe, etwas in Gang zu setzen!

Etwas ganz anderes ist es, wenn der Körper selbst etwas will. »Ich erobere diese Frau!« – »Ich gewinne Gold!« – »Ich will Rennen fahren!« Wenn der Körper selbst etwas will, gehorcht er sofort.

Das ist jetzt meine Erklärung. Ich kann auch Arthur Schopenhauer zitieren, der den Primat des Willens propagierte und in *Die Welt als Wille und Vorstellung* schrieb:

Jeder wahre Akt seines Willens ist sofort und unausbleiblich auch eine Bewegung seines Leibes: er kann den Akt nicht wirklich wollen, ohne zugleich wahrzunehmen, daß er als Bewegung des Leibes erscheint. Der Willensakt und die Aktion des Leibes sind nicht zwei objektiv erkannte verschiedene Zustände, die das Band der Kausalität verknüpft, stehn nicht im Verhältniß der Ursache und Wirkung; sondern sie sind Eines und das Selbe, nur auf zwei gänzlich verschiedene Weisen gegeben: ein Mal ganz unmittelbar und ein Mal in der Anschauung für den Verstand. Die Aktion des Leibes ist nichts Anderes, als der objektivirte, d.h. in die Anschauung getretene Akt des Willens.

Und später weiter im selben Werk:

Dieses Alles nun aber beweist, wie sehr sekundär, physisch und ein bloßes Werkzeug der Intellekt ist.

Schopenhauer selbst hatte eine ungeheure Vitalität, lesen Sie ein bisschen über sein Leben! Er beschreibt, dass der Wille im Leib den »bloßen« Intellekt als Werkzeug sieht. Das empfinden alle Jedi-Ritter bestimmt ebenso. Wir, die meisten anderen Menschen, sehen aber die Herrschaft im Verstand. Der muss dann kämpfen, dass der Körper mit seiner Energie mitzieht, also gehorcht. Damit er das tut, wird beim Kinde schon der Wille unterdrückt und oft auch aus Überzeugung, für das Kind das Beste zu wollen, geradezu gebrochen. Dann herrscht der Verstand allein, aber der Körper hat wahrscheinlich kaum noch Energie.

Friedrich Nietzsche hat über Schopenhauer nachgedacht, ich zitiere aus *Jenseits von Gut und Böse,* Kapitelchen 19 nur einen Satz aus einem Abschnitt, der sich der Zweiteilung des Wollens in Befehlen und Gehorchen widmet:

Bei allem Wollen handelt es sich schlechterdings um Befehlen und Gehorchen, auf der Grundlage, wie gesagt, eines Gesellschafts-baus vieler »Seelen«: weshalb ein Philosoph sich das Recht nehmen sollte, Wollen an sich schon unter den Gesichtskreis der Moral zu fassen: Moral nämlich als Lehre von den Herrschafts-Verhältnissen verstanden, unter denen das Phänomen »Leben« entsteht.

Nietzsche (bitte lesen Sie etwas über sein Leben!) sieht eben den Kopf über dem Leib, Schopenhauer den Primat des Willens im Leib. Ich würde behaupten: Nietzsche hat kaum VQ, Schopenhauer vor allem VQ.

Unternehmer oder Entrepreneurs haben oft VQ im Sinne von Schopenhauer. Sie wollen und handeln im gleichen Zuge. Wenn sie etwas Gutes wollen, hilft VQ der Sache besser als alles andere. Wenn aber jemand etwas will, was nicht sein sollte? Dann ist VQ hochgefährlich. Viele Diktatoren haben einen enormen VQ und viele zu Alleingängen fähige Präsidenten. George W. Bush oder Silvio Berlusconi auch, verstehen Sie?

VQ ist absolut durchdringend und wirkungsvoll. Leider ist der unmittelbare Wille so stark, dass er sich oft über Bestimmungen, Regeln oder vorgeschriebene Entscheidungsprozesse hinwegsetzt. VQ entscheidet oft autonom. Das ist im guten Falle verantwortlich und heldenhaft, im schlechteren Falle selbstherrlich und obrigkeitsverachtend. VQ ist also zweischneidig. Wir wollen Leader, die sich auch im Ungewissen etwas trauen, wir mögen Helden, die die Verantwortung im Wagnis übernehmen. Aber der Wille ist oft sehr egoistisch und will, dass etwas für ihn selbst gelingt, nicht für die Sache. Im Sinne der hier besprochenen Professionalität ist der gewünschte VQ einer, der zum professionellen Gelingen beiträgt. Menschen mit hohem VQ haben unbezweifelbare Stärken:

- Sie sind souverän im Tumult und können in Situationen handeln, in denen es keine Regeln mehr gibt.
- Sie verschaffen sich Gehör – sie hören aber oft nicht zu.
- Sie befehlen schnell, wo andere lange überzeugen müssen.

- Sie sind ideal im Wandel, im Überlebenskampf, in neuen Märkten.
- Sie können hart verhandeln und unermüdlich kämpfen.
- Sie riechen Chancen, haben eine Nase für das Business.
- Sie kommunizieren ganz direkt und klar (»straight talk for impact«).
- Sie können offene Konflikte aushalten, auch, eine Zeit lang am Pranger zu stehen.

Im Grunde lieben sie den Kampf. Ich selbst bin so ziemlich das Gegenteil, ich liebe die Ruhe. Ich bin keine VQ-Bestie wie Bruce Willis in *Stirb langsam*. Ich las einmal vor vielen Jahren auf der letzten Seite der Süddeutschen Samstagszeitung dies: *Das Beste am Leben sind die Kämpfe.* Diese Aussage wurde Madonna zugeschrieben. Ich las und erschauderte. Heute verstehe ich das besser!

Am besten sind solche Menschen als wirklicher deutscher Idealunternehmer, der als Chef der Firma nur im Markt agiert. Innerhalb großer Organisationen kommt es oft zum Duell der sogenannten Alpha-Tiere. Im idealen professionellen Fall haben diese Herrschergestalten Metis. Kennen Sie die Göttin Metis aus der Mythologie? Sie war Gattin des Zeus und gerade schwanger, als ein Orakel ihr die Geburt eines neuen Weltenherrschers weissagte. Zeus geriet darüber in Zorn und verschlang sie. Sie bewegte sich aber vom Magen des Zeus in seinen Kopf. Als sie ihr Kind gebären wollte, musste deshalb Hephaistos mit Hammer und Beil den Kopf von Zeus spalten, aus dem dann seine Tochter Pallas Athene mit Speer und in voller Rüstung heraussprang. Die Göttin Metis aber blieb in seinem Kopf und riet ihm immer, wenn etwas Schwieriges im Ungewissen zu entscheiden war.

In der Philosophie ist Metis eine Meta-Wissensform. Metis drückt die Fähigkeit aus, in Abwesenheit von gesichertem Wissen oder etablierten Handlungsmustern traumwandlerisch sicher das Erfolgreiche im Nebel zu tun (siehe *Tacit Knowledge in Organizations* von Philippe Baumard, Sage Publications, London, 1999).

Für mich ist Metis keine besondere »Wissensform«, sondern

so etwas wie Instinkt für das jeweils Gegebene, vitale Intelligenz eben.

Das Verhältnis der vitalen Intelligenz zu den anderen ist kritisch, das springt ins Auge. Wir wollen sie vielleicht gar nicht? Wir predigen doch immer nur einseitig EQ, zum Beispiel das Zuhören. VQ aber verschafft sich Gehör. Wir predigen das Dienen und den Service, VQ aber herrscht. Diesen Widerspruch halten wir Normalen, die keine Göttin Metis im Kopf haben, nicht aus und bilden die vitale Intelligenz lieber nicht aus. Ist das in Zeiten des Wandels richtig? Ist nicht der Beginn des Wissenszeitalters eine Phase im Nebel, wo die Werkzeuge und Methoden alle noch ganz vorläufig sind?

Wir müssen wohl so viel Verstand haben, auch den VQ zu fördern, denke ich, auch wenn viele glauben, man würde den Verstand verlieren, weil dann der Instinkt obsiegt.

AQ – professioneller Sinn für Attraktion – durch Berührung der Sinne verführen

Die Intelligenz der Attraktion sucht die Lust und vermeidet den Schmerz. Viele Menschen suchen das Glück in der Lust und der Schmerzvermeidung, definieren also Glück über *diese eine* Teilintelligenz. IQ würde Glück in der Perfektion sehen oder VQ in großen Abenteuern und Heldentaten – jede Teilintelligenz sieht Glück für sich selbst anders. Aber die Vorstellung von Lust versus Schmerz ist wohl die, die uns die klassischen Philosophen am besten eingeprägt haben. Die Idee, Arete oder Tugend zu haben, soll angeblich auch Glück bedeuten! Diese »Lustvorstellung« wird in der Philosophie fast wie eine Religion vertreten, die aber unter den Menschen nicht so arg viele Anhänger hat. Die Lustvorstellung sitzt in unserem Instinkt! Nicht so sehr im Kopf, sie gehört irgendwie enger zu uns selbst als die Glücksvorstellung eigener Arete in unserem Geist.

Vom Standpunkt des Professionellen aus gesehen ist das Talent, anderen Menschen erwünschten Sinnenreiz zu spenden,

eines der wertvollsten! Für Sinnenreize geben viele Menschen sehr viel Geld aus. Denken Sie nicht nur an Süßes und Schönes, auch an die Lust am Horror, an Super-sauer-Bonbons oder an Insanity-Chili-Schärfe beim Essen. Intelligenz der Attraktion hat einen sicheren Instinkt für Sinneskitzel aller Art. Die kommen in unserem Leben in unübersehbarer Vielfalt vor.

- Marketing
- Verführende Werbung
- Ästhetische Produkte, edles Design
- Tanz, Schauspiel, Kunst
- »Sex sells!«
- »Horror sells!«
- Kitzel durch Filme aller Art
- Witz, Humor, Büttenreden, Spott
- Sensationen, Celebrity-Klatsch, Katastrophenberichte
- Provokation
- Boulevardpresse, Regenbogenpresse
- Spielcasino, Lotterie, Börsenspekulation, Wetten aller Art
- Casting-Shows, Gerichtsshows, vulgäres Zum-Affen-Machen im TV
- Feinschmeckerlokale, wenigstens Kochsendungen und Gartengrillen
- Parfum und alles andere für die Nase
- Identifikation mit Idolen oder Fußballclubs zum Teilen von Lust und Schmerz
- Oper, Theater, Kunst, Museen
- Tabak, Alkohol, Red Bull und alles Stärkere rund um Drogensucht
- Musik und Tanz in jeder Form
- Erregende Biertisch-Politikdiskussionen
- Volksfeste, Achterbahn, Geisterbahn, gebrannte Mandeln und Bier – alles!
- Skifahren, Motorradfahren, Bungee-Jumping, Segeln, Drachenfliegen … Autofahren
- Spannende Wettbewerbe

- Wilde Partys mit Vorglühen durch Sixpacks
- Bewunderung nach Schönheitsoperationen
- Dating, Partnersuche, Scheidungen und alles Emotionale drum herum

Professionelle Intelligenz der Attraktion versteht sich darauf, Menschen Glück zu spenden, also in ihnen etwas Positives zu erwecken, zu erregen oder künstlich hineinzuprojizieren (»Intropathie«). Der AQ spielt im professionellen Leben eine viel größere Rolle, als Sie vielleicht denken: Ein hoher AQ hilft nämlich beim Begeistern aller Art.

Es wird begeistert für:

- den Verkauf von Leistungen an Kunden,
- das schon gelieferte Produkt oder die erbrachte Leistung,
- die Notwendigkeit neuer Projekte,
- die Großartigkeit des Unternehmens und seiner Zukunftsperspektive,
- die Arbeitsmöglichkeiten im Unternehmen,
- Produktneuheiten,
- die eigene Arbeitsleistung.

Das, was verkauft werden soll, muss attraktiv sein, also im besten Licht erscheinen. Dazu gibt es kilometerweise Ratgeber! Ich gebe hier nur einen kleinen Einblick. Verkäufer müssen ihr zu verkaufendes Produkt im besten Licht erscheinen lassen und drum herum positive Gefühle beim Kunden »positionieren«. Sie sollten selbst sympathisch sein und eigentlich auch sich selbst als Vertrauensperson verkaufen, die das Recht auf eine gewisse Stimmung der Intimität hat, in der der Kunde offen und ehrlich über seine Motive und Wünsche spricht. Die Begeisterung für das Produkt und die glänzenden Augen des Verkäufers brauchen einen hohen AQ! Natürlich muss der Verkäufer auch viel EQ haben und später zum Unterschreiben auch Druck ausüben können. Das will ich später noch erklären: Professionelle Teiltätigkeiten erfordern immer ganz spezielle Bündel verschiedener Teilintelligenzen.

Nach dem Kauf eines Produktes ist es sehr wichtig, dass der Kunde begeistert bleibt, er soll ja weiterhin kaufen und am besten mit seiner Begeisterung andere Kunden anstecken. Das Produkt sollte nach dem Kauf die Erwartungen des Käufers übertreffen. Es ist also nicht gut, viele Leute mit Totalversprechungen zu locken. Sie wären vielleicht mit dem gekauften Produkt zufrieden, aber sie sind bestimmt unzufrieden, wenn sie sich mehr vom Produkt versprochen haben. Das Produkt ist dann in Ordnung, aber die Käufer fühlen sich durch die überzogene Jubelwerbung getäuscht. Dann haben sie ein negatives Gefühl im Bauch, was sie an andere weitergeben.

Nicht nur Verkäufer müssen begeistern! Heute muss jedes Projekt bei der Arbeit verkauft werden. Wenn Sie eine Tagung besuchen wollen, eine neue Software oder einen neuen Dienstwagen brauchen, wenn Sie in einem anderen Projekt mitarbeiten wollen – eigentlich immer, wenn Sie etwas wollen, müssen Sie mit guten Argumenten kommen. Wenn Sie für das Neue begeistern können, gewinnen Sie sehr oft. Ich erlebe täglich, wie Mitarbeiter dem Chef vorrechnen, wie sich ein neuer Vorschlag in Geld auszahlt. Sie können das mit logischen Argumenten beweisen. Aber der Chef ist unschlüssig. Es fehlt der Funke Begeisterung, ein positives Gefühl. Das Verkaufen von Projekten ist kaum anders als das von Hochzeitskleidern. Sie können einer Braut hundertmal beweisen, dass ein bestimmtes Kleid das schönste ist – sie muss aber diese Überzeugung als positives Gefühl in sich tragen, sonst fühlt sie sich die ganze Hochzeit über unwohl. Deshalb analog: Chefs müssen sich mit neuen Vorschlägen wohlfühlen. Sie müssen die Argumente kaufen und hinterher mit ihrer Entscheidung glücklich sein. Das verstehen viele Unprofessionelle nicht. Sie freuen sich, wenn sie eine Unterschrift haben. Aber wenn der Kunde oder der Chef später die Entscheidung bereuen, sitzt in ihrem Instinkt ein »somatischer Marker«, ein Kennzeichen, das sagt immer beim Anblick des Verkäufers: »Der hat mir etwas aufgeschwatzt.« Wenn Sie einmal in etwas wundervoll Aussehendes hineingebissen haben und es dann eklig schmeckte, zucken Sie jedes Mal im Körper, wenn sie es erneut sehen oder riechen! So

werden Verkäufer stigmatisiert, die etwas verkauften, was dann nicht gut war.

Topmanager müssen Begeisterung über ihr Unternehmen verbreiten. Nichts steigert den Unternehmenswert an der Börse so sehr wie begeisterte Investoren. Mitarbeiter sollten vom Unternehmen, von der Art ihrer Arbeit, vom Betriebsklima und vor allem von den eigenen Zukunftsperspektiven im Unternehmen begeistert sein. Auch hier darf man nicht einfach unprofessionell »tönen« – wehe, wenn es sich nur als hohle Schwallerei entpuppt! Dann zuckt es wieder im Körper der Mitarbeiter oder Investoren. Etwas in ihnen sagt: »Vorsicht, ein vergifteter roter Apfel!«

Und schließlich müssen Sie sich selbst verkaufen, also Begeisterung über Ihre Person verbreiten. Nicht zu viel, dann sind sie »ein vergifteter roter Apfel«, über den es heißt: »Die Bewerbungsunterlagen sind toll gewesen, das Gespräch war gut – jetzt sind wir so etwas von enttäuscht, wir können es mit Worten kaum sagen. Die Arbeitsleistung ist nicht schlecht – aber wir haben so viel mehr erwartet!«

Viele Menschen haben eine ganz unterentwickelte attraktive Intelligenz. Sie streben auch nicht danach, sich in diesem Feld weiterzubilden. Sie sind von der Furcht gelähmt, eben nicht auf Begeisterung zu stoßen. So, wie sich wenig Intelligente kaum trauen, eine Frage zu stellen, so trauen sich Unattraktive nicht, Verkaufsargumente zu bringen. Insbesondere Deutsche reden sich oft stolz ein, sie würden eben nicht aufschneiden, angeben oder »posen«. Sie hassen das Verkaufen und hängen ihren Hass den Amerikanern an, die es besser können. Auf der anderen Seite konsumieren sie amerikanisch verkaufte Produkte und benutzen begeistert die amerikanischen Buzzwords – die sie gleichzeitig ein bisschen hassen. Warum lernen wir nicht, Dinge nicht nur gut zu verkaufen, sondern auch vorher attraktiv zu gestalten? Warum geben wir uns selbst nicht viel Mühe, attraktiv zu sein? Okay, hassen Sie, wenn andere nur attraktiv erscheinen wollen – aber Sie müssen sich doch Mühe geben, es zu *sein*, oder nicht? Die anderen müssen sich freuen, wenn Sie in den Raum treten!

Ich werde oft von Mitarbeitern gefragt, ob sie die Manage-

mentlaufbahn einschlagen sollten. Ja? Nein? Ich bitte sie oft, die Augen zu schließen; ich führe sie in Gedanken vor eine Betriebsversammlung aller Leute, die sie kennen. Die warten vorgestellt in einem Saal. Dann führe ich den neuen Managementbewerber mit geschlossenen Augen vor die Menge und sage: »Hiermit setze ich diesen hier als euer aller Chef ein.« In diesem Augenblick soll der Bewerber im Geiste die Augen öffnen und in alle die Augen schauen, die ihn anblicken. Was sieht er? Begeisterung in den Augen wie »Au ja! Toll! Klar, der/die« oder Stirnrunzeln? Es ist wie beim Kaufen von Oberbekleidung. Sie kommen nach Hause, stürmen ins Wohnzimmer, drehen sich einmal vor der Familie in der neu gekauften Bekleidung und fragen: »Sehe ich nicht gut aus?«

Die Intelligenz der Attraktion wird zumindest in Deutschland vollkommen falsch eingeschätzt, aber sehr oft auch im internationalen Management. Stellen Sie sich vor, ich würde ein Produkt anpreisen wie folgt: »Diese Apfelsine ist sehr süß, ihr Geschmack lässt an das Paradies erinnern. Fallen Sie in Verzückung! Probieren Sie einen Schluck frischen Saftes. Hier! Natürlich müssen Sie den Saft ganz frisch trinken. Wenn er zwei Tage steht, wird er braun und eklig. Er enthält dann auch keine Vitamine mehr. Er schmeckt bitter, Sie müssen ihn dann ausspucken. Pfui.« Sie werden als Leser ausnahmslos wissen, dass positive Gefühle der Begeisterung durch negative vernichtet werden. Die Begeisterung erlischt, als würde Wasser in Feuer geschüttet. Das Vermischen der Signale ist ein tödlicher Fehler beim Begeistern. Aber Sie kennen sicher alle dies: »Ich bin stolz auf Sie als Mitarbeiter, Sie alle haben als fabelhaftes Team ein tolles Quartal hingelegt. Sie haben einen hohen Bonus verdient. Im Prinzip. Leider sieht das jetzige Quartal mau aus. Das ist Arbeitsverweigerung! Schauen Sie in den Spiegel: Können Sie sich ohne Scham in die Augen sehen?« Die erste Hälfte ist ein Versuch in attraktiver Intelligenz, die zweite ein Fehler der gestörten klassischen, emotionalen oder vitalen Intelligenz. Niemand ist nun stolz, keiner wird immer noch mehr arbeiten als bisher, insbesondere die Leistungsträger finden den Chef undankbar, viele andere wittern Ärger, Entlas-

sungen und zumindest weitere Vorhaltungen vom Abteilungsleiter. Die Angst krümmt sich im Bauch, Stolz und Begeisterung sind vertrieben.

Die Ambiguität zerreißt. Tadel und Lob in einem Satz vernichten sich gegenseitig. Professionelle Intelligenz wendet die Teilintelligenzen nicht gegeneinander an, sondern integrativ oder situativ angemessen...

CQ – professionelle Innovation – neue Welten öffnen

Kreative Intelligenz ist durch Neugier und Erkenntnisdrang getrieben. Klassische Intelligenz hat mehr mit Wissen und Kenntnissen zu tun. Der IQ kennt die richtige Antwort. Der CQ will noch Unerforschtes verstehen, will alles aus neuen Perspektiven sehen, hinter die Dinge schauen (»Metaphysik«). Wie entstand das Universum? Wie konstruiere ich Menschen aus einer DNA? Wo ist Gott? Welche sind die kleinsten Elementarteilchen? Wie komme ich mit Raumschiffen zu Planeten mit Leben? Was ist professionelle Intelligenz? Wie kann man Kernfusionsreaktoren herstellen? Wie besiegen wir Aids? Wie den Welthunger? Wie spiele ich heute Beethoven? Gibt es Gedankenübertragung? Außerirdische? Wie schaffen wir ein Verkehrsnetz mit führerlosen Autos?

Kreative Intelligenz schaut in die Ferne, in den Weltraum und in die Zukunft, in den Mikrokosmos und in die Innenwelt des Menschen. Sie schaut, sagt man, mit Vorliebe »über den Tellerrand«. Die Dinge werden aus allen Perspektiven angeschaut, ohne die konventionell vorgeschriebenen Scheuklappen des »richtigen Verhaltens und angenehmen Denkens«. Kreative Intelligenz *will* anders sehen, um neue Zusammenhänge zu sehen. Sie experimentiert, stellt Versuche an und schweift in vernetztem Denken hin und her. Ziel ist die ganzheitliche Erkenntnis.

Aus der Beobachtung des Wirklichen werden durch Einsicht neue Ideen und Theorien gewonnen. Kreative Intelligenz sucht neue Wege für unser Leben, für neue Erfindungen und später für

echte Innovationen. Kreative Intelligenz schwelgt in alternativen zukünftigen Welten, kann sich neue Welten als Dichter vorstellen – sie spekuliert über die Konsequenzen heutiger Entwicklungen und entwickelt mögliche Zukunftsszenarien. Sie liebt Überraschungen und ganz andersartige Erkenntnisse, also Revolutionen im Denken. Das Wundervollste sind Erkenntnisse, die scheinbar unbeschreibbar Komplexes einfach auf einen Punkt bringen – so wird das seltsam komplizierte ptolemäische Planetensystem durch einen simplen Perspektivwechsel zur Sonne für Kinder verständlich.

In seinem berühmten Klassiker *Die Struktur wissenschaftlicher Revolutionen* arbeitet Thomas Kuhn den Unterschied zwischen normaler Forschung und großen Paradigmenwechseln heraus. Normale Forschung findet noch einen Planetoiden, studiert eine neu entdeckte Pflanze oder interpretiert das Leben Luthers zu zwei Prozent anders, weil ein neues Dokument auftauchte. Kepler, Newton oder Einstein schufen dagegen neue Welten und Denkwelten. Normale Wissenschaft ist eine des IQ, sie nähert sich geduldig der Wahrheit, indem jeder Forscher seinen Puzzlestein einfügt. Die wahren Umbrüche aber sind keine nach wissenschaftlichen Methoden erzielten Resultate, sondern kühne neue Gedankenbrüche mit dem Herkömmlichen, die durch Neugier entstanden, vom CQ aus.

Kreativ Intelligente sind natürlich von neuen Technologien fasziniert, von denen die Neugier die besten bahnbrechenden Ideen erwarten kann. Eine verändernde Innovation (»Disruptive Innovation«) ist der Traum des Kreativen! Das Internet erfinden! Linux entwickeln! Google gründen! Leider sind fast alle Ideen fehlerhaft und ohne die normalen Menschen ausgedacht, sie sind unfruchtbar oder ganz schlicht verrückt. Die meisten Ideen sind nicht umsetzbar, oder die Umsetzung erfordert sehr, sehr viel VQ! Da müsste der Kreative auch Unternehmer in Person sein. Das ist er fast nie, deshalb wird aus den meisten Ideen nie etwas. In aller Regel gibt es viel mehr CQ, als man gebrauchen kann, und es gibt viel zu wenige CQ/VQ/AQ-Kombi-Genies, die aus der Idee mit hoher unternehmerischer Energie etwas Greifbares machen.

MQ – die Intelligenz der Sinnstiftung und des intuitiven Gefühls (»meaningful« oder »sinnerfüllt«): M-Intelligenz hat einen ausgeprägten »Sinn für Sinn« und ethisch wertvolle Ideale. Als Teil der Professionellen Intelligenz liefert sie erstaunlich gute »gerichtete Energiefelder« und trägt zum Gelingen bei, wenn etwas Sinnvolles erarbeitet werden soll.

Wenn Menschen von einer Sinnfrage tief berührt sind, sind sie zu erstaunlichen Leistungen fähig. Sinnerfüllte Menschen macht die Sinnarbeit so sehr Freude, dass sie sehr oft ganz ohne Lohn ehrenamtlich arbeiten. Sie wollen beitragen! Sie verschönern die Gemeinde, trainieren die Fußballjungend des Dorfes, sie stellen die Herzblutbasis des Vereinswesens. Sie kämpfen für das Bedrohte, die Armen und das Gerechte.

Viele Ärzte, Erzieherinnen, Altenpfleger oder Kirchenmitarbeiter arbeiten um des Sinnes willen und nehmen Abstriche beim Honorar oder Lohn hin. Der Sinn schweißt sie zusammen, sie arbeiten gut in Teams.

Aus der professionellen Sicht ist das Ergebnis ehrenamtlicher Arbeit oft nicht »professionell« oder exzellent. Ehrenamtliche lassen sich schwer in Bezug auf ihre Arbeit kritisieren. »Ich mache das alles ohne Geld! Wenn es Ihnen nicht passt, wie ich es mache, suchen Sie sich einen anderen.« Ehrenamtliche arbeiten dann also oft für ihren eigenen Sinn, nicht für den »des Kunden«. Es gibt Ehrenamtliche, die so etwas wie ein Hilfswerk so führen können, dass die Mitarbeiter nicht nur gerne mitarbeiten, sondern auch exzellente Ergebnisse liefern. Das Management ehrenamtlicher Organisationen muss sanft klarmachen, dass es den Menschen zusammen mit den Ergebnissen ehrt, nicht schon dann, wenn nur jemand ohne Geld arbeitet.

Heute versuchen Hilfsorganisationen oft, auch ihre ehrenamtlichen Mitarbeiter auf Effizienz zu trimmen und so regulär Beschäftigte einzusparen. Dabei fühlen sich Ehrenamtliche ausgenutzt und gehen irgendwann. Effizienz ist oft Gift für Sinn, aber Exzellenz im Ergebnis verträgt sich mit dem Sinnvollen gut.

Für Unternehmen und Projekte ist ein übergeordneter Sinn bei der Arbeit sehr förderlich. Viele Leute arbeiten in meiner Branche, der IT, gern an Open-Source-Projekten mit. Sie befassen sich mit Green IT (energieschonende IT) oder mit »Green by IT«, das sind Technologien, mit denen man Energie- und Wasserverbrauch, Verkehrsbelastungen oder Emissionen einsparend regeln kann. IBM hat im Jahre 2008 die Firma auf Lösungen für den »Smarter Planet« eingeschworen und will Hauptlieferant für Infrastrukturlösungen werden, die etwas für das Wohlergehen des Planeten tun. Unsere Mitarbeiter macht das froh. »Es ist nicht nur Geschäft, sondern auch Sinn dahinter.«

Professionelle Nutzung von Teilintelligenzen (T-Shape-Intelligenz)

Wir haben also viele Intelligenzen, die uns im Beruf weiterbringen können. Alle diese müssen wir nun für gute Ergebnisse einsetzen.

Das geschieht nicht immer. Vielen Menschen geht es vor allem darum, ihre Professionalität zu beweisen, und sie vergessen darüber, professionelle Ergebnisse anzustreben. Andere erstreben zwar Ergebnisse, stellen sich dabei aber nicht professionell an.

- Erfinder wollen regelmäßig, dass jemand etwas aus ihrer Erfindung macht. Sie selbst wollen das nicht. Sie lieben es, Erfinder an sich zu sein. Ergebnisse sollen andere erzielen und ihnen dann Geld für die Erfindung abgeben. Sie möchten am liebsten nur kreativ ihren hohen CQ ausnutzen und sich dabei gut fühlen.
- Controller sind weithin verschrien wegen ihrer Kontrollsucht. Sie sehen so sehr darauf, dass alles ins »Schema F« passt, dass das Geschäft des Unternehmens dabei leidet. Rechtsabteilungen in Unternehmen verzögern

oft die Vertragsverhandlungen bei großen Aufträgen. Auch das wird von operativen Managern als geschäftsschädigend empfunden. Die »Pfennigfuchser« und »Bedenkenträger« sind sehr geistreich, haben einen besonders hohen IQ, aber sie übertreiben Intelligenznutzung zum Schaden des Ergebnisses.

Diese beiden typischen Beispiele kennen Sie schon. Es gibt viel mehr davon, und zwar bei jeder Teilintelligenz. Ich gehe dazu alle Teilintelligenzen nochmals durch. Wir überlegen uns jedes Mal, was einem Menschen mit extremem xQ sehr oft fehlt. Meistens übertreibt man die Intelligenznutzung ohne Rücksicht auf ein Ergebnis, das in einem anderen Lebens- und Intelligenzbereich erzielt werden soll.

Nutzung der Teilintelligenzen in einer T-Shape-Vorstellung

Reine klassische Intelligenz ist strukturiert, ordentlich und zuverlässig. Von anderen Intelligenzen aus wird sie oft als kalt logisch, buchstabengetreu, überregulierend, bedenkend, ängstlich, beckmesserhaft, pedantisch und so weiter gesehen. Der EQ findet, ihr fehle der gesunde Menschenverstand. Der VQ sagt, Intelligenz sei nicht unternehmerisch, weil sie nur über Verstand und Befehle erzwinge, ohne Willen zu haben oder zu erzeugen. Die Intelligenz der Attraktion findet die Intelligenz lustfeindlich und lebensfern. Strukturierende Intelligenz weist kreative Intelligenz ab, weil Kreationen nicht in die Ordnung passen. Intelligenz mag das Sinnvolle, ist aber an Schnittpunkten immer wieder inhuman rigide. Und das werfen alle anderen Intelligenzen der zu reinen klassischen Intelligenz vor: »Lass doch einmal fünfe gerade sein.« Ein hoher T-Shape-IQ ist fähig, einen Ausgleich mit den anderen Stimmen zu finden. Ordnung, Logik und Richtigkeit ist nicht Selbstzweck. IQ soll eine Ordnung schaffen, die Freude macht, Sinn stiftet, Spaß macht, Menschen zusammenarbeiten lässt, effektiv etwas schafft und variabel genug für kreatives Chaos und

Veränderung ist. Das Mittel ist IQ des Strukturierens, aber das Ziel der Aktivitäten ist eine lebenswerte Struktur, auch aus der Sicht aller anderen. Die Ironie überzogener Ordnung: Sie wird nicht respektiert.

Emotionale Intelligenz führt zu einem motivierenden Klima mit bester Kommunikation im Team. Alle helfen sich gegenseitig. Ein hoher EQ kann zu ausufernder Nettigkeit führen, wenn alle Konflikte immer gleich bereinigt werden oder gar nicht entstehen sollen. Manchmal gibt es aber Konflikte! Manchmal muss es zum Beispiel Entlassungen geben! Da verschiebt EQ notwendige unangenehme Entscheidungen, sucht verzweifelt ohne sachlichen Sinn nach Einstimmigkeit und verliert die Effektivität oder den gemeinsamen Willen. Menschen mit reinem EQ sind aus der Sicht anderer »Softies«, »Psychos« oder »Weicheier«. Sie sind zu sehr auf das Gelingen der Kommunikation konzentriert, also auf die aus ihrer Intelligenzsicht richtige Methode, nicht auf das Ergebnis. EQ muss auch die harte Ordnung »mitnehmen«, vor allem Willen zeigen, weil sonst die Leute mit hohem VQ (Energie) sehr gereizt gegen den »Laberklub« wettern. Alle anderen Intelligenzen wollen nun mit der Debatte aufhören! Ein hoher T-Shape-EQ weiß um alle diese Komplexitäten und hält die Gemeinschaft auf tätigem Kurs. Die Zusammenarbeit wird nicht als solche fabelhaft gut gestaltet, sondern um des Ergebnisses willen. Die Ironie überzogener emotionaler Intelligenz: Sie führt zu Konflikten!

Vitale Intelligenz wird bei reiner Willensausübung als zu brutal, skrupellos, selbstherrlich, willkürlich und stürmisch gesehen. Intelligenz fordert Nachdenken vor dem Tun. Emotionale Intelligenz wirbt für das Überzeugen des Teams vor dem Handeln. MQ fragt ganz energisch nach dem Sinn. AQ ist entsetzt, dass ein Kampf bevorsteht, der keinen Spaß macht. Reiner Wille kümmert sich nicht darum. »Wo gehobelt wird, da fallen Späne. Seid nicht wehleidig. Wer nicht mitzieht, kann ja gehen!« Wille erwartet loyale Folgsamkeit. Die typische Kritik der anderen Intelligenzen ist ein lautes »Nicht so schnell! Nicht gleich in die Vollen!« Ein hoher

T-Shape-VQ nimmt möglichst viele Menschen mit. Die Ironie überzogenen reinen Willens: Er führt zu Ungehorsam, Aufstand oder »Fahnenflucht«.

Intelligenz der Attraktion gilt den anderen Intelligenzen als trivial, lustig, oberflächlich, aufdringlich und lästig. Reiner AQ wirkt zu sehr auf Show bedacht. Zum Beispiel sind viele TV-Werbespots sehr witzig oder auffällig, aber wir merken uns fast nicht, wofür geworben wurde. Das Erregen unserer Aufmerksamkeit war dann genial, aber ohne den gewünschten Endeffekt. Klassische Intelligenz wittert hinter allem Aufmerksamkeitsheischen eine Manipulation, sie will das Konkrete sehen, keine schönen Wolken. Emotionale Intelligenz vermutet unehrliche Kommunikation oder Anmache, vitale Intelligenz findet reinen AQ kindisch. Kreative Intelligenz kritisiert reinen AQ als »ideenlos« oder als oberflächliches Plagiat. »Was ist daran neu?« Intelligenz des Sinns findet reinen AQ geschmack- und niveaulos. Die Dauerkritik aller Intelligenzen bei reiner attraktiver Intelligenz: »Hör auf, hör doch bitte auf. Es nervt.« Ein hoher T-Shape-AQ verzaubert den IQ, ist nett zum EQ, begeistert VQ, macht CQ neidisch mit Einfallsreichtum und gibt Sinn zu erkennen. Das, wofür »geworben« wird, muss ein gutes Produkt sein, oder? Die Ironie überzogener Aufmerksamkeitswerbung: Sie wird aktiv ignoriert.

Kreative Intelligenz als solche, die kein Ziel hat, wirkt auf die klassische Intelligenz nutzlos und störend. Emotionale Intelligenz findet sie sehr oft zu weit am Menschen vorbei, vitale Intelligenz fragt danach, ob die neue Idee »Geld bringt«, ob sie zu Vorteilen führt oder mindestens »smart« ist. Kreative Intelligenz passt nicht in andere Schemata, aber sie sollte sich nicht zu schräg geben. Die Intelligenz des Sinns wirkt oft verstört. »Diese Technologie soll unsere Zukunft sein? Das meinen Sie ernst?« Die Standardkritik an überzogener Kreativität lautet: »Hirngespinste eines weltfremden Träumers.« Ein hoher T-Shape-CQ bettet das Neue behutsam ein. Die Ironie des zu direkten Versuches der Erneuerung: Die anderen belassen alles beim Alten.

Die Intelligenz der Sinnstiftung darf nicht zu penetrant oder militant wirken. Sie wird dann schnell zur harten Vorkämpferin einer von anderen nicht geteilten Ideologie. Veganern, Sektenanhängern, Krötenschützern geht es sehr oft fanatisch um die reine Sinnlehre an sich, nicht so sehr darum, das Leben anderer aus dessen Sinnhaftigkeit heraus schöner zu gestalten. Die anderen stöhnen: »Hör auf zu predigen. Wir können es nicht mehr hören. Lass uns unser Leben, wir finden es sinnvoll genug.« Für die anderen Intelligenzen ist Sinn eine Vergoldung des Lebens, hat aber nicht erste Priorität. Ein hoher T-Shape-MQ ist behutsam missionierend. Die Ironie des überzogenen Versuchs, andere Menschen gegen ihren Widerstand einen gemeinsamen Sinn lieben zu lassen, ist die Erzeugung von Hass darauf.

Professionelle T-Shape-Intelligenz

Wer eine Teilintelligenz in besonderem Maße besitzt, sollte sich der Wirkung auf Menschen bewusst sein, die »anders ticken« als er selbst. Der Spezialist muss darauf bedacht sein, etwas Professionelles zustande zu bringen, was die anderen mit ihren anderen Intelligenzen und Anschauungen gut finden können.

Zum professionellen Arbeiten ist es also nötig, die »angrenzenden Teilintelligenzen« zu kennen und mit ihnen umgehen zu können. Für die ist das Produkt doch gemacht! Der Controller kontrolliert nicht für sich selbst! Er schafft Ordnung für alle. Sinn ist nicht für den Stifter, sondern er wirkt mit MQ für die Jünger! Jede Begabung oder Fähigkeit muss bemüht sein, alle anderen zu befruchten.

Professionelle Intelligenz besteht in der Fähigkeit zu GEBEN, also, wie schon einige Male gesagt, in der Fähigkeit, die Dinge gelingen zu lassen. Dazu ist es gut, wenn ein Mensch mit hohem speziellen xQ die anderen Intelligenzen kennt, besonders aber die, welche ihm selbst fehlen. Vergleichen wir dazu einmal folgende »Berufe«:

- Gourmet und Meisterkoch
- Kritiker und Poet
- Kunstkenner und Maler
- Weinkenner und Önologe

Der jeweils Erste ist Experte für die Produktqualität, die der andere als Meister herstellt. Der Meister versteht als Professional die Arete des Produktes und *kann sie herstellen*. Der Kenner versteht die Arete des Produktes, muss aber keine großen Kenntnisse in dessen Erzeugung haben.

Ich habe weiter vorne im Buch die Stufen der Exzellenz aufgezählt, vom Ahnungslosen (Stufe 1) bis zum Weltmeister (Stufe 6). Eine solche Stufung sollten wir uns auch einmal für die bloße Kennerschaft oder Bildung in einem Gebiet ansehen.

Kennerstufen:

1. »Noch nie davon gehört!« (noch nicht bewusst damit in Berührung gekommen, »unaware«)
2. »Schon davon gehört!« (dessen gewahr geworden, »aware«)
3. »Ich weiß einiges darüber und verstehe, was gut ist.« (Grundkenntnisse, »Knowledge«)
4. »Ich kenne mich gut aus.« (gutes Gefühl und Verständnis)
5. »Ich kenne mich sehr genau in allen Feinheiten aus.« (Kenner)
6. »Ich bin ein Guru für die Arete auf diesem Gebiet und setze durch mein feines Urteil neue Trends. Ich rege die Meister auf dem Gebiet an, über sich hinauszuwachsen.« (maßgebender Kritiker)

Wirkliche Professionals müssen neben der eigentlichen »Produktionsintelligenz« ihres Fachs auch das Umfeld verstehen. T-Shape-Experten mit einem hohen xQ auf einem Gebiet müssen heute auch mindestens Kennerfähigkeiten auf den nötigen angrenzenden Gebieten besitzen. Sie müssen dann am besten das bieten, was alle um sie herum erwarten.

- Gute Controller wissen, mit welchen Risiken und Anfangsproblemen sich Innovatoren herumschlagen. Die kann man nicht durch strenge Vorschriften vermeiden. Innovatoren erwarten Hilfe, nicht Kontrolle. Gute Controller beseitigen Hindernisse für Innovationen.
- Gute Rechtsabteilungen in Firmen kennen sich im Business aus und helfen beim Vertragsabschluss – sie sind Experte für Risiken und helfen, diese in den Griff zu bekommen. Sie sind keine sturen Blockierer.
- Gute Innovatoren wissen, dass sie mit ihren häufig scheiternden Projekten oft herbe Verluste einfahren. Sie haben ein Verständnis für die Geldgeber und »verbrennen« nicht unverantwortlich Gelder. Sie haben ein sehr gutes Gefühl für Kundenwünsche. Sie verstehen Machtstrukturen im Unternehmen und schaffen es, bei Managern mit hohem VQ Begeisterung zu erzeugen. Innovation ist deshalb so schwierig, weil sie es vielen Seiten recht machen muss.
- Künstler malen oder komponieren nicht nur für sich selbst, sie müssen auch Aufmerksamkeit erzeugen und letztlich ihre Werke verkaufen. Sie finden ihre Werke selbst gelungen und wollen doch, dass andere ihr Werk »attraktiv« finden. Einige Künstler allerdings scheinen sich selbst dafür zu lieben, dass sie die Sinneseindrücke anderer Menschen geradezu missachten, andere wollen provozieren oder verstören.
- Entwicklungsingenieure müssen sich in Kunden hineinversetzen, die keine komplizierten Maschinen lieben. Heute wird viel über den phänomenalen Erfolg von Apples iPad diskutiert. Viele IT-Experten sagen: »Es gibt billigere und technisch bessere Produkte mit mehr Einsatzmöglichkeiten. Es ist eine Schande, dass die keiner kauft.« Einspruch! Es ist eine Schande, dass diese Experten keinen AQ haben, nicht einmal wissen, was AQ ist.

T-Shape-Professionals können ihre Begabungen im Fach in ihr Umfeld befruchtend und konstruktiv einbringen, sodass »alle

Kunden« oder Stakeholder Freude haben. Sie sind idealerweise beste Kenner von Intelligenzen, die dafür nötig sind. Sie sind Meister in der eigentlichen Herstellung einer Leistung, verstehen gleichzeitig alle Sichtweisen ihrer Abnehmer *und* sind in der Lage, *etwas zu deren Zufriedenheit zu liefern.*

Professionelle Intelligenz zur Keystone-Integration

Keystone-Persönlichkeiten können ganze Netzwerke oder Komplexe zum Gedeihen bringen. Sie verbinden viele Teilarbeiten zu einem Gesamterfolg.

Schon relativ kleine Netzwerke oder Projekte enthalten Komplexität und Interessensprengstoff. Es droht oft, wegen der mit dem Projekt verbundenen Veränderungen Gewinner und Verlierer zu geben. Die verschiedenen Beteiligten haben verschiedene Teilintelligenzen auf verschiedenen Stufen, und sie sind Kenner in verschiedenen Sparten auf verschiedenen Stufen. Das alles prallt aufeinander. »Schnell!« gegen »Immer mit der Ruhe.« – »Das hat keinen Sinn!« gegen »Bitte keine Sinnfragen. Wir müssen sparen.« – »Wir sollten es gleich richtig machen.« – gegen »Wir wollen das zur Messe zeigen und machen es so gut, wie es bis dahin geht.« – »Es muss wunderschön werden!« gegen »Komm, mach keine neue Baustelle auf. Wenn es der Chef abnickt, ist es schön genug.«

Eine Keystone-Persönlichkeit versteht

- als Kenner genau, wie ein exzellentes Ergebnis aussieht,
- die Perspektiven aller Beteiligten, auch die »der Teilintelligenzen«,
- auf welcher Professionalitätsstufe und auf welcher Kennerstufe jeder Beteiligte ist und was ihm noch beigebracht werden könnte,

- vernünftig gut das Wesen (den »Stallgeruch«) der wichtigen oder aller Beteiligten.

Sie schafft es, alles zu einem exzellenten Projekt mit bestem Ergebnis zu bündeln. Denken Sie etwa an einen Regisseur, der mit verschieden guten Schauspielern, Kameraleuten oder Skriptgirls einen tollen Film drehen will, am besten zum halben Preis. Er muss alles entscheiden: Finanzierbare Drehorte? Drehbuchänderungen, damit die Szenen die Schauspieler nicht überfordern? Konzessionen gegenüber zickenden Diven? Noch viel komplizierter scheint nur das Trainieren von Bayern München zu sein?! Kurz: Man muss imstande sein, mit den verfügbaren Ressourcen etwas Professionelles auf die Beine zu stellen.

Wer das kann, ist »professionell hochintelligent«, hat also einen hohen PQ.

Eine Keystone-Persönlichkeit verwandelt Ressourcen in ein Ergebnis, das dann am besten sinnvoll, schön, nützlich und innovativ ist und dessen Herstellung bei bester Teamarbeit und im verabredeten Kostenrahmen gelingt. Dazu muss sie, wie gesagt, ein guter Kenner aller Teilintelligenzen und deren Arete sein und die Professionalitätsstufen der anderen Beteiligten verstehen.

Ein Regisseur muss nicht nur die Kameraführung gut verstehen, sondern auch die Probleme und Abläufe des Berufes kennen. Ein Softwareprojektleiter muss nicht selbst exzellent programmieren können, aber er muss wissen, was gut programmiert ist (»Kenner«) und wie Programmierer jeder Professionalitätsstufe im Allgemeinen arbeiten. Der Professional muss wissen, wie alles und jeder Einzelne »tickt«. Und nun muss er alle vorhandenen Kräfte zusammenbringen, durch Coaching und Begeisterung stärken und am besten vergrößern, immer wieder zeigen, wie das Gesamtergebnis aussehen soll und es schließlich genau dorthin führen.

Dazu ist es wohl unerlässlich, dass eine Keystone-Persönlichkeit in einer Teildisziplin selbst Experte ist. Sie muss wissen, was es bedeutet, von anderen meisterhafte Resultate zu verlangen. Sie darf ja nicht alles durch Überforderung verderben.

Diese übergreifende Professionelle Intelligenz haben nur wenige. Deshalb suchen Unternehmen verzweifelt nach Leuten, die über den Tellerrand schauen, die zu verschiedenen Sichten fähig sind, die aus irgendwelchen Ressourcen immer noch etwas zu zaubern vermögen – so wie ein Sternekoch jeden beliebigen halb vollen Kühlschrank öffnet und aus dem Vorhandenen ein Deluxe-Resteessen zelebriert.

Wenn Verantwortliche zu viel jammern, sie bekämen zu wenig Etat, zu schlechte Leute, zu wenig Rückhalt im oberen Management und kaum Anerkennung für ihre Arbeit, dann sind sie meist keine Keystone-Persönlichkeiten mit hohem PQ, sie sind kein Zentrum des Gelingens. Helden weinen nicht.

Professionalitätstypen und der professionelle Charakter

Die Professionelle Intelligenz dient dem Gelingen. Der Professional ist radikal konstruktiv und um ein möglichst großes Ganzes bemüht.

Um welches Ganze? Das hängt von unserem »Professionalitätstyp« ab. Jeder von uns hat einen Charakter, jeder von uns stellt eine bestimmte Persönlichkeit dar.

Wir sind in den Teilintelligenzen verschieden. Manche sind kreativ, andere willensstark. Manche Teilintelligenzen sind in einen Charakter nur schwer zu integrieren, zum Beispiel die normale Intelligenz der Ordnung und die kreative Intelligenz.

Es gibt Berufe, die sich mit ganz verschiedenen professionellen Charakteren erfolgreich ausüben lassen. So gibt es sehr intelligente, hoch kompetente, strenge Lehrer, die Schülern viel Stoff beibringen. Es gibt andere, die es schaffen, in Schülern Wissensdurst und Begeisterung zu erzeugen, sodass sie sich die entsprechenden Schulfächer quasi zum Hobby zu machen. Es gibt wieder andere, bei denen Schule einfach Spaß macht.

Es gibt sehr wissenschaftliche Ärzte, die unser Vertrauen in ihre Kompetenz haben. Es gibt andere, die unsere Seele verstehen und zu denen wir gehen, um unser Herz auszuschütten.

Professionals können also mit verschiedenen Charakterhaltungen den gleichen Beruf erfolgreich gestalten. Das liegt oft an den »Kunden«. Schüler oder Patienten sind ja wieder jeweils eigene Persönlichkeiten. Manche Schüler schätzen klare Ansagen darüber, was sie tun sollen, andere erwarten Spaß, wieder andere wollen viel wissen. Manche Patienten wollen die beste Behandlung, andere die beste seelische Betreuung. Im Grunde muss dann die Zuordnung stimmen. Ein Professional sollte also darauf achten, dass er für Kunden arbeitet, die seinen Professionalitätscharakter zu schätzen wissen.

Natürlich muss ein Professional auch oft in Situationen gut arbeiten, in denen ihm gewisse Eigenschaften fehlen. Ich zum Beispiel bin Anfänger in energischem Auftreten. Ich kann mit dem energischen Auftreten anderer ganz gut umgehen, weil ich mit meiner Mutter viel üben konnte. Aber auch eben deshalb habe ich mich nie bemüht, die Stärken meiner Mutter zu übernehmen. Sie benutzte ihre Stärken mir gegenüber, sie hat nie daran gedacht, sie mir weiterzugeben. Wenn es also »energisch zugeht«, fühle ich mich verloren und hilflos. Ich bin sehr böse auf andere, die mich in die missliche Lage gebracht haben, kämpfen zu müssen. Ich gehe dann in den Kampf und fühle mich kläglich. Als Manager weiß ich um diese Problematik und habe in meiner Abteilung immer jemanden, der so etwas gut kann und gerne tut. So versuche ich, die Fähigkeiten, die ich nicht habe, in meinem Umfeld zur Verfügung zu haben. Ich muss dann natürlich mit solchen starken Persönlichkeiten im Team intern gut auskommen können. Das aber habe ich – wie gesagt – bei meiner Mutter geübt.

In diesem Sinne sollte ein Professional bewusst mit der Art seines Charakters umgehen. Er muss seine Stärken und Schwächen kennen und wissen, wie er mit ihnen umgeht. Bitte sehen Sie das nicht so trivial wie »Stärken stärken«. Ein Controller muss ja nicht nur noch genauer und strenger werden, was soll das? Es ist

auch nicht so einfach wie »Schwächen beseitigen«. Ich bin mehr auf der kreativen Seite und sollte vielleicht nicht versuchen, strukturierter oder prozessorientierter vorzugehen. Es kann sein, dass das Beseitigen von Schwächen die Stärken vermindert, oder? Und manche Schwächen lassen sich eben einfach beseitigen, wenn man andere zur Hilfe um sich hat.

Auch eine Keystone-Persönlichkeit muss nicht alles selbst können, sondern nur alles zum Gelingen bringen. Sie soll sich allerdings aktiv mit dem eigenen Charakter und seinen Möglichkeiten auseinandersetzen. »Erkenne dich selbst!« Sie muss versuchen, alle Eigenschaften bestmöglich zu einem Ganzen zu integrieren.

So selbstverständlich das ist, was ich jetzt schreibe, so wenig wird es betrieben! In der Schule sollen wir alle still sitzen und gleich sein! In der Armee sowieso! An der Uni auch, aber wieder anders gleich! Und dann will der Chef ebenfalls, dass wir alle in Linie antreten. Insbesondere werden die Leistungen für alle Mitarbeiter immer gleich gemessen: »Schließe XY Verträge ab, gewinne AB Neukunden, lege die und die Prüfungen erfolgreich ab.« Die Bildung eines eigenen Charakters steht nie wirklich im Zentrum unserer Oberen.

Das liegt teilweise daran, dass wir eben gewohnt sind, Menschen nur nach Intelligenz zu ordnen und für jede Intelligenzstufe ein dort scheinbar erforderliches Gleichsein zu definieren, das für die Prüfungen als Norm dient. Wenn man allgemein ernst nähme, dass wir alle ganz verschiedene Spektren von Teilintelligenzen haben, dass wir alle unterschiedlich begabt sind – dann würde man uns individueller bilden! Und wenn wir die Teil-xQs der Teilintelligenzen in Tests messen würden, dann würden wir klar sehen, was der gesunde Menschenverstand schon immer wusste. Der gilt heute leider nicht so viel, man muss alles durch Messungen belegen, auch das, was man glasklar vor sich sieht. Und was sieht man? Schauen wir auf die Bildungssysteme.

Das Bildungssystem und die Nichtachtung des Individuums

Wie die industrialisierte Logistik der Bildung den Einzelnen einengt

Unser Bildungssystem ist auf Frontalunterricht ausgerichtet. Immer steht jemand vorne und erklärt vielen anderen einen Sachverhalt, er macht eine Ansage, vermittelt eine »Message« oder er präsentiert.

- Erzieherinnen passen auf Kindergruppen auf.
- Lehrer monologisieren im Frontalunterricht oder beschäftigen alle unter ihrer Aufsicht: »Malt jetzt alle ein Stillleben!« – »Arbeitet in Gruppen, während ich die Zeitung lese.«
- Universitätsprofessoren dozieren in großen Hörsälen, am besten vertreten durch ihre Assistenten.
- Manager reden in Meetings zu den versammelten Mitarbeitern.
- Topmanager stehen vor ihren Mitarbeitern meist nur auf einer Bühne.
- Das Internet wird die größte Bühne!

Der naheliegende Grundsatz dahinter lautet: Die Zeit des Erziehers oder des Vorgesetzten ist eine knappe Ressource, die es effizient einzusetzen gilt. Ich behaupte das ziemlich pauschal, ich will damit nicht sagen, dass es immer so ist, dass alle falsch handeln und dass es keine fruchtbare Gruppenarbeit in der Schule gibt. Aber es ist »üblich«, wie ich es schreibe, und keineswegs schlecht angesehen oder gar unerwünscht.

Ein zweites wichtiges Prinzip ist die genaue Beschreibung des gewünschten Endzustandes einer Ausbildung. »Was Sie nach dieser Lektion wissen sollten: …« Die Erreichung des Endzustandes wird in der Regel durch eine Prüfung oder eine Revision von Daten, Punkten oder Geschäftszahlen festgestellt. Die Logistik verlangt, dass alle Schüler oder Mitarbeiter synchron verbessert werden, sie müssen alle Stufen gemeinsam gehen. Wer eine Stufe nicht meistert, wird eben zurückgestuft und wiederholt eine Phase. Die Prüfungen sind für alle gleich.

Diese ehernen allgemeinen Prinzipien der Gleichheit erzwingen aber eine Einengung des Bildungskanons auf Inhalte, die sich unter einem solchen logistischen System in gleicher und synchroner Weise den Schülern vermitteln lassen. Dazu gehört natürlich alles, was in Büchern geschrieben steht. Das kann ja »vorgelesen« und »gelernt« werden.

Ich hoffe, ich langweile oder nerve Sie jetzt nicht, wenn ich noch einmal eine Aufzählung über die Teilintelligenzen starte. Schauen Sie sich diese Liste an. Fragen Sie sich: Was davon kann man im Frontalunterricht vielen Schülern synchron an konkret schriftlich Abprüfbarem beibringen?

- *Bildung auf Grundlage des IQ:* Zuverlässigkeit, Ordnung, Betragen, Sauberkeit, Fleiß, Mitarbeit, Wissen, Bildung, Auswendiglernen, Lesen, Kenntnis von Dichtungen, Ländern, Pflanzen, Tieren; Kenntnisse über die Mechanismen der Demokratie im idealen Falle, Naturwissenschaften und Mathematik, Grundzüge der Philosophie und Religion, alte Sprachen und Geschichte, neuere Fremdsprachen
- *Bildung auf Grundlage des EQ:* Empathie, Wahrnehmung von Emotionen in Gestik, Mimik, Stimme und Körpersprache; richtige Deutung von Emotionen, richtiger Umgang mit ihnen, Takt, Konfliktlösung, Vermeiden unpassender Emotionen, über Emotionen andere und sich selbst positiv stimmen und motivieren, Kooperation, Erzeugen von Vertrauen und Leben von Teamgeist und

Gemeinschaftsgefühl, Integration Andersdenkender und fremder Kulturelemente, Eintreten für Gleichstellung und Diversity, Tai-Chi, Yoga

- *Bildung auf Grundlage des VQ:* Übernahme von Verantwortung auch zum Schutz Schwächerer, Durchsetzung bei Konflikten, alle Arten von Kampfkunst, die den Instinkt bilden und zur Selbstdisziplin führen; Bewusstsein der eigenen Kraft und der eigenen Fähigkeiten, Zuversicht, Angstfreiheit, Tapferkeit, Begeisterung und Begeisterungsfähigkeit, Ausdauer, Beharrlichkeit, Körpersprache, Verhandlungskunst; Sport, auch als Trainer von Jüngeren; die eigenen Leistungsgrenzen Mal um Mal zu übertreffen, die eigenen Grenzen erfahren
- *Bildung auf Grundlage des AQ:* ästhetische Bildung, Kunst, Musik, Ballett, Theater (alles als Kenner und Praktizierender), »Jugend musiziert«, Innenarchitektur, Ikebana und Ähnliches, Design; Überzeugen, Verkaufen, Schenken, Feiern und Veranstaltungen organisieren, Menschen eine Freude machen, Lieben
- *Bildung auf Grundlage des CQ:* Erschaffen, Dichten, Komponieren, Bauen, Choreografieren, Basteln, Werken, Erfinden, »Jugend forscht«, Mathematik-Olympiaden und andere, Spielestrategie aller Art, z. B. Schach; neue Konzepte und Strategien, Vorgehensmethoden bei Problemlösungen, aktives Lösen immer schwierigerer Probleme
- *Bildung auf Grundlage des MQ:* das Gefühl für das jeweils Sinnvolle, dazu eine weite Bildung im »Sinn« weitester Art (Religion, Philosophie, Wirtschaft, Ernährung, Gesundheit, Politik, Umweltschutz, Menschenrechte, Entwicklungsländer), entschlossenes Eintreten für das Sinnvolle, Engagement für etwas am Herzen liegendes (Auslandspraktika, Ehrenamt), Mitarbeit in entsprechenden Hilfsorganisationen, Sozialarbeit
- *Bildung zur Professionalität:* Integration aller Bildungselemente in einen professionellen Charakter, der allen vorhandenen Möglichkeiten gerecht wird,

Konstruktivität, Kümmern um das Weiterkommen und Gelingen, Verantwortung für den Erfolg, das wirkliche Erledigen eines Auftrages; Sinn für die geforderte Exzellenz und die Erwartungen anderer; »Kundenzentrik«; stetes Engagement für die eigene Weiterentwicklung, die stets aufmerksam im Auge behalten wird

Im Grunde wird nur der Teil unter IQ gründlich vermittelt, und zwar vorwiegend als *Wissen*. Für emotionale Bildung ist sorgfältige Erziehung des Herzens nötig. Vitale Bildung braucht viel Training und vor allem einen respektierten Trainer, der das Vitale sorgsam entwickelt. Kraft ist besonders roh und verkommt ohne Führung. Die ästhetischen Künste muss man sich allesamt durch Übung erwerben! Kreative Intelligenz wächst nur unter Versuchen und noch mehr Versuchen. Sinn für das Sinnvolle entsteht durch Dialoge wie denen bei Platon. Professionell wird nur, wer Verantwortung für komplexe Projekte übernimmt und sie zum Erfolg führt.

Die Logistik unserer Systeme erzwingt aber eine Konzentration auf »Lernen«. Trainieren, Üben, Ausbilden, Versuchen, Praktizieren, Debattieren und Nachdenken kommen aus logistischen Gründen in viel zu geringem Ausmaß vor.

Schauen wir noch einmal auf die Stufen der Exzellenz und der Kennerschaft.

Stufen der Exzellenz:

1. »Noch nie davon gehört!« (noch nicht bewusst damit in Berührung gekommen, »unaware«)
2. »Schon davon gehört!« (dessen gewahr geworden, »aware«)
3. »Ich weiß einiges darüber und finde es wichtig.« (Grundkenntnisse, »Knowledge«)
4. »Ich wende es in Grundzügen mit Erfolg an.« (Grundfertigkeit des Gesellen, »Skill«)
5. »Ich bin Experte und wende es professionell an. Alles klappt.« (Meisterschaft, »Mastery«)

6. »Ich bin ein Guru oder Maßgebender auf dem Gebiet, ich verbreite die Lehre und erweitere sie. Ich zeige die Erfolge.« (führender Experte, »World-Class«)

Kennerstufen:

1. »Noch nie davon gehört!« (noch nicht bewusst damit in Berührung gekommen)
2. »Schon davon gehört!« (dessen gewahr geworden)
3. »Ich weiß einiges darüber und verstehe, was gut ist.« (Grundkenntnisse)
4. »Ich kenne mich gut aus.« (gutes Gefühl und Verständnis)
5. »Ich kenne mich sehr genau in allen Feinheiten aus.« (Kennertum)
6. »Ich bin ein Guru für die Arete auf diesem Gebiet und setze durch mein feines Urteil neue Trends. Ich rege die Meister auf dem Gebiet an, über sich hinauszuwachsen.« (maßgebender Kritiker)

Darf ich mich an ein Assessment wagen, also an eine Beurteilung, wie weit unser Bildungssystem uns trägt? Bei den unter IQ verzeichneten Gebieten kommen wir normalerweise als Kenner und Anwender auf Stufe 4 (»Geselle«), einige bringen es im Zuge der Leistungskurse schon in die Nähe der Meisterschaft.

Bei der Ausbildung der anderen Teilintelligenzen ist das ganze System von sich aus eigentlich mit dem Erreichen der Stufen 3 bis 4 (zwischen Bescheidwissen und Geselle) zufrieden. Einzelne bringen es zum Teil beträchtlich weiter, wenn sie an Wettbewerben teilnehmen, sich im Sport engagieren, ein Musikinstrument beherrschen oder ehrenamtlich in Organisationen (etwa Kirche, Umweltschutz, Flüchtlingshilfe) mitarbeiten.

Das Professionelle ist kaum Gegenstand der Bildung, bestenfalls weiß man darüber Bescheid (Stufe 3).

Zusammengefasst: In unserem Bildungssystem schaffen es wenige in einigen Fächern in die Meisternähe. Bei der Bildung der

nicht klassischen Teilintelligenzen kommen wir nicht weit über die Lehrlingsstufe hinaus, wenn wir uns nicht selbst entflammen oder durch unsere Eltern, unsere Vereine oder Institutionen gefördert werden. Das Bildungssystem ist durch die logistischen Beschränkungen gefesselt.

In der letzten Zeit optimiert sich das Bildungssystem noch stärker. Das Abiturwissen wird nun in acht Jahren statt früher neun vermittelt. Dazu drängt man es qualvoll zusammen, sodass die Schüler fast nur von Prüfung zu Prüfung gestresst werden. Die Bologna-Reform hat durch die Einführung der stark verschulten Bachelor-Studiengänge denselben Effekt. »Man weiß von allem etwas, von nichts wirklich Bescheid!«, so lautet die einhellige Kritik. Das Wort »verschult« wird dabei dem Sinn nach genau wie »logistisch effizient« gebraucht.

Die Tendenz: Zum Zeitpunkt des Abiturs oder des Bachelorabschlusses haben die meisten Schüler oder Studenten in den behandelten Fächern knapp den Status eines passablen »Gesellen«, der ohne Anleitung kaum selbstständig arbeiten kann. Das System der schriftlichen Prüfungen vergibt das Prädikat »bestanden« ja oft schon, wenn die Hälfte der möglichen Klausurpunktzahl erreicht wurde. Das heißt: Der Absolvent kann einiges, aber das Schwierige muss noch unter Anleitung eines Meisters lange Zeit weiter gelernt werden.

Erinnern Sie sich noch an meine Erfahrung mit dem Flugsimulator der Boeing 777? Ich konnte die Maschine einmal bei schönstem Wetter und extrem langer Landebahn aufsetzen, aber für alles andere müsste ich lange bis sehr lange üben. In diesem Sinne vermittelt uns unser Bildungssystem oft nur so etwas wie »eine halbe Stunde Flugsimulator«, und gleich darauf sollen wir der Pilot unseres Lebens sein.

»Erkenne dich selbst!« –
die Stunde der Wahrheit beim Bewerben

Nach einem Bildungsabschluss kommt die Zeit des Broterwerbs. Unser Bildungssystem wagt kaum je den Blick in diese Zukunft. Manchmal wird gerade noch ein bisschen getestet und beraten, welcher Beruf für wen infrage kommen könnte. Die Erzählungen von solchen Beratungen sind durchweg sehr ernüchternd. »Ah, Sie wissen schon, dass Sie Erdkundelehrer werden wollen? Sicher? Toll, dann habe ich ja diese Beratung schon erfolgreich gemeistert. Schön, das war's dann, auf Wiedersehen, der Nächste bitte!«

Kennen Sie Ihren Seneca? »Wir sollten für das Leben lernen!« Seneca schleuderte die folgende berühmte Anklage in seine damalige Welt: »Wir lernen [nur] für die Schule, nicht für das Leben!« Das war eine schwarzgallige FESTSTELLUNG Senecas über das damalige römische Bildungssystem. Daraus haben die Halbgebildeten seit jeher den umgekehrten Satz gebildet und als vermeintliches Seneca-Zitat verbreitet: »Wir lernen für das Leben, nicht für die Schule.« Leider lernen wir aber immer noch für die Schule! Wollen wir nicht endlich für das Leben lernen?

Es ist also ein uraltes Problem, dass wir für den Lehrer, den Professor und immer die nächste Prüfung büffeln. Wir schauen kaum über die Abschlussprüfung hinaus. Uns fröstelt vor dem Datum, ab dem wir uns bewerben müssen. Die wenigsten von uns freuen sich auf das Abschlussdatum, damit sie endlich etwas Richtiges arbeiten können! Weil wir fast alle diese Bange fühlen, nun im Beruf Fuß fassen zu müssen, kümmern wir uns kaum um die Erwartungen, die man da draußen an uns hat. Wir hoffen, Arbeitgeber zu finden, die Verständnis für etwaige Defizite haben, uns trotzdem einstellen und uns eine faire Chance geben, uns zu bewähren. Mit den etwaigen Defiziten setzen wir uns aber nicht ein bisschen auseinander!

Ich habe als Professor einst auch Lehramtsstudenten betreut. Es war kaum eine Diskussion möglich, ob meine Studenten über-

haupt gute Lehrer sein könnten! »Das findet sich dann schon.« Ich hielt ihnen vor, grottenschlechte Seminarvorträge gehalten und nichts richtig erklärt zu haben. »Bekomme ich jetzt den Schein nicht?« Ich wurde mit Studenten böse, die absolut keine Ahnung im Fach hatten. »Ich wollte Deutsch als Fach nehmen, aber ich habe einen zu starken Dialekt und kann keine Rechtschreibung. Aber ich habe Kinder sehr, sehr gern, deshalb werde ich Lehrer. Da habe ich Mathematik als Fach genommen, ist ja egal, außer Deutsch mag ich keins, da nehme ich eins, wo ich eine Stelle bekomme.« Ich habe nun schon viele Jahre meine Familie mit solchen authentischen Fällen beim Abendbrot genervt. Jetzt promovieren beide Kinder und sehen es selbst: Das Leben sehr vieler Studenten hört mental am Datum der Abschlussprüfung auf, bei manchen sogar alle zehn Tage bei der nächsten Klausur.

Eine Vorbereitung auf einen späteren Beruf ist die Ausnahme. Man kann doch als Student Praktika bei Firmen absolvieren, als Werkstudent arbeiten oder im Rahmen studentischer Beratungsfirmen an Projekten mitarbeiten! Man kann ins Ausland gehen und am besten gleich noch eine der anderen Weltsprachen erlernen. Im Grunde steht die Welt offen. Aber die Tür von Schule/Uni zur Welt wird meist nicht wahrgenommen.

Es gibt auch Besessene, die Praktikumsbelege (nicht Praktikumserfahrungen) wie Briefmarken sammeln. Sie sind nicht darauf aus, ihre Persönlichkeit für das Leben zu bilden, sondern sie optimieren ihren Lebenslauf für die vorgestellte erste Bewerbung.

Warum lesen Schüler und Studenten nicht wenigstens die Stellenanzeigen? Warum zwingt sie keiner dazu? Ich stehle als echtes Beispiel einmal eine aus dem Internet – und Sie überlegen bitte, um welchen Beruf es geht:

Erwartet wird *eine sichere Anwendung der Standard-Office-Programme, Organisationstalent, Einsatzbereitschaft, Belastbarkeit, selbstständiges und eigenverantwortliches Arbeiten, Kommunikationsfähigkeit, sehr gute Englischkenntnisse in Wort und Schrift, möglichst Kenntnisse in einer weiteren Fremdsprache.*

Na? Eine Universität sucht einen Sekretariatsmitarbeiter. Die Bezahlung ist nicht berauschend. Aber es ist klar, dass auch EQ und VQ nötig sind, oder? Ein zweites Bespiel:

> Gesucht wird eine Persönlichkeit mit einem Abschluss als Dipl.-Verwaltungswirt/in (FH) oder vergleichbarer Qualifikation, idealerweise mit Berufserfahrung in dem oben genannten Aufgabenbereich, fundierten betriebswirtschaftlichen und rechtlichen Kenntnissen, einem hohen Maß an Engagement, Verantwortungsbewusstsein, Verhandlungsgeschick, Überzeugungskraft und der Fähigkeit, teamorientiert zu arbeiten.

Dies ist eine Ausschreibung für einen Verwaltungsangestellten des gehobenen Dienstes im Finanzbereich. Sie können alle anderen Stellenausschreibungen nehmen: Da stehen einige harte Anforderungen (passable Note und Fremdsprachenkenntnisse), die wir durch Abschlüsse in unserem Bildungssystem erfüllen können. Und dann stehen da – von Jahr zu Jahr fast inflationär zunehmend – Anforderungen und Erwartungen an unsere Persönlichkeit. Ja, auch die Sekretärin, auch die Sachbearbeiterin für die Grundsteuer müssen heute T-Shape-Spezialisten sein oder kleine Keystones für eine Etage in einem großen Bürohaus.

Ich kann folgende Übung wärmstens weiterempfehlen: Ich habe einmal ein Seminar veranstaltet, zu dem jeweils ein paar Studenten echte Bewerbungsanschreiben auf Stipendien, Werkstudentenjobs oder wirkliche Lebensstellen mitbrachten, die sie schon einmal abgeschickt hatten. Wir anonymisierten sie durch Schwärzen aller Namen und projizierten sie mit dem Beamer an die Wand. Die Seminarteilnehmer wussten nicht, wer von ihnen das Schreiben verfasst hatte. Sie sollten einfach geradeheraus sagen, ob sie diesen Bewerber einstellen würden oder nicht. Die Studenten waren damals durchweg niederschmetternd ehrlich. Die Anschreiben waren fast durchweg so schlecht, dass der anonyme Verfasser sofort als einziger Stiller mit einem roten Kopf in den Sitzreihen auffiel. Manche nahm ich nach dem Seminar fast in den Arm und tröstete ... Insgesamt ist aber ungeheuer viel gelernt

worden. Die Studenten waren einmal nicht verlegene Verfasser einer Bewerbung, sie übten sich als Arbeitgeber. Und plötzlich, aus der Sicht eines Arbeitgebers, verstanden sie, dass eine Universitäts-Sekretärin total nett sein soll, die ja mit ihnen als Studenten und dann mit vielen Wissenschaftlern in der Welt souverän umgehen muss. Sie verstanden, dass es darauf viel mehr ankommen würde als auf die Schnelligkeit beim Arbeiten oder die Zeugnisnoten. Sie verstanden, dass ein Sachbearbeiter in einem Finanzamt eben eine Steuerart ganz allein verantwortet und damit fast eine eigene Firma leitet. Ich hatte sie für ein paar Stunden dazu gebracht, mental als ganz normaler Abteilungsleiter zu agieren, der aus einem Stapel von zwanzig Bewerbungen drei oder vier wählt, die er anrufen will.

> Wenn Sie wirklich einmal »Erkenne dich selbst!« üben wollen, lesen Sie Ihre eigene Bewerbung als Arbeitgeber. Oder zeigen Sie mit Bitte um Kommentar das Anschreiben einem Kollegen mit der Lüge, sie stamme von einem Freund, der Feedback erbitte. »Was meinst du denn dazu? So gut ist das nicht, oder?« Dann hören Sie einfach nur zu.

Ich habe als Professor immer gemahnt, die Studenten sollten an das Leben denken. Ich war nicht wirklich erfolgreich. Aber bei diesem Seminar sagten Studenten: »Den würde ich wegen der hohen Semesterzahl nicht nehmen. Wenn der für alles doppelt so lange braucht! Furchtbar!« Oder: »Schon wieder ein Anschreiben, wo einer sagt, er würde sich schnell in neue Gebiete einarbeiten. Das heißt doch, er glaubt nicht, dass er das kann, was in der Anzeige verlangt wird.« Oder: »Er schreibt, er habe ein hohes Verantwortungsgefühl. Das finde ich ganz doof. Er schreibt es nur, weil es in der Stellenanzeige vorkommt. Ich würde akzeptieren, wenn er ein paar Monate im Pflegeheim oder als Jugendtrainer gearbeitet hätte oder so. Aber nur behaupten? Da lache ich drüber.« Ich saß dabei, hatte Mitleid mit dem Opfer und dachte bei mir, dass die kollektive Leistung der Studenten fast einem professionellen Personalberater Ehre machen würde.

Rituelle Ziele ohne Vorbilder und Ideale

Wir merken, dass wir nach vielen Jahren des bloßen Effizienzstrebens in eine Abwärtsspirale geraten sind. Wir wissen von Tag zu Tag besser, was uns fehlt. Schauen Sie in die Zeitung! Das fehlt uns:

- Zukunftsvisionen (welche?)
- Forschung und Bildung (mehr!)
- Innovation (mehr!)
- Kreativität (mehr!)
- Vertrauen und Emotionen (mehr!)
- Attraktivität für Kunden (mehr!)
- Nachhaltigkeit (überhaupt) und schnellerer Wandel (mehr!)
- Entschlossenes Umsetzen (überhaupt)
- Gleichstellung der Geschlechter (50 Prozent)
- Und immer noch, aber nicht so drückend – Profit

Das sind nicht einmal Ziele, sondern nur Richtungen! Dabei haben wir jahrelang nur die Kosten gesenkt. Die Richtung »weniger« hat zusammen mit enormem Druck gereicht. Es ist immer gesagt worden, dass unter jahrelangem Kostendruck alles das, was wir jetzt vermissen, zerstört wird. Nun ist es wirklich in großem Ausmaße zerstört. Aufbauen ist aber etwas anderes als einsparen! Fleisch züchten ist etwas anderes als Fett schneiden, die Zukunft auf Kredit verkaufen etwas anderes als eine aufzubauen. Um wirklich etwas aufzubauen, müssen wir schon wissen, was wir säen und züchten.

Effizienzstreben standardisiert, verbilligt und industrialisiert, aber es erschafft nichts Neues. Wenn wir wieder Fahrt in eine gute Zukunft aufnehmen wollen, müssen wir wieder erschaffen, und zwar eine Welt, in der die digitalen Technologien zur vollen Blüte gebracht werden. Da liegen natürlich die ungehobenen Schätze der Zukunft – wo sonst? Dazu ist es nötig, in solchen Gebieten ein paar Exzellenzstufen zu nehmen. Es reicht nicht mehr,

wenn wir Lehrlinge sind, auch nicht, wenn wir digitale »Gesellen« sind, die alle noch einer Anleitung bedürfen. Und vor dem Nehmen dieser Stufen müssen wir erst diese Stufen als Kenner erklimmen. Wir brauchen ein Ziel! Wir müssen die Arete des Digitalen verstehen und würdigen können. Erst dann können wir erschaffen, was wir verstanden haben.

Was aber geschieht? Wir bekommen Belehrungen, Telefonkonferenzen und Kongressvorträge über Richtungen und geforderte Grundkenntnisse, dazu Beschwörungen, wie wichtig alles ist. Noch vor zwanzig Jahren gab es zwei-, sogar dreiwöchige Lehrgänge in Management oder Führung, in Pädagogik oder Entrepreneurship. Vor zehn Jahren war man schon eiliger und hielt eine Woche für vollkommen ausreichend. Vor fünf Jahren senkte man typische Lehrgangsdauern auf zwei Tage, heute sind bald zweistündige Präsentationen über Computer (Bild) und Telefon (Ton) üblich. »Bitte blättern Sie in der vorher gemailten Präsentation auf Seite 47. Ich habe nur zwei Stunden Zeit, eigentlich sollte ich auch noch eine Frage beantworten können. Ich muss aber durch alle 200 Folien, sodass ich nur blättern kann. Das tue ich, Sie schauen es an und lernen das alles. Natürlich kann man es davon nicht lernen, da müssen Sie schon ein paar Wochenenden opfern. Im Grunde ist es für unsere Unterlagen wichtig, dass Sie alle diesen Pflichtkurs absolviert haben. Außerdem bitten wir Sie, diesen Kurs anschließend sehr gut zu beurteilen, sonst müssen wir ihn neu konzipieren und Sie zwingen, diesen Kurs zu wiederholen. Bitte helfen Sie uns also durch Ihre Beurteilung sicher zu sein, dass dieser Kurs exzellent ist.«

Die Kürze und Oberflächlichkeit der Kurse und Lehrgänge ist fast beängstigend. Im Grunde erfährt der Kursteilnehmer nur, welche Fähigkeitskomplexe genau vom ihm gleich nach dem Kurs erwartet werden. Es gibt einfach Kurse von Leuten, die eine Stunde über Kreativität oder Burn-out-Vermeidung referieren und dann zur Umsetzung auffordern, so wie man einen Übergewichtigen eine Stunde mit den Gefahren seines Zustandes vertraut macht und dann mit »Nimm ab!« den Kurs beschließt. Beim

nächsten Burn-out sagt man dem schwer Gezeichneten, er habe doch den Lehrgang besucht...

Ich bin ein bisschen bitter, das merken Sie sicher. Ich trinke jetzt am besten erst mal einen Früchtetee. Bing! Ich bekomme eine Mail. Sie glauben es nicht! Ich soll einen Kurs buchen (for only 119 $!). *»Repair damaged relationships, and transform competitiveness into cooperation«* (Stelle kaputtgegangene Beziehungen wieder her und transformiere Konkurrenzverhalten in Kooperation!) *»In just one day, discover a better way!«* (In einem Tag!) So einfach ist das: »Vertragt euch alle wieder und arbeitet zusammen, aber die schlechtesten 20 Prozent von euch werden natürlich aus Gründen des Arbeitsanreizes gefeuert, wir prüfen euch jeden Tag gegeneinander.« In dieser typischen Weise sollen Zerstörungen der Vergangenheit rückgängig gemacht werden.

> Die Ökonomie der letzten Jahre hat mit hohem IQ durch Effizienzstreben und einem »Noch-mehr-Stress« unsere emotionale und kreative Bildungskultur empfindlich gestört. Sinnfragen werden kaum noch gestellt. Die Wiederherstellung wird eine neue Generation betreiben müssen.

Wie kann man in dieser Situation unsere Hardware in Bezug auf alle unsere xQs wieder aktivieren? Ich kann Ihnen gerne Vorschläge unterbreiten, aber ich warne. Alle diese Konzepte verlangen dauerhaft sehr wesentliche Ressourcen oder Kulturgrundlagen:

- eine helfende und konstruktive Feedbackkultur,
- viel Zeit der Top-Könner für persönliches Kümmern um die nächste Generation,
- Inspiration, Tapetenwechsel, Personalentwicklung, Förderung.

Das weiß eigentlich jeder! Das Hauptproblem ist: Effizienzstreben ist eben kurzfristig ausgelegt, es ist ungeduldig, es setzt seine zum Teil schon grausamen Ziele mit Druck und Angsterzeu-

gung durch, es zwingt dazu alle Top-Leute eines Unternehmens restlos in ein Hamsterrad, sodass diese sicher keine Zeit mehr für irgendetwas anderes haben, als sich gegen den »Quartalsdruck« zu stemmen. Alle Ausbildung ist jederzeit kinderleicht zu stoppen, wenn die Kostenbremse getreten wird. Es gibt kaum Anstrengungen, die sich ohne kurzfristige Nebenwirkungen so gut vermeiden lassen wie das Kümmern um Menschen. Deshalb wird es regelmäßig getan.

> »Langfristig zahlt sich Bildung aus!«
> Jeder wiederholt das wie eine Gebetsmühle. Keiner will
> kurzfristig dafür »zahlen«. Das Gerede um
> mehr Bildung ist nur ein regelmäßig geübtes Ritual.

Die Unternehmen wissen schon, dass sich die Mitarbeiter beruflich auf der Höhe halten müssen. Sie fordern das aber nur von den Mitarbeitern als Ziel, ohne ihnen dafür Ressourcen zu lassen. Insbesondere Leistungsträger arbeiten heute so viel, dass sie keine Zeit dafür haben. Auf deren berufliches Können kommt es aber am meisten an! Das Wort *Employability* kam nach Deutschland. Ich höre es auf Tagungen – überall. In der deutschen Wikipedia wird es mit *Beschäftigungsfähigkeit* übersetzt. Dort heißt es: So wurde im Rahmen der *Lissabon-Strategie* der Europäischen Union 2000 vereinbart, die Förderung der Beschäftigungsfähigkeit zum Bestandteil der europäischen Beschäftigungsstrategie zu machen. Die *Lissabon-Strategie* (auch Lissabon-Prozess oder Lissabon-Agenda) ist ein auf einem Sondergipfel der europäischen Staats- und Regierungschefs im März 2000 in Lissabon verabschiedetes Programm, das zum Ziel hat, die EU innerhalb von zehn Jahren, also bis 2010, zum wettbewerbsfähigsten und dynamischsten wissensgestützten Wirtschaftsraum der Welt zu machen.

Nun haben wir ja 2011. Haben Sie etwas davon gemerkt? Man hat uns allen gesagt, wir müssten die Eigenverantwortung für unsere Employability übernehmen und uns beschäftigungsfähig halten (zynisch: wahrscheinlich bereit sein, zum halben Gehalt zu

arbeiten). Was sollen wir dafür tun? Ich zitiere weiter aus dem Wikipedia-Artikel zu Beschäftigungsfähigkeit:

»Empirische Untersuchungen haben bei Unternehmen folgende Anforderungsmerkmale identifiziert, die eine individuelle Beschäftigungsfähigkeit beeinflussen können:

- Fachliche Kompetenz
- Initiative und Aktivität, das Erkennen und Nutzen von Chancen
- Eigenverantwortung für Entwicklung und Ziele
- Zielorientiertes Handeln
- Engagement und Ausdauer
- Lernfähigkeit und Lernbereitschaft
- Teamfähigkeit
- Kommunikationsfähigkeit und Wirksamkeit in Kommunikation
- Empathie, Einfühlungsvermögen
- Belastbarkeit, Fähigkeit zum Umgang mit ungewohnten Situationen
- Konfliktfähigkeit und Frustrationstoleranz
- Aufgeschlossenheit und Offenheit gegenüber neuen Sachverhalten, Ideen, Prozessen und Erfahrungen
- Fähigkeit zur Selbstreflexion

Das ist die Wunschliste an uns alle! Aber es bleibt eine rituell vorgetragene Wunschliste wie eine aus der Bibel, wie Gott uns gerne hätte. Die Bildung zu unseren anderen Teilintelligenzen fehlt, niemand engagiert sich für unsere professionelle Bildung.

Warum gibt es diese Wunschliste? Weil darin das steht, was die Unternehmen an uns vermissen. Im Großen und Ganzen sind unsere anderen Teilintelligenzen und damit auch unsere Professionelle Intelligenz verkümmert. Man hat sie wegindustrialisiert!

Nun sieht man aber immer stärker, dass in den nicht industrialisierten Berufen alle diese Fähigkeiten immer stärker gebraucht

werden. Was tut man? Man legt uns einfach die Wunschliste ans Herz, und zwar mit der impliziten Drohung, dass wir dann eben nicht beschäftigungsfähig sind, wenn wir nicht alles wie gewünscht mitbringen.

Verschüttende Erziehung

Woher aber sollen wir das alles haben? Es scheint eine völlige Verwirrung darüber zu herrschen, was ein Mensch leisten kann. Um normale Wissensbildung zu erwerben, lernen wir zehn, zwölf oder bis zu zwanzig Jahre inklusive Studium – aber die anderen Bildungen hat man wohl schon automatisch nach einer zweistündigen Belehrung.

Mangelndes Verständnis für die Notwendigkeit einer professionellen Bildung

»Sei freundlich, zuversichtlich, optimistisch, begeistert, druckvoll, energisch, kreativ!« Wer das nicht gleich am nächsten Tag ist, strengt sich wahrscheinlich nicht genug an. In der Wikipedia heißt es im Artikel »Beschäftigungsfähigkeit«:

Nicht selten ruft das Anforderungsprofil der Beschäftigungsfähigkeit Verwunderung hervor, da das Vorhandensein der überfachlichen Kompetenzen als selbstverständlich angesehen wird. Empirische Untersuchungen zeichnen jedoch ein gegenteiliges Bild. Es ist durchaus nicht selbstverständlich, dass Beschäftigte diese Schlüsselqualifikationen mitbringen. Zwar werden die employability-bezogenen Qualifikationen für notwendig und wünschenswert erachtet. Die tatsächliche Ausprägung hingegen zeigt erhebliche Defizite. So ist ein deutlicher Unterschied zwischen dem Wunsch und der tatsächlichen Ausprägung der beschäftigungsfähigkeits-

relevanten Kompetenzen sichtbar. Lediglich die fachliche Kompetenz bildet eine Ausnahme.

Verwunderung! Die fachliche Kompetenz ist die einzige, die wir wirklich ausbilden! Deshalb haben sie auch alle. Wir sind doch aber nicht emotional, kreativ etc. ausgebildet! Auch die Arbeitgeber selbst sind das nicht!

Arbeitgeber sind verwundert, dass wir zum Beispiel nicht emotional intelligent sind, während wir alle sehen, dass sie selbst in allen xQs kaum besser sind als wir selbst. Es ist einfach gar nicht klar, dass man eine emotionale, kreative, vitale etc. Bildung erwerben muss, was wahrscheinlich genauso anspruchsvoll ist oder sein kann wie Goethes Faust zu lesen. Ich fürchte:

Die meisten Menschen haben eine so geringe emotionale, vitale, kreative, ästhetische, sinngebende Bildung, dass insgesamt gar kein Verständnis da ist, dass es sich um veritable Bildungen handelt, die sorgsam entwickelt werden müssen. Unser PQ wird gar nicht zu einer professionellen Bildung entwickelt.

Die zweistündigen Belehrungen über – sagen wir – emotionale Intelligenz verhalten sich zu ihr selbst wie das bloße Lesenlernen zum Deutschabitur. Vor allem diese Unbildung in Bezug auf andere Bildungen als die geistige Bildung macht uns im Ganzen so schrecklich unprofessionell. Zeit, Zeit und noch einmal Zeit wird gebraucht, um alle Teilintelligenzen im Menschen lebenslang zu entwickeln! Wir brauchen auch zuerst einmal eine kritische Masse an E-, A-, C-, V- und M-Bildung, damit sie an die neuen Generationen weitergegeben werden kann.

Wenn wir diese Intelligenzen zu Bildungen entwickeln wollen, müssen wir zusammenarbeiten, motivieren und coachen.

Ich höre aber überall, dass viele Manager und Lehrer nicht einmal die eigentliche Bedeutung der Wörter »Team«, »Motivation« etc. zu verstehen scheinen. »Motivieren« bedeutet für sie »Druck machen«. »Coachen« bedeutet »in sehr direkter Ansprache

offen die Mängel monieren«. »Team« bedeutet »alle hören auf mich«. »Überzeugen« wird als »lautes Erklären« verstanden.

Viele fühlen sich berechtigt, das so zu verstehen. Die Zeiten sind hart geworden! Viele Manager sind seit Jahren mit Lean Management und Einsparungen befasst und müssen entschlossen vorgehen. Firmen sind keine Sozialstationen! So sagt man heute ganz offen und meint es völlig ernst.

War man damals, in den Zeiten der viel menschenfreundlicheren sozialen Marktwirtschaft, emotional intelligenter? Damals schimpfte man allerdings nicht so offen. Man vermied Konflikte, indem man sich eigentlich nichts tat. Wir sahen drüber hinweg, wenn jemand nicht gut arbeitete. Wir schauten nicht so genau hin, wenn die Reisespesen nicht ganz sauber waren. Wir hatten getrennte Büros und telefonierten kaum, weil das teuer war. Wir hatten wohl genauso wenig emotionale, vitale, kreative oder insgesamt professionelle Bildung wie heute, aber wir brauchten sie nicht so sehr.

Der Glaube an die natürliche Selbstbildung des Menschen

Das Einmaleins pauken wir ein, Schillers *Glocke* ebenso – wir lernen und lernen. Es ist klar, dass uns unsere Eltern und Lehrer alles lehren. Allein können wir das nicht, so der allgemeine Konsens. Alles andere aber wird nicht so wichtig genommen. Wir denken, das Emotionale entstehe quasi nebenbei, wenn sich ein Kind oder junger Erwachsener ins Leben einpasst. Ich möchte diesen Gedanken kurz eingehender ausmalen, damit mein Argument wirklich scharf wird. Ich stelle Ihnen das bekannte Stufenmodell des Psychologen Erik Erikson vor (»Eriksons Eight Stages« aus *Symposium of the Healthy Personality, 1950*). Es beschreibt acht Phasen der menschlichen Entwicklung, die als Krisen oder Herausforderung eines bestimmten Lebensalters gesehen werden. Ich gebe die hier einfach als eine der prominenten Theorien wieder, und Sie schauen kurz drüber. Sie werden sehen: Es sieht ganz natürlich aus! So könnte es wirklich sein.

1. 1. Lebensjahr – Säuglingsalter: Ur-Vertrauen vs. Ur-Misstrauen
2. ca. 2–3 Lebensjahr – Kleinkindalter: Autonomie vs. Scham und Zweifel
3. ca. 4–5 Lebensjahr – Spielalter: Initiative vs. Schuldgefühl
4. ca. 6 – 11/12 Jahre – Schulalter: Werksinn vs. Minderwertigkeitsgefühl
5. ca. 11/12 – 15/16 Jahre – Adoleszenz: Identität und Ablehnung vs. Identitätsdiffusion
6. Frühes Erwachsenenalter: Intimität und Solidarität vs. Isolierung
7. Erwachsenenalter: Generativität vs. Selbstabsorption
8. Reifes Erwachsenenalter: Integrität vs. Verzweiflung

Erikson beschreibt diese Phasen als fruchtbare Krisen der Anpassung. Das Kind bildet langsam seine Identität. Es wird kraftvoller im Wachsen und trifft auf eine fordernde Umwelt. Eriksen sieht eine Konfrontation zwischen den Anforderungen des sozialen Umfeldes und den eigenen Bedürfnissen des Kindes. Zuerst baut es hoffentlich Vertrauen auf, dann beginnt die zweite Phase mit diesem typisch kindlichen »Ich kann das schon selbst«. Nach dieser Autonomieentwicklung beginnt es, etwas erreichen zu wollen, es wird selbst initiativ. Wenn es keinen guten Sinn für das Erreichbare hat, entwickelt es Frustrationen, es schreit eventuell, wirft alles an die Wand – andere behaupten nur großspurig, sie könnten alles, wenn sie nur wollten. Zu Beginn der Schulzeit entwickeln sich Fleiß, Konzentration und Ausdauer, dann folgt das Ringen um Akzeptanz in Freundesgruppen. Es folgen die Zeiten der Liebe und Partnerbildung, dann die des Beitragens im Leben (in Beruf und Familie). Erikson meint mit »Generativity« nicht das »Kinderkriegen« oder »Arbeiten/Erzeugen«, sondern wirklich das Beitragen zur Erziehung der Kinder und zum sozialen Wohl des Ganzen. Der reife Mensch fragt sich: »Trage ich etwas von wirklichem Wert bei?« Die Frage wird nach und nach abgelöst von dieser: »Habe ich etwas beigetragen? Habe ich mein Leben gut gelebt?«

Viele von uns stellen sich das so vor, genau so – oder? Diese Phasen müssen nicht genau stimmen, es können vielleicht noch ein paar mehr sein, sie können sich zeitlich verschieben, wenn Kinder »zu früh dran« oder »zu spät dran« sind. Aber insgesamt sehen wir unsere Kinder und uns selbst sich so entwickeln und erwachsen werden.

Haben Sie die verschiedenen Phasen im Sinne der Professionellen Intelligenz angeschaut und bewertet? Der Mensch will etwas können, will die Initiative ergreifen, will kreativ sein, will etwas zustande bringen, dann ein gutes Mitglied der Familie sein, danach unter seinesgleichen akzeptiert werden und später als Elternteil und Mitarbeiter etwas beitragen, um schließlich auf ein erfülltes Leben zurückzublicken. Eigentlich sieht ein solches Leben wie die Entwicklung zur Professionalität aus – »Beitragen«.

Was ist unprofessionell? Das haben wir uns schon angeschaut: »Ich misstraue meinen Kollegen.« – »Ich kann das nicht. Da muss mir einer helfen. Ich bin nicht zuständig.« – »Ich fühle mich immer unterlegen.« – »Meine Arbeitskollegen mögen mich nicht, obwohl ich mich anstrenge.« – »Sie sagen immer, ich soll doch mal etwas allein erledigen. Trau dir etwas zu! Komm nicht immer, wir sollen dir helfen, leiste einfach deinen verdammten Beitrag. Dabei habe ich drei Kinder, die mich allein schon überfordern. Wir wollten gar nicht so viele, es kam aber so. Jetzt haben wir die am Hals.« – »Manchmal weiß ich nicht, wozu ich überhaupt lebe.«

Wir denken, glaube ich, dass sich das irgendwie schon entwickelt (»Meine Tochter ist in der Pubertät, da sind sie alle eben schrecklich, war ich auch. Jetzt maloche ich.«). Ich sehe eher nicht, dass Eltern allgemein die Verantwortung bei sich sehen, diese Entwicklungsphasen des Kindes aktiv erfolgreich zu gestalten.

Auf einen Ausruf »Das kann ich schon allein!« kommen zehn Ermahnungen und Fernhaltungen der Art: »Das kannst du nicht. Du bist ein Baby.« Initiative ist für Erwachsene oft störend und wird erstickt. »Halte dich an die Regeln.« Usw.

Im Großen und Ganzen kümmern wir uns nicht darum, einfach das fruchtbar zu machen, was das Kind ja schon von sich

aus will: beitragen! Wir sorgen uns nicht um das Entwickeln der Professionellen Intelligenz zu einer professionellen Bildung. Wir sagen insbesondere in Deutschland: »Das Kind muss viel spielen, soll sich ruhig mal mit anderen hauen. Es muss sich einpassen lernen.« Das ist im Grunde ganz richtig, aber vielfach wird es so weit getrieben, dass Eltern die Kinder sich mehr und mehr selbst überlassen. Insbesondere Kinder aus prekären Verhältnissen oder mit nicht gut ausgebildeten Eltern können dann auch mit einer Schulausbildung kaum gut in das professionelle Zeitalter gelangen. Die aktive Mitwirkung der Eltern wird immer wichtiger, aber auch immer weniger gesehen. Man glaubt zu oft, alles regele sich von allein. Die Ganztagsschulen in anderen Ländern scheinen deshalb erfolgreicher zu sein, nicht privilegierte Kinder zu integrieren.

Feel-bad-Education und Schlechtfühlmanagement

Manche Eltern produzieren aber durch ihre »Erziehung« einfach nur Familiendramen. Sie bestrafen, bedrohen und bestechen Kinder durch Belohnungen. Der bekannte amerikanische Autor Alfie Kohn schreibt schon seit Jahren gegen diese unprofessionelle Unsitte. Lesen Sie am besten alle seine Bücher! Kürzlich, im April 2011, erschien eine Sammlung von Essays mit dem Titel *Feel-Bad Education* (»Fühl-dich-schlecht-Erziehung«).

Alfie Kohn beweist, dass Belohnungen nichts bringen. Er wettert gegen übertriebene »Rankings« oder »Rennlisten«, wo Kindern immer wieder gesagt bekommen, dass sie längst nicht der Beste sind. »Nimm dir an deiner Schwester ein Beispiel, die bekommt ein Stipendium, für dich müssen wir hart arbeiten.«

Die Kinder beginnen, die Erziehung zu fürchten. Sie fühlen sich schlecht, insbesondere ungeliebt, wenn sie versagen. Es hagelt:

- »Das kannst du nicht.«
- »Schäme dich!« – »Schon wieder in die Hose.«

- »Du bist schuld, verdammt. Ich sagte noch – pass auf!«
- »Warum hast du keine besseren Zensuren? Du bist nichts! Unter dem Durchschnitt!«
- »Du richtest dich nach uns, solange du noch nicht volljährig bist. Wo kommen wir denn hin?«
- »Dein(e) Freund(in) passt uns nicht. Von Liebe kannst du nicht leben.«

Das ist Anti-Erikson-Erziehung, nicht wahr? Ich habe diese Aufzählung schlimmer Elterntiraden einfach entlang der acht Entwicklungsstufen des Menschen gesetzt. Kinder kämpfen dagegen, sich schämen zu müssen, schuld zu sein, unfähig zu wirken, minderwertig zu sein, nicht geliebt zu werden, keine Identität entwickeln zu können.

Die Eltern nutzen nun (hoffentlich unbewusst) diesen Hebel, indem sie genau in der Wunde bohren, an der die Kinder ohnehin schon laborieren. Durch solche Schlechtfühlerziehung spricht man den Kindern die ganze Zeit ab, was sie eigentlich wollen: Autonomie, Initiative, Werksinn, Können, Identität und das Recht auf Geliebtwerden.

Die Kinder werden bei dieser Methode nicht gefördert, sondern bloß abstrakt gefordert. Sie sollen am besten die Besten sein, damit die Eltern keine weitere Baustelle haben und zum Vereinsabend gehen können. Schlechtfühlerziehung ist die einfachste Möglichkeit, die Kinder zu kontrollieren und zu lenken.

Genauso gibt es heute das unprofessionelle Schlechtfühlmanagement.

- »Das entscheide ich. Das dürfen Sie nicht selbst. Sie können es nicht.«
- »An Ihrer Stelle würde ich mich für das miese Abteilungsergebnis schämen.«
- »Sie sind schuld, dass das Ergebnis verhagelt ist und das ganze Team keinen Bonus bekommt. Alle können sich nun bei Ihnen bedanken.«

- »Warum sind Ihre Ergebnisse unterdurchschnittlich? Dafür gibt es keine Entschuldigung. Es kann nicht jeder der Beste sein – okay. Aber unter dem Durchschnitt?«
- »Solange ich hier Ihre Gehälter bezahle, machen Sie gefälligst, was ich sage. Zu Hause können Sie tun, was Sie wollen. Hier nicht. Wem das nicht klar ist, der soll gehen. Wenn Sie frei sein wollen, gerne, aber dann bezahle ich Ihre Gehälter nicht. Die sind mir übrigens zu hoch, denke ich gerade.«
- »Bitte lassen Sie Ihre Hobbys neben der Arbeit. Ich erwarte, dass Sie sich ganz und gar hier engagieren. Ich hasse es, wenn Sie am Montagmorgen regelmäßig glücklich von Ihrem Wochenendleben berichten. Ich erkenne, wie Sie das lieben und wie hoch engagiert und aktiv Sie da sind. Das geht nicht. Ich will, dass Sie sich hier glücklich engagieren. Ich werde bald jeden bestrafen, der nicht begeistert arbeitet. Sie sollen die Firma lieben und sich mit ihr identifizieren, nicht mit dem Privatleben.«

Schlechtfühlerziehung und -management verschütten selbstbestimmtes Handeln, Unternehmertum, Initiative, Kreativität, Sinnhaftigkeit und positive Emotionen. Sie töten alle Versuche ab, auf der Basis von EQ, VQ, AQ, CQ, MQ eine Persönlichkeit zu bilden und dann insgesamt auf der Basis unseres PQ ein wertvoller Mensch, Mitarbeiter und danach Elternteil und vielleicht Manager zu werden.

Feel-bad-Education zerstört, was aufgebaut werden soll. Im Ergebnis erschafft das Kind oder der Mitarbeiter unter titanischer Anstrengung etwas sehr mäßig Durchschnittliches. Es entstand bei bestem Willen, der immer wieder von oben frustriert und demotiviert wurde. Der große Vorteil dieses Erziehungs- und Managementansatzes ist die schlichte Einfachheit der Handhabung. Man brüllt herum und verlangt alles. Schon fertig – alle kuschen. Das Ergebnis ist dann nicht besonders gut. Woran liegt es? »Ich habe wohl nicht laut genug gebrüllt!«

Ich leide jetzt beim Schreiben. In meinem inneren Ohr klin-

gen solche Ausrufe nach. »Du gehörst nicht auf ein Gymnasium. Welcher Idiot hat dir eine Empfehlung gegeben.« – »Die Hälfte der Studienanfänger gehört hier nicht her. Wir müssen sie hinausprüfen, damit eine geordnete Lehre möglich wird.« – »Wer nicht mitziehen kann, soll seinen Firmenausweis hier abgeben.« – »Du und studieren, was für Flausen im Kopf. Geh arbeiten. Wir schauen erst mal, ob du das hinbekommst – du stehst ja nicht mal früh genug auf!« – »Ich bestelle jetzt die Super-Nanny, dann blüht euch etwas.«

Ich will sagen: Wir haben gar kein Problem mit den Kindern und Mitarbeitern, sondern eines in der anleitenden Generation, die Verschüttung betreibt. Die Super-Nanny erzieht deshalb auch regelmäßig die Eltern, sehen Sie das denn nicht? Ich höre nach meinen Vorträgen mit dem Tenor »Jeder soll Bildung erhalten« immer zynische Fragen, was wir denn mit dem zwanzigprozentigem »Bodensatz« unsere Gesellschaft machen sollen. »Na, Herr Dueck? Machen die auch Abitur?« Nein, wahrscheinlich nicht, denn sie sind verschüttet – von solchen Leuten wie denen, die so fragen.

Erfolgserzwingung durch Tigermanagement

Feel-bad-Erziehung oder Schlechtfühlmanagement sind unprofessionelle oder stümperhafte Methoden, mit denen Unprofessionelle noch halbwegs tolerierbare Ergebnisse erzielen können.

Eine andere Idee ist es, diese Methoden zur Kunstform zu erheben und durch ihren perfekten Gebrauch Schutzbefohlene zu Höchstleistungen zu zwingen. Das Strafen, Nichtloben, Herausfordern (in Denglisch »challengen«) und Niedermachen bei Niederlagen aller Art werden dann zu Teilwerkzeugen in einem Manipulationsportfolio.

Amy Chua, Juraprofessorin in Yale, legte Anfang 2011 das Buch *Battle Hymn of the Tiger Mother* vor, das zu konsequentester Strenge und absoluter Kontrolle der Kinder durch die Eltern auf-

ruft. »Tigermutter statt Kuschelmutter«. Es ist im Deutschen unter dem Namen *Die Mutter des Erfolgs – wie ich meinen Kindern das Siegen beibrachte* erschienen. Es müsste eher heißen: »wie ich sie zum Siegen zwang«.

Die Autorin schildert im Buch, wie sie ihre beiden Töchter zur Musikerlaufbahn zwingt. Die Torturen der Kinder sind unbeschreiblich. Der Erfolg: Die Ältere tritt mit 14 Jahren in der Carnegie Hall auf, die Jüngere wirft irgendwann die Violine unter Hassausbruch hin. Amy Chua fühlt bitter, dass sie hier gescheitert ist. »Die Methode geht zu 50 Prozent auf«, folgerte die F.A.Z.

Ich habe das Buch nicht gelesen, ich weiß nicht, ob ich es über mich bringen kann. Es wird mir wehtun. Ich kenne einige solcher Fälle selbst. Ich habe selbst als Professor furchtbar ehrgeizige Studenten gehabt, habe bei IBM viele Ehrgeizige gesehen und erlebt, und ich interviewe nun schon 25 Jahre lang Kandidaten für die Studienstiftung des deutschen Volkes. Da waren so einige Opfer von Tigereltern dabei, und ich kenne nicht wenige, die schon als Studenten neurotisch waren (und auch in Behandlung). Ich mag das hier nicht ausbreiten, ich bin einfach voll mitfühlenden Grauens, wenn ich merke, wie sich bei solchen Erfolgswütigen auf Monate genau sagen lässt, wann ein Burn-out oder eine Depression kommt.

Woran scheitern diese Menschen, die ich scheitern sah? Sie hatten fast sämtlich zu hohe Erwartungen an sich selbst, meistens durch ihre Eltern oder durch das Gefühl, mehr erreichen zu müssen als jemand anders. Fast alle waren sehr erfolgreich, aber nicht die wirklichen Sieger. Sie wollten zu stark nach oben. So stark, dass die Arbeitsergebnisse litten, die sie dann schönten und zu gut darstellten. Sie wurden unbeliebt, weil die Teams merkten, dass alle am besten für den Siegeskomplex arbeiten sollten, nicht aber für die Sache. »Wir sollen für seine/ihre Karriere schuften! Warum?« Leute unter Siegeszwang sind nicht mehr »attraktiv« oder kreativ. Sie zerstören viel durch die Ungeduld. Sie sollen doch nur gut sein! Sie müssen doch nicht alles überstürzen, am besten der »jüngste Goldmedaillengewinner der Geschichte« werden.

Diese auf Sieg Getrimmten kommen schon relativ weit nach

oben, aber dann wird die eigene Getriebenheit zu einem immer schwereren Klotz am Bein. In dieser Getriebenheit gehen sie nun Risiken ein, setzen Investitionen und andere Mitarbeiterkarrieren aufs Spiel und reißen bei Nichtsiegen viele andere Menschen mit in einen Strudel hinein. Sie sind oben, ja, aber gesamtwirtschaftlich produzieren sie zu viel Flurschaden.

All diese verschwendeten Energien! Die Tigerkinder müssen sich so sehr vor Tadel und Entehrung fürchten, dass sie ja auch diesen Seelenenergieverlust immer wieder durch Siege kompensieren müssen. Ein Sieg ist keine Freude oder gerechte Belohnung mehr, sondern Erleichterung für einen Tag – am nächsten Morgen werden die Tigereltern höhere Ziele setzen und mehr fordern. So fühlen wir uns heute bei Rekordquartalsergebnissen! Einen Tag sind wir erleichtert. Dann wird uns das nächste Quartal angekündigt, in dem wir noch stärker wachsen »müssen«. Und wir hören viermal im Jahr: »Sie werden das schon einige Male in Ihrem Leben gehört haben, aber dieses Mal geht es mir um die Wahrheit. Die reine Wahrheit ist: Dieses Quartal muss mit Wachstum abgeschlossen werden. Es wird das härteste Quartal unserer Firmengeschichte. Es ist unerlässlich, dass wir einen neuen Rekord hinlegen. Das bringt Erleichterung (›Relief‹). Sonst wird man uns zwingen, das Versäumte im nächsten Quartal aufzuholen. Das wünsche ich unseren Knochen nicht.«

Eine solche Art von Tigermanagement verschüttet alles um EQ, AQ, CQ und vor allem MQ. Surfen Sie ein bisschen über »Tigermütter«. Alle, die sich im Internet dazu äußern, verwenden Gefühlsbezeichnungen wie »dunkle Faszination« und vor allem »Unbehaglichkeit«. Verstehen Sie nicht, dass wir längst Tigermanagement haben? Fühlen Sie sich denn nicht schon die ganze Zeit unbehaglich?

Professionalität aber ist behaglich! Professionelle Bildung schafft eine Kultur des Gelingens. Tigermanagement produziert eine Kultur des gefühlten Misslingens. Professionals freuen sich auf das Gelingen, einfach um des Gelingens willen. Für Tigerkinder ist ein Sieg nur eine kurze Kampfpause vor dem nächsten Turnier.

Das Entfalten der Persönlichkeit bei guter Erziehung setzt einen selbstverstärkenden Prozess in Gang. Die Freude über den Erfolg macht Lust darauf, den nächsten zu erzielen (»positive Verstärkung«).

Die Tigermutter aber muss bei ihrer harten Erziehung immer wieder Energie von außen einschießen (Strafandrohungen oder Belohnungsversprechen), damit das Kind weitermacht. Manche Kinder suchen irgendwann den Erfolg von allein – sie lösen sich dann vom Straf-/Belohnungssystem, internalisieren den Erfolgszwang und werden vielleicht erfolgssüchtig – und erreichen damit das Erziehungsziel der Tigereltern. Andere Kinder verkümmern seelisch, wenn sie gar nicht siegen, wie es verlangt ist; für sie stellt das Nichtsiegenkönnen eine negative Verstärkung dar, gegen die eine Tigermutter irgendwann nicht mehr ankommt. Das Kind wird gleichzeitig von den Niederlagen und den Mutterforderungen zerschmettert. Wieder andere Kinder brechen nach einer gewissen Zeit aus (oft bei Erreichen der Volljährigkeit oder bei einer großen Liebe), rebellieren offen gegen die Tigereltern und lösen sich ganz von ihnen.

Mangel an Zeit, Einfühlung und Feedback

Es fehlt die Zeit für das Kümmern um Menschen. Die Eltern müssen sich um die vielen Intelligenzen der Kinder kümmern, die Begabungen entdecken und die Kinder anleiten, sich zu entfalten. Die Kinder müssen Vertrauen gewinnen, autonom werden, Initiative ergreifen etc. – die Eltern sind eigentlich dafür da, das Kind aktiv zu unterstützen. Warum muss ein Kind diese Phasen als »Krisen« und »Zeit der Konflikte« erleben?

Man muss doch nur alle diese dunklen Sätze wie »Das verstehst du nicht!« oder »Schäm dich!« fast gänzlich unterlassen. Die Kinder erleben die Krisen doch nur, wenn wir sie alleinlassen oder gar behindern.

Der Arzt hat keine Zeit, er verdient nichts, wenn er »nur« mit uns redet. So sieht es die Gebührenordnung für Ärzte. Also werden wir durch Untersuchungen geschleust, aber nicht beruhigt, geleitet und beraten.

Die Kindergärten überfüllen sich, die ErzieherInnen passen mehr und mehr nur auf. Die Musikschulen, die Einzelunterricht geben, stehen unter großem Kostendruck. Die Lehrer und Schüler fliehen mit der Pausensirene aus der Klasse. Das galt früher schon, nicht erst heute. Aber heute haben ja nicht einmal die Eltern noch richtig Zeit. Ich erinnere mich an ein einziges Mal, dass ein Gymnasiallehrer mit mir sprach. In der zehnten Klasse musste ich zum Direktor. Es war ein Donnerstag. Der fragte mich, ob ich eine Klasse überspringen wollte. Ich sollte meine Eltern fragen. Am Freitag sagte ich Ja. Er sagte mir, ich solle mich am Montag in der 11 ml wie Mathe/Latein melden. Das tat ich. Niemand wusste etwas davon. Wohl zehnmal stand ich peinlich da. »Ich bin der Neue.« Sie trugen mich ein, ohne Worte, kein einziges Wort, kein herzliches Willkommen. Ich werde das nie vergessen. Ich saß da, schwieg, gab auf Anfrage richtige Antworten …

Wie schön wäre es, es gäbe einmal ein kümmerndes Feedback! Das habe ich dann von meinem Doktorvater Rudolf Ahlswede erfahren, der vor Kurzem verstarb. Er war ein schwieriger Charakter, sehr leidenschaftlich und immer auf Konfrontation mit Kollegen. Auch uns fasste er nicht zimperlich an. Aber er diskutierte mit uns jede freie Minute. Wir haben im Juli 2011 einen Memorial-Day für ihn, und wir werden »alle« kommen und sehr andächtig sein. Er hat uns beigebracht, nach den wissenschaftlichen Sternen zu greifen.

Als ich 1987 zu IBM kam, stellte mich Rainer Janßen ein, heute CIO bei der Münchner Rückversicherung – noch ein Glücksfall in meinem Leben. Er leitete mich wirklich in den ersten Jahren meiner IBM-Zeit! An die Gespräche über mich, meine Zukunft und meine Projekte, an die hitzigen Diskussionen beim Eintopf in der Minikantine erinnere ich mich heute noch mit vollem Herzen.

191

Heute ist keine Zeit mehr, alle Zeit geht für Statusmeetings drauf, überall! Die Teams oder Abteilungen arbeiten von verschiedenen Orten aus, manche haben ihre schnell wechselnden Chefs nie persönlich gesehen. Die vernetzte Arbeit macht das nicht zwingend notwendig! Ich sagte ja schon, dass wir in Projekten und Task-Forces arbeiten oder für Prozesse verantwortlich sind. Wir arbeiten immer mehr auf uns selbst gestellt und bekommen unseren Chef noch weniger als früher zu Gesicht.

Wir bekamen früher unsere Vorbilder zu Gesicht! Wir gingen zu Konferenzen und Kolloquien, bei denen berühmte Leute zum Anfassen nah Vorträge hielten. Wir konnten spüren, was die Gurus dachten, wir konnten sie uns zum Beispiel nehmen. Wir wurden oft inspiriert! Das alles wird heute eingespart.

Bei IBM versuchen wir seit vielen Jahren, allen Mitarbeitern nahezulegen, sich einen bis drei oder vier Mentoren zu suchen, also erfahrene Mitarbeiter, die sie sich zum Vorbild nehmen könnten. Sie sollten sich ein paarmal im Jahr mit ihnen zusammensetzen und diskutieren. Wir schaffen es wirklich, dass vielleicht die Hälfte der Mitarbeiter sich aktiv um Mentoren kümmert. Viel Zeit verbringen sie dann nicht mit den Mentoren. Ich seufze. Die Zeit rennt uns davon, die Arbeitsdichte wird überall in jeder Firma immer größer, sodass wir in einer Atempause eher verschnaufen als einen Mentor aufsuchen. Das aber sollten wir tun!

- Mentoren zeigen »die verschiedenen Wege zu den Sternen«, sie beraten ihre Mentees in Bezug auf ihre Talente und xQs.
- Sie ebnen die Wege zu neuen Aufgaben.
- Sie sorgen für neue Erfahrungen und »Tapetenwechsel«.
- Sie stellen ihre Mentees überall vor und verschaffen ihnen Zugang zu ihren Netzen und Fachgruppen.
- Sie schicken ihnen relevante Informationen und diskutieren sie durch.
- Sie ermuntern auf jede erdenkliche Art, über den Tellerrand zu schauen.
- Sie sind eine Art gütige(r) Vater/Mutter, die der echte Vorgesetzte heute oft nicht sein kann.

Bei IBM möchten wir, dass jeder mehrere Mentoren hat, am besten welche von verschiedenem professionellem Typ und mit jeweils anderen xQs. Das geht gut, »wenn es gelebt wird«. Ich sagte aber schon, dass oft keine Zeit dafür ist, aber wenigstens ist es ein gangbarer Weg. Wer ihn gehen will, kann ihn gehen. Er muss nur Zeit aufwenden!

Zeit wird immer kostbarer. Heute sagen viele in tiefer Dankbarkeit: »Danke für Ihre Zeit«, wenn Sie mit jemandem einfach einmal jenseits offizieller Tagesordnungen sprechen konnten. Wann hat heute jemand für unsere Seele, für unsere Träume, unsere Ideen oder unsere Sinnvorstellungen Zeit?

Wie schon gesagt, ich interviewe seit langer Zeit Kandidaten für ein Hochbegabtenstipendium der deutschen Studienstiftung. Die guten Kandidaten sind fast immer die, die noch Zeit für alles andere haben, nicht gerade für alles Mögliche, aber Zeit für alles Kulturelle, Professionelle, Gemeinschaftliche etc. Sie sind Jugendtrainer oder für den Umweltschutz aktiv, sie spielen in Orchestern oder engagieren sich in der Kirche oder auch in der Politik. Sie kümmern sich um sozial Schwache und haben gute Beziehungen zu allen Forschern an ihrem Lehrstuhl. Sie wissen, was sie interessiert und worin sie viel später promovieren wollen. Sie haben Träume. Die Studienstiftung will explizit Hochbegabte fördern, die einmal als Bürger beitragen werden.

Das ist nicht so weit davon weg, dass wir Kandidaten mit vielen verschiedenen hohen xQs fördern wollen, nicht nur solche mit hohem IQ. Wir wollen Menschen, die sich schon früh professionell entfalten, die überall lernen, die neugierig die Augen und Ohren offenhalten und schon jetzt – in jungen Jahren – an noch Jüngere weitergeben, was sie jetzt schon schenken können. Wertvolle kümmernde Zeit vor allem.

Wer hat heute noch Zeit für uns? Zu jeder Tageszeit? So viel, wie wir wollen?

Auch wenn Sie diesen Gedanken nicht mögen und vielleicht giftig von sich weisen: Das Internet.

Blind gegen die Chancen des Internets

Das Internet bedeutet eine Zäsur in vielerlei Hinsicht. Vielen scheint der Vergleich mit dem Aufkommen der Schrift und später mit der Erfindung des europäischen Mobilletter-Buchdrucks durch Gutenberg um 1450 angemessen – mir auch. Wir erleben einen Leitmedienwechsel, der die Bildungssysteme durcheinanderwirbeln wird.

Der Computer hat immer Zeit für mich!

Die Digital Natives hängen derzeit schon eng an ihren digitalen Medien. Ein Smartphone und ein Tablet mit Internet, GPS, Navi und »Location-based Services« werden bald selbstverständlich sein. Sie gehören zum Menschen wie die Jeans, vielleicht sogar »direkt zum Körper«. Stationäre PCs brauchen wir dann zu Hause, wenn wir vor Riesenbildschirmen Videokonferenzen abhalten, mit Verwandten und Freunden skypen oder auf mehreren Bildschirmen arbeiten, während Teilbildschirme das schlafende Baby oder das Wetter am Urlaubsort zeigen. Mit dem Computer können wir die ganze Welt sehen, wir knüpfen viel mehr Kontakte in alle Länder, sehen viel öfter die weit weg wohnenden Verwandten und auch immer wieder die alten Freunde und Schulkameraden. Das Zwischenmenschliche verändert sich in gravierender Weise – so sehr, dass manche eine schreckliche Zeit mangelnder wirklich menschlicher Begegnung geradezu fürchten. Viele weigern sich wegen dieser Angst, einfach einmal die Neuen Medien auszuprobieren. Sie verweigern sich.

Das Netz verwischt die Grenzen zwischen der realen und der virtuellen Welt, zwischen der privaten und der Arbeitswelt und zwischen der lokalen Welt (»Heimat«) und der globalen. Die Gedanken darüber ändern sich schnell. Seit 15 Jahren gibt es ein einigermaßen akzeptables Internet, seit 12 Jahren Amazon, an das da-

mals die meisten nicht glaubten. Die Gründung von Yahoo löste Kopfschütteln aus, eBay stieß auf Skepsis. IBM wurde verdächtigt, die digitale Weltherrschaft übernehmen zu wollen, dann Microsoft mit Windows bis in die neuere Zeit, dann Google – und heute ist jeder in Facebook bei seinen Freunden. Wird Facebook jetzt alles beherrschen oder Apple mit dem App Store? Erst spielte man, dann wurde gebloggt, heute erfreut man alle Welt mit dem Drücken von »Like«- oder +1-Buttons.

> Was wir mit den neuen Medien tatsächlich anfangen,
> hat eine Halbwertszeit von vielleicht einem Jahr.

In den nächsten Jahren werden wir Micropayment-Systeme sehen, mit denen ohne »Einloggen« oder aufwendiges Dateneingeben ganz einfach im Internet bezahlt werden kann. Das wird zu einer Revolution im Internet führen. Ich könnte zum Beispiel auf meiner Homepage 10 Cents verlangen, wenn Sie eine Kolumne lesen! Bei derzeit etwa 250.000 Zugriffen im Jahr auf meine *Daily Duecks* käme schon einiges zusammen ... Genauso könnte man kleine Beträge für das Anschauen von Videos auf YouTube verlangen. Sollte ich dann noch Bücher schreiben wie dieses? Wäre es nicht besser, ich würde eine Vorlesungsreihe über den PQ ins Netz stellen? Möchten Sie von mir Seminare im Netz? Oder eine Beratung per Skype? Ich selbst grüble derzeit, wie mein eigenes Leben durch den Leitmedienwechsel durcheinandergewirbelt wird. Wie bringe ich den Inhalt von Sachbüchern in die Welt? Statt schriftlich jetzt als Video? Über einige Fragen des letzten Kapitels in diesem Buch habe ich zum Beispiel auf der großen re:publica 2011 im vollen Friedrichstadtpalast in Berlin geredet. Das Video ist im Netz bei YouTube. In den ersten paar Tagen sahen es sich schon über 10.000 Leute an. Wollen Sie es lieber so? Kapitel für Kapitel? Gegen eine kleine Gebühr auf der Homepage des Eichborn Verlages?

Vor denselben Fragen steht das Bildungssystem. Auf Konferenzen wie der re:publica fordern die begeisterten Digital Natives eine digitale Revolution im Bildungssystem (ich kann mich ge-

rade noch beherrschen – ich wollte tippen: in Klassenzimmer und Hörsaal ... braucht man die noch?). Digital Natives sind ganz überwiegend der Ansicht, man sollte sich den Lehrstoff im Internet aneignen und dann zusammen diskutieren und vom Lehrer gecoacht werden. Die klassischen Lehrer sind zum Teil empört.

Beide Seiten diskutieren hitzig, welche Methode sie besser finden. Im Grunde geht es aber darum, welche Methode bessere und effiziente Ergebnisse bringt. Auch das ist noch nicht der Punkt: Wir müssen ja auch die Bildungsinhalte verändern. Wir müssen mehr Zeitanteile für die Entwicklung unserer professionellen Fähigkeiten verwenden und wir lernen nicht mehr auswendig!

Wir werden die neuen Technologien mit großem Gewinn einsetzen können, zum Beispiel:

- Karaoke und Computerkomponieren statt Chorsingen!
- Erdkunde mit Google Earth!
- Alle Tiere und Pflanzen in einem Video-Wikipedia
- Supersprachkurse online – dazu Austauschschüler über Skype oder später ein »Video-Facebook«
- Geschichte in Kurzvideos über jedes Ereignis
- Personenbiografien als Videos
- Hörbücher und Videos für alle Opern und Dramen in allen Inszenierungen (Warum LESEN wir Dramen, wenn doch alle Aufführungen im Netz sind?)

Schüler könnten online Hausaufgaben machen und ebenfalls online am Abend eine Stunde lang die Lehrer um Rat fragen, die dann coachen würden ...

Früher mussten wir als Grundschüler durch das ganze Dorf laufen und Inschriften über den Bauernhaustüren entziffern, später Gräser oder Blätter sammeln, die wir nicht unterscheiden konnten. Warum nicht Rallyes per Navi im Smartphone? Warum keine Gräsererkennung per Smartphone vor Ort?

In den nächsten Jahren wird sich alles, aber auch alles verän-

dern. Nicht so schnell, weil die Lehrpläne und Prüfungsordnungen so inflexibel sind. Auch deshalb nicht so schnell, weil der Staub von Jahrhunderten weggeblasen werden muss. Die selbstgefühlte Rolle aller Erziehenden, Lehrenden und Herrschenden mutiert zum Helfenden und zum Entwickler.

> Die Lehrer und Professoren sind nicht mehr das Tor zur Bildung. Die Portale der Bildung sind mehr und mehr im Netz. Die Schüler und Studenten brauchen dann allerdings richtig gute Reiseführer in der virtuellen Welt.

Ich drücke mich jetzt ein bisschen, konkrete Vorhersagen über das Bildungssystem zu machen. Die meisten diskutieren ja heute noch so etwas wie »Lehrbücher im Netz« als kontroverses Thema. »Soll man alle Bücher auf dem iPad/Kindle oder dergleichen lesen?« Dabei müssen wir eigentlich nachdenken, ob wir im Netz und auf dem Computer andere Bildungsinhalte ganz anders als heute vermitteln können! Wir können dort Kreativität entwickeln und Lehrinhalte zu »Gefühlen« und »Konflikten« in Videoformen vermitteln. Wir können den ästhetischen Sinn ganz anders ausbilden und alles um Aufmerksamkeitserregung herum lehren … Die Neuen Medien bieten den Zugang zu allen xQs, die wir bisher nicht richtig entwickeln.

Das Netz ist immer bei uns. Wir können viel mehr lernen, aber wir brauchen – wie gesagt – dann auch viel Zeit für uns als zu trainierendes oder zu coachendes Individuum.

Alle Exzellenz ist im Netz zu sehen

Das Netz zeigt heute schon fast alle Vorbilder, alles Beste, Optimale, Prachtvolle, Schönste oder Intelligenteste.

Als ich in den 60er-Jahren das Gymnasium besuchte, mussten wir eine Rowohlt-Monografie über eine berühmte Person kaufen, um etwas über sie zu erfahren. Ich habe hier neben mir eine schöne Kollektion stehen, die ich eigentlich nicht mehr brauche.

Stimmt, sie könnte weg. Ich schaue heute ganz sicher bei Wikipedia nach und lese dann noch zehn weitere Artikel. Wenn ich mich früher für etwas interessierte, musste ich warten, bis auf einem von drei Fernsehprogrammen etwas Wissenswertes gezeigt wurde. Das saugte ich auf.

Im Hildesheimer Bahnhof gibt es noch heute eine Schülerbibliothek, da standen damals vielleicht an die 10.000 Bücher! Als Fahrschüler kam ich dort oft vorbei und wartete auf den Bus nach Groß Himstedt. Noch heute denke glücklich daran – da stand »meine Bildung«. Weil ich eine Klasse übersprungen hatte und mit 17 Jahren Abitur machte, musste ich immer verhandeln, ob ich Bücher lesen durfte, die nicht zu meinem biologischen Alter passten ... Edgar Allan Poe oder absurdes Theater waren ziemlich schwierig zu erhalten, da musste ich bei der Bibliothekarin längere Begründungen abgeben.

Das ist nun wirklich nur vierzig Jahre her! Inzwischen haben wir alles, aber auch alles im Netz. Ich bin dafür sehr dankbar, dass ich das erleben durfte. Sie nicht? Vielleicht wissen Sie das nicht mehr – sind Sie ein Digital Native? Dann sollten Sie sich in diese vergangene Zeit hineinversetzen und verstehen, wie erschrocken sehr viele Ältere über das Internet sind. Neulich wurde im *Handelsblatt* ein ungenannt gebliebener höherer Beamter zitiert, der unwirsch auf Forderungen der Öffentlichkeit reagierte, überall Breitbandnetze zu ziehen. »Mehr als 2 MB braucht niemand, und mehr eigentlich nur, um Pornofilme downzuloaden.« Die gab es früher gar nicht, Sünden wurden viel seltener virtuell begangen.

Fast nach jeder Rede von mir über Bildung überfällt mich geradezu ein aufgebrachter Analog Exile, der die gesamte jüngere Generation für absolut zu unreif hält, sich im Netz sicher zu bewegen. »Die können den Trash nicht von dem Wertvollen unterscheiden. Die glauben jeden Quatsch, der da geschrieben steht.« Ich versuche dann, unsere Boulevardpresse und Dschungelcamps dagegenzuhalten – keine Chance. Die Älteren sehen im Internet nur Gefahren. »Die lernen nichts mehr! Nichts! Die schreiben ihre Hausaufgaben nur ab.«

Die Emotionalität ist erstaunlich. Man sitzt einfach nur lieber in einem gut bekannten Sumpf als in einem noch unvertrauten?!

Im Phaidros-Dialog Platons stellt Teuth die Erfindung der Schrift vor – diese kommentiert Ägyptens König Thamus so:

> [...] *diese Kunst wird Vergessenheit schaffen in den Seelen derer, die sie erlernen, aus Achtlosigkeit gegen das Gedächtnis, da die Leute im Vertrauen auf das Schriftstück von außen sich werden erinnern lassen durch fremde Zeichen, nicht von innen heraus durch Selbstbesinnen. Also nicht ein Mittel zur Kräftigung, sondern zur Stützung des Gedächtnisses hast du gefunden. Und von Weisheit gibst du deinen Lehrlingen einen Schein, nicht die Wahrheit: wenn sie vieles gehört haben ohne Belehrung, werden sie auch viel zu verstehen sich einbilden, da sie doch größtenteils nichts verstehen und schwer zu ertragen sind im Umgang, zu Dünkelweisen geworden und nicht zu Weisen.*

Sehen Sie? Das ist Medienkritik aus der griechischen Antike: Man soll nicht nur lesen, sondern auch verstehen und gecoacht werden. Diese Bedenken von Platon gelten natürlich auch heute! Aber immerhin haben wir jetzt alle das Wissen im Netz, in Bangladesch, in Kenia, im Sudan und in Libyen – überall! Wir haben nicht nur Schrift im Netz, auch Kurse, Videos, Spiele, Diskussionsforen, Xing und Facebook. Google macht alles zugänglich. Ja, und wer gebildet sein will, muss alles diskutieren und verstehen.

Je mehr ich in den letzten Jahren über das Internet staune, desto nachdrücklicher denke ich: Wenn wir nun alle Vorlesungen von Sigmund Freud, Max Planck, Albert Einstein, Emmy Noether, Bertold Brecht, Friedrich Hegel, Arthur Schopenhauer, Erich Fromm, Thomas Mann, Lou von Salomé, Karl Jaspers, Max Weber, Paul Watzlawick und so weiter im Internet hätten – müsste man uns dann noch stark belehren? Könnten wir die heute maßgebenden Menschen nicht moralisch verpflichten, ein Jahr Pause dafür zu machen, alle Grundvorlesungen einer Wissenschaft vor der Kamera zu halten? Natürlich nur diejenigen, die gute Vorlesungen

halten! Und immer mal wieder, wenn sich das Wissen und die Wissenschaft neu entwickelt haben.

Ich frage also direkt, ob irgendein Durchschnittslehrer plus Text so viel geben kann wie diese leuchtenden Sterne der Menschheit ganz direkt. Für mich ist die Antwort NEIN, ich bin aber auch mehr Einzelarbeiter und -denker. Wenn das aber allgemein so ist, dann könnte uns das Internet im Prinzip mehr geben als jeder Mensch.

Bildung bedeutet, das Wertvolle einer Kultur zu kennen – und dieses Wertvolle ist jetzt praktisch frei verfügbar, während früher meine Welt des Wertvollen auf die Schülerwarteraumbibliothek beschränkt war.

Der Computer geht auf mich ein –
Lernstile und personalisierte Lernziele

Fast alle (oder alle großen) Bildungs- und Erziehungssysteme sind mit dem Mangel behaftet, dass sie sich nicht auf den Einzelfall einstellen können. Der Lehrplan ist für alle da, die Ziele werden meist allgemein vergeben, der Lehrer behandelt alle Schüler gleich. Der Manager behandelt alle Mitarbeiter gleich, die Eltern versuchen es bei ihren Kindern. Diese entsetzliche Inflexibilität wird meist gar nicht als Mangel empfunden. Ich höre mit Schaudern sehr oft das: »Ich habe drei Kinder. Wir haben sie peinlich genau gleich und damit gerecht erzogen. Sie sind aber sehr verschieden geraten, eines ist von der Bahn abgekommen, mit dem wir gar nicht klarkamen. Dafür können wir nichts. Wir haben uns nichts vorzuwerfen. Wir haben alle drei gleich behandelt. Bei den anderen beiden ist ja nichts passiert, eines ist sogar erfolgreich geworden.«

Ich möchte Ihnen das Problem aus einer anderen Perspektive verdeutlichen. Diese Perspektive sehen wir mit dem nötigen Ernst! Das ist bei der Bildung nicht so. Deshalb: Betrachten wir Ihren Chef. Dessen Führungsstil prägt die gesamte Abteilung. Wenn der Ihnen nicht liegt, haben Sie ein großes Problem. Sie be-

ginnen, Ihren Chef nicht zu mögen, was die Beziehung bald bei-
derseitig belastet. Er wird Sie dann auch nicht mögen! In diesem
Fall haben Sie eine schwere Zeit zu bestehen. Es ist besser, Sie suchen sich eine andere Arbeitsstelle. Darüber rede ich bei IBM öfter
mit Mitarbeitern, deren Mentor ich bin. Wir sagen bei IBM: »Man
bewirbt sich bei einer Firma, aber man kündigt bei seinem Boss.«
Der Boss ist meist das Problem! Bevor man kündigt, kann man
sich ja auch noch versetzen lassen. Dann berede ich also mit den
Mitarbeitern ihr Problem. Es kommt oft vor, dass der Mitarbeiter
selbst das Problem ist – er ist nicht professionell, erzeugt emotional unintelligent Probleme und will das nicht wahrhaben. Dann
nützt eine Versetzung nichts, weil der Mitarbeiter sein Problem
(sich selbst) überallhin mitnimmt.

Die beiderseitigen Probleme, die Dysprofessionalität von
Mitarbeiter und Manager, prägen das gewohnte Jammerbild in
schiefen Beziehungen. Wir kennen dieselben Probleme auch unter
Gleichen, etwa in einer Ehe, in der beide Partner aufeinander her-
umhacken und von ihren jeweiligen Freunden jeweils gegenüber
ihrem Partner Recht bekommen. Na klar bekommen wir immer
Recht *von Leuten, mit denen wir klarkommen!*

Dauernde Schwierigkeiten in Beziehungen und im Betriebsklima sind das große Problem bei der Arbeit. Deshalb werden alle
Manager über Teamstrukturen, Führungsstile, Beziehungsma-
nagement, emotionale Intelligenz und Konfliktbewältigung aufgeklärt. Dabei geht es vor allem darum, dass Manager zu verschiedenen Führungsstilen neigen, die nicht immer angemessen sind
und Schwierigkeiten bereiten. Mögliche Führungsstile sind (es
gibt noch mehr davon und viele Bücher darüber):

- Autoritärer Stil (der Chef entscheidet allein)
- Demokratischer Stil (die Abteilung entscheidet mit
  Mehrheit oder im Konsens)
- Schrittmacherstil (der Chef setzt herausfordernde Ziele und
  dringt ständig auf Erfüllung)
- Coaching-Stil (der Chef sieht sich als Trainer der
  Mitarbeiter)

- Vorbild-Stil (der Chef ist leuchtendes Vorbild und zieht alle mit)

Alle diese Stile haben Vor- und Nachteile, die ins Auge springen. Autoritäre Manager neigen zur Diktatur, demokratische zur Entscheidungslosigkeit, Schrittmacher zum menschenschindenden Hetzen. Der Coaching-Stil und der Vorbildstil gelten als bessere Stile, verlangen aber eine viel höhere Professionalität der Manager. Sie sind besser, werden aber kaum beherrscht. Man muss immer fragen:

- Welcher Führungsstil ist in welcher Situation angemessen?
- Welche Stile beherrscht eine Führungskraft überhaupt?

Der einfachste Stil ist wahrscheinlich der Schrittmacherstil (im Amerikanischen »Pacesetting Style«). Man definiert hohe Ziele für alle Mitarbeiter (»Stretch-Targets« oder »Must-win-Goals«) und fragt ständig nach, wie weit die Mitarbeiter sind. Es wird durch hohen Anspruch und ständig stressenden Druck gemanagt. Dieser Stil ist leicht umzusetzen. Ich kann ihn fast gar nicht ohne Sarkasmus weiter kommentieren. Sie merken ja selbst, dass wir fast alle in dieser Zeit von massenhaft auftretenden Pacesettern gequält werden, die ganz unbeleckt von jeglicher Fachkenntnis Resultate sehen wollen, »nicht mehr und nicht weniger«. Die Mitarbeiter werden bei diesem Stil gar nicht als Menschen wahrgenommen, sondern nur als Ergebnisbringer oder als Ergebniszahl.

Es gibt eine überbordende Literatur zu Führungsstilen, weil die für Mitarbeiter entscheidend lebenswichtig sind und weil Karrierewillige dort Tipps und Tricks für den Weg nach oben suchen. ABER: Wir werden von Pacesettern dominiert.

- Pacesetting braucht die wenigsten Fähigkeiten (nur Ziele durchstellen und »tracken«).
- Ein System aus lauter Pacesettern ist am leichtesten mit Tabellen und Zahlen zu managen.

- Es kommt mit einem Minimum an »individueller Psychologie« bzw. Menschenzuwendung aus, die eher in die Incentive-Systeme durch Boni, Bewertungen und Sonderzahlungen (»Motivation«) eingearbeitet wird.

Im Durchschnitt organisieren wir uns so. Wir hassen es.

Kehren wir zur Bildung zurück. Kinder können eben auch über die genannten Führungsstile »gemanagt« oder erzogen werden. Es ist unstrittig – auch hier – dass der Coaching-Stil und der Vorbildstil am angemessensten sind, aber auch hier kaum beherrscht werden. Die Schulen und Universitäten ufern zu Prüfungsanstalten und Punktevergabeorganisationen aus, in denen Schüler hinter Noten und Studenten hinter Bachelor-Credit-Points hinterherhetzen. Nur das Zahlenergebnis ist relevant! Man hofft dann, dass jeder, der guten Zahlen erbringt, auch gebildet ist – so wie gute Zahlen bei der Arbeit hoffentlich auch gute Arbeit bedeuten. Nach der Arbeitswelt kehrt der Pacesetter-Stress jetzt auch in den Bildungseinheiten ein. Irgendwann gehen die Eltern zu Pacesetting-Erziehung über und vergeben Punkte, die gegen zusätzlich erlaubte Internetstunden eingelöst werden können. Unsere Führungs- und Erziehungssitten verkommen.

Gönnen Sie sich ein paar Minuten und googeln Sie nach den Wörtern »Lehrstil« oder »Education Style«. Na? Fast nichts! Manager, auch die Pacesetter, wissen wenigstens noch, welche Führungsstile es gibt. Es wird diskutiert, weil die Personalentwickler in den Unternehmen meist Anhänger der Coachingstile sind und selbst von dem allgemeinen Gebrauch der emotionalen Intelligenz träumen, so wie Pfarrer von allgemeinem Christentum. In den Schulen und Wohnküchen aber breitet sich das Pacesetting aus. Irgendwann während der Grundschulzeit hört die individuelle Behandlung des Menschen auf. Darunter leiden wir bei der Arbeit ganz entsetzlich. Warum aber rufen wir nicht zur Revolution auf? Fast alle von uns wissen, dass es individuelle Lernstile gibt!

Manche lernen am besten durch

- Tun und Experimentieren
- Zuhören und Am-Redenden-Orientieren
- Lesen und Mitschreiben, Lesen und schriftlich Üben
- Anschauen, Sehen und In-sich-Aufnehmen

Es gibt auch individuelle Arbeitsstile. Wir sind, je nach Stil, am liebsten Praktiker, Helfer, Problemlöser, Forscher, Kreativer oder Organisator.

Wir sind also als Eltern, Kinder, Schüler, Studenten, Lehrer, Professoren, Mitarbeiter oder Chefs immer wieder in der gleichen Weise verschieden! Und das ist für uns selbst sehr wichtig! Jedem Schüler ist sein Lernstil wichtig, jedem Mitarbeiter sein Arbeitsstil, jedem Manager sein Führungsstil.

Es ist aber am wichtigsten, dass die »Chemie stimmt«! Der Lehrer muss zum Schüler passen und der Chef zum Mitarbeiter. Die Stile müssen »miteinander können«.

Das ist durch Zufall oft der Fall, sehr oft nicht. Dabei wird es meist belassen. Man hat Glück oder Pech mit dem Lehrer oder dem Chef. Man muss es hinnehmen wie Regen und Sonne.

So, das war ein langes Argumentieren auf diesen einen Punkt hin, den Sie aber nach der Überschrift dieses Abschnitts sicher schon haben kommen sehen:

Das Internet ermöglicht Lernen im individuellen Lern- und Arbeitsstil. Lehrmethoden und Darbietungsformen können für jeden Stil getrennt geboten werden. Das Lernen kann schnell oder langsam getaktet werden – jeder arbeitet in seiner präferierten Lerngeschwindigkeit. Das Lernen einer Klasse oder Abteilung muss nicht mehr im Gleichschritt erfolgen, es kann asynchron ablaufen.

Manche lesen also, manche schauen Videos an, andere joggen mit Hörbüchern. Wieder andere schreiben und noch andere spielen. Jeder, wie er am besten lernt!

Ich habe oben argumentiert, dass Vorträge von Goethe-Texten als Video besser sein werden als die des Dorflehrers live. Hier füge ich also hinzu, dass durch das Internet gestützte Methoden jeden so arbeiten lassen können, wie es seinen Begabungen und Lernpräferenzen entspricht.

Das Internet ermöglicht, den verschiedenen Reifegrad der Schüler zu berücksichtigen. So wie man an der Uni die Vorlesungen in relativ freier Reihenfolge hört, so könnte man auch die Schulpflichten in freier Zeitplanung absolvieren. Schüler könnten in manchen Fächern weit sein, in anderen nachhinken. Das ginge, wenn viel individueller Unterricht im Internet genommen und die Lehrer die Schüler in persönlichem Gespräch individuell coachen würden.

Ich will also nicht den Unterricht ganz ins Internet verschwinden lassen, sondern Zeit zum Coachen schaffen. Wie beim Einzelunterricht in der Musikschule! Geübt wird zu Hause – und im Unterricht wird unterwiesen.

Der Umgang mit Menschen, mit Emotionen und vor allem Sinn wird am besten im Direktkontakt mit Menschen erworben, die man sehr gut kennt. Ja, und auch wenn das viele nicht mögen: Wenn man sich gut kennt, lässt sich auch wieder vieles über Bildtelefon regeln ... Ich arbeite schon seit Jahren virtuell über Telefonkonferenzen und coache auch meine Mitarbeiter »virtuell«. Das geht ganz gut! Aber es ist sehr wichtig, dass man sie zu diesem Zeitpunkt bereits wirklich gut kennt!

Internet und Professionelle Intelligenz

Was bedeuten denn alle diese Stile? Ich habe mit Ihnen Lernstile, Management- oder Führungsstile, Lehr- oder Unterrichtsstile und Arbeitsstile diskutiert. Immer kommen die gleichen Varianten vor: Es gibt strukturierte, kreative etc. Weisen, mit dem Lernen, der Arbeit und der Führung umzugehen. Dahinter steht natürlich immer unsere Persönlichkeit. »Erkenne dich selbst!«

Aber im Grunde beobachten alle diese Theorien und Lebenserfahrung nur, dass wir – jeder für sich – verschiedene professionelle Begabungen aufweisen, also insbesondere auch verschieden starke Teilintelligenzen.

Jede Teilintelligenz – die klassische, die emotionale, die vitale, die kreative, die für Attraktion und Sinn – hat ihre jeweilig beste Lern-, Lehr- und Führungsmethode. Kreativ Begabte lernen zum Beispiel lieber unstrukturiert, vital Begabte lieber praktisch, emotional Begabte im Team. Diese simple Erkenntnis bleibt im herkömmlichen System des Frontalunterrichts und auch in Frontalmanagementmeetings ohne Konsequenz. Es wird nur klassisches Wissen bzw. eine beschlossene neue Strategie vermittelt oder neuerdings per Computer »präsentiert«.

Das insgesamt Professionelle ist damit gar nicht auf dem Radarschirm der heutigen Bildung und Führung, soweit es sich nicht schon heute um individuelles Coaching bemüht.

Internet-gestützte Methoden können die Teilintelligenzen individuell fördern!

Der synchrone Unterricht besonders in der Schule berücksichtigt keine Reifegrade und Begabungen. Ich selbst bin ja Mathe-Professor und muss fast jeden Tag ein Ächzen der Art »Mathe hab ich nie gekonnt« zur Kenntnis nehmen. Ich muss bei meinen Reden darauf achten, dass meine PowerPoints möglichst auch die Fachwörter in Deutsch zeigen, was in der IT gar nicht so einfach ist. »Englisch können wir in unserer Weltfirma nicht!«, wird mir oft gesagt. Ich sehe, dass die meisten Leute Schwierigkeiten haben, einen Sachverhalt vernünftig argumentierend in Worte zu fassen. Die gravierenden Mängel beschränken sich nicht auf die Mathematik – mit denen wird nur gerne kokettiert. »Ich verstehe immer noch kein Englisch!« oder »Ich schreibe nur sehr ungern!« wird selten gesagt. Die Mängel sind aber in allen Fächern spürbar.

Es mag daran liegen, dass weniger talentierte Schüler Jahr für Jahr in immer schwierigere Stoffgebiete mitgeschleppt werden, von denen sie weniger und weniger Ahnung haben. Sie jonglieren auf Vier-minus-Absturzniveau und schlängeln sich durch. Wer einmal beim Bruchrechnen versagte, lernt es später nie mehr, weil es nicht mehr drankommt. Oder generell: Wem die Grundlagen fehlen, dem wachsen sie später auch nicht mehr zu.

Später klagen die Unternehmen, dass die jungen Menschen weder Bruchrechnen noch das Verfassen von Bewerbungsanschreiben verstünden.

Warum verweilen wir nicht so lange bei der Grundbildung, bis sie fest drinsitzt? Das geht nicht, weil das Klassensystem einheitlich fortschreitet.

Der Computerkurs für das Bruchrechnen, der Kurs für das Schreiben wird aber immer bei uns sein! Im Internet werden wir nicht nur verschieden schnell ausgebildet werden können, sondern auch verschieden komplex auf verschiedenen Niveaus. Grundenglisch bis Poetensprache – alles wird da sein! Lehrer können das so individuell alleine nicht leisten, das Internet schon. Es lohnt sich für ein ganzes Land oder sogar für die ganze Welt, Kurse in allen Zeittakten, für alle Lernstile, Präferenzen und Begabungen im Internet bereitzuhalten.

Ja, ich weiß, die derzeitigen Lehrgänge sind meist noch ungenügend, zum Teil dümmlich oder unprofessionell. Ja, ich weiß, aber es gibt ungleich mehr untaugliche Bücher wie »Abi schneller in 30 Stunden«. Jeder kann so etwas publizieren oder ins Netz stellen. Aber wir brauchen nicht Tausende solcher Kurse, sondern nur ein paar – weltweit! Das müsste doch zu schaffen sein?!

Auf welche Weise? Ich bin derzeit dabei, für eine Open-Source-Bewegung zu werben ...

»Collaborative Learning, Living, Culture,
Creation, Innovation, Emotion, Vision«

Das Internet umspannt die Welt, die zum globalen Dorf
wird. Wir können weltweit ohne Grenzen zusammenarbeiten.
Das Modewort »collaborative« macht schon länger die Runde.

Wir sehen verschiedene Zusammenarbeitsformen:

- Globale Telefonkonferenzen und Videokonferenzen
- Internationale Teams
- Gemischte Forschungsverbünde aus Instituten und Firmen
- Weltweite Entwicklung von Produkten, die überall
  vermarktet werden sollen
- Internetpatenschaften
- Gemeinsames Engagement für »Sinn« (Wikipedia,
  Greenpeace, die Facebook-Revolution in Ägypten)
- Häufige Auslandslandaufenthalte werden die Regel, auch
  bei Studenten und Schülern

Wir kommen mit allen anderen Kulturen in Berührung, das
Internet führt zu Aufklärungsrevolutionen in Diktaturen wie das
frühere »Westfernsehen« in der DDR. Die Welt beginnt ein ganz
ungewohntes Zusammenrücken und Zusammenleben. Die Arbeitsteilung erfolgt weltweit.

Wo sollen wir das lernen? Im Hörsaal? Vor der Kreidetafel?
Warum kann der Unterricht nicht auch zusammen mit Schulklas-
sen in den USA oder in Brasilien stattfinden? Warum kann nicht
jeder deutsche Schüler einen Schüler in einem unterentwickelten
Land fördern? Direkt! Nicht nur durch das Spenden von einem
Sack Reis.

Es gibt hier ein weites Feld von Möglichkeiten, die Digital
Natives wären begeistert, die Schulräte wahrscheinlich nicht. Die
modulare Struktur der Lehrpläne und der einheitlichen Prüfungen
sind mit individuellen Bildungshistorien und weltweit verstreu-
ten (und damit unvergleichbaren) Aktivitäten unvereinbar.

Dieses weite Feld der Möglichkeiten muss erst noch eröffnet werden. Wie werden wir virtuelle Paten eines Sudanesen? Woher nehmen wir Planspiele für Wirtschaftsunterricht? Oder virtuelle Experimente, die wir mit Statistikprogrammen auswerten? Warum gibt es in Wikipedia noch keine Präsentationen zu typischen Lehraufgaben? Könnten wir dort nicht Super-Luxus-Sprachkurse anbieten? Programme zum Komponieren, dazu alle nötigen Rhythmen und Vorlagen für Karaoke? Alle Noten, auch gleich zum automatischen Abspielen auf Computern? Könnten wir nicht Baukästen wünschen, mit denen wir Elektrifizierung lernen oder generell virtuelle Experimente starten können?

Wir müssten Lexika haben, die Antworten in verschiedenen Schwierigkeitsgraden geben oder für unterschiedliche Altersgruppen oder Kulturen. Alle Texte gäbe es zu lesen und zu hören. Die Sekundärliteratur stünde dabei.

Für jedes Tier, jede Pflanze, jede ärztliche Behandlung, jede Autoreparatur jeder Marke wäre ein kleines Video da. Alle Beipackzettel von Medikamenten wären zu finden, alle Produkte mit Bedienungsanleitung. Alle Kunstwerke wären zu sehen – als Bild oder als Video, zusammen mit Erklärungen. Alle geschichtlichen Ereignisse, alle Biografien …

Kurz: Ich möchte das gesamte Kulturgut, das sich in Schrift, Audio, Video, Planspiel, Präsentation, Experimentierkasten, Geo-System, Landkarte oder sonstwie darstellen lässt, gut sortiert ins Netz stellen.

Die heutige Bibliothek ist nicht so sehr viel weiter als die von Alexandria in Ägypten. Dort lagerten bis zur Feuerkatastrophe zur Zeit Ceasars etwa 500.000 bis 700.000 Schriftrollen, was heute knapp 100.000 Büchern entspräche (die Legende berichtet von einer Inschrift »Hier ist der Platz zur Heilung der Seele«, was natürlich etwas anderes, mehr Geistiges meint – die ägyptische Seele »Ba« ist ein anderer Begriff). Die Library of Congress kommt heute auf mehr als 30 Millionen Bücher, aber es sind immer noch Schriften wie im alten Ägypten.

Jetzt könnten wir zu einem großen multimedialen Sprung ansetzen und »alles« ins Internet stellen! Alles, alles, alles!

Das wird leider nicht so einfach sein, weil sich irgendwelche Gremien wohl erst viele Jahrzehnte über die Katalogregeln, Bezahlmodelle, Bezahltechnologien und Urheberrechte auch für künftige geistige Leistungen einigen müssen. Aber ich denke, man könnte ein solches Projekt einfach mit vielen Tausend Digital Natives in Open-Source-Form beginnen, so wie das Betriebssystem Linux und die Wikipedia entstanden sind. Ich plädiere gerade dafür – tja, mal sehen, ob ich es noch erlebe. Ich weiß, was Sie jetzt sagen: »Das gibt es schon.« Ich weiß, dass Google die Bücher scannt, dass das Projekt Gutenberg viele Buchtexte im Internet bereitstellt und einige Stifter und Wissenschaftler schon mit dem Sammeln von Lehrvideos begonnen haben. Das sind gute Anfänge, aber es sind einzelne Aktivitäten. Es ist noch keine durchgängige Infrastruktur erkennbar – und die brauchen wir! Nicht weniger als eine neue Infrastruktur.

Leitmedien- und Leitstilwechsel

Stellen Sie sich solche Internetportale doch schon einmal vor! Alles da! Alles drin! Alle Teilintelligenzen können dort Futter finden, sich zu einer entsprechenden Teilbildung zu entwickeln.

Wie werden die Lehrer insgesamt als heute physisch überalterter Berufsstand auf die neuen Entwicklungen reagieren?

»Die Reformen dauern noch Jahre. Da bin ich pensioniert. Das muss ich mir nicht mehr antun.« Ich selbst stehe ja auch nahe der Pensionsgrenze, aber ich lebe doch noch vierzig Jahre? Oder zählt das Leben nur noch bis zur Rente? Wollen wir es uns einfach machen und das Feld eifernd und mürrisch meuternd den Digital Natives überlassen, von denen die ersten jetzt Junglehrer oder wissenschaftlicher Assistent werden? Wer übernimmt denn nun

die Verantwortung für den notwendigen Wechsel in eine professionelle Zukunft? Wer ist professionell genug, dass er sie übernehmen könnte?

Wer bildet nun unsere anderen Intelligenzen aus,
wenn sie doch noch kaum jemand hat?

Wer bildet das Kreative, Sinnvolle, Vitale, Emotionale und den Sinn für Attraktivität und Schönheit in uns aus? Wer führt uns zur Professionalität?

Digital Immigrants und Analog Exiles erziehen
Digital Natives – wie geht das?

Die Lernstile der Digital Natives sind vielleicht nicht viel anders als in unseren alten Generationen, es wird immer noch dieselbe Prozentzahl unter ihnen geben, die am liebsten durch Lesen und Schreiben lernen. Die aber, die am liebsten hören und sehen oder praktisch anpacken, müssen sich nicht mehr auf die hölzern nüchterne Schulbank zwingen lassen. Sie haben jetzt im Vergleich zu früher ein Eldorado an neuen Möglichkeiten. Es gibt ja nun Bilder und Videos statt der Bücher und Mitschriften!

Der typische »neue« Digital Native surft in mehreren Quellen auf gut Glück und findet sich langsam in ein neues Thema hinein. So mache ich das auch, Alter hin oder her. »Wir« lesen nicht mehr in wenigen anerkannten Quellen, die uns eine Autorität empfiehlt, schon gar nicht übernehmen wir nach dem Lesen eine Lehrmeinung einfach als eigene. Wir surfen doch nach vielen Lehrmeinungen und bilden uns dann eine eigene!

»Wir« arbeiten an vielen Aufgaben parallel. Konsequentes Schritt-für-Schritt-Abhaken ist ätzend. Wir sehen lieber Bilder und Videos, lesen kaum noch Bücher ganz durch. Wir surfen nicht nur im Internet, sondern wir fragen in unserem Netzwerk. »Hat jemand eine Idee?« Wir nehmen zurückkommende Anregungen auf und verfolgen unser Interesse in wechselnden Medien weiter.

Das geht viel schneller als das Lesen anerkannter Texte! »Wir« lernen das, was gerade anliegt – ganz schnell. Wir lernen nicht für ein späteres Leben oder für die Halde. Wir hassen das. Wir vergessen doch eh alles! Können Sie noch Latein? Es ist wunderbar so, weil das Lernen für einen jetzigen Zweck sofort ein Erfolgsgefühl gibt. Wir wenden gleich an, was wir lernen. Das macht Freude! Wir lernen auf diese Weise das wirklich Relevante. Alles, was wir lernen, wird gleich angewendet und verwandelt sich sofort in Erfahrung. Wir arbeiten zusammen und netzwerken mit Freunden. Wir sind nicht mehr außerhalb des Klassenzimmers oder des Hörsaals mit unseren Aufgaben allein.

Klassische Lehrer werden nach und nach alle Autorität verlieren. Dieses Thema habe ich schon vor vielen Jahren zu diskutieren begonnen. Ich erklärte am Anfang des Buches, dass Lehrer kaum noch Wissensautorität oder gar einen Wissensvorsprung haben. Nun aber werden auch die Lehrmethoden, Lehrformen und Lehrstile infrage gestellt.

Erziehungsstilwechsel

Die Wirtschaft fordert professionelle Mitarbeiter, die schon gut entwickelte Persönlichkeiten sind. Die Bildungs- und Erziehungssysteme liefern Menschen mit gutem Fachkönnen, nicht mehr.

Die Eltern sind als Analog Exiles oder Digital Immigrants kaum in der Lage, für die Erziehung zu einer Professionalität im digitalen Zeitalter zu sorgen.

Die Lehrer sehen sich als Fachwissensvermittler und sehen das Entwickeln einer emotionalen, vitalen, kreativen etc. Bildung als »Erziehungspflicht der Eltern«. Sie weigern sich also implizit, über den Tellerrand der alten Zeit zu schauen und die enorme Aufgabenerweiterung für sich anzunehmen. »Das ist nicht schaffbar.« Doch, und zwar mit dem Internet und dem Wechsel des Lehrstils! Der coachende Lehrer ist gefragt, auch besonders der, der Vorbild ist. Das wird schwerer, ja, aber es geht! Derselbe Umbruch

wird von den Führungskräften der digitalen Zeit verlangt. Besonders aber die Lehrer sollten Vorreiter in der digitalen Zeit sein, es geht doch in die Wissensgesellschaft!

Innerer Widerwille gegen
freie Selbstverantwortung

Wenn ich Erziehung zur Professionalität fordere, zur Selbstverantwortung und zum Willen zur gelingenden Wirksamkeit, dann stöhnen viele wie verwundet auf. »Das kann man nicht verlangen!« Genauso hören viele weg, wenn heute wirklich überall und ständig nach dem neuen Unternehmergeist gerufen wird, den wir brauchen, um nicht gegen Asien zurückzufallen und am Ende einen Wohlstandsverlust hinnehmen zu müssen. Die Verbände wollen mehr Mut zum Risiko und sie ermutigen überall, die Selbstständigkeit zu suchen. Sie fordern auf, etwas Innovatives zu beginnen.

Warum wollen wir insgesamt nicht? Meine Ansicht: Wir spüren, dass die Zeiten einfach nicht normal sind, dass wir unsicher in eine neue Zeit kommen und noch nicht genau wissen, was uns erwartet. Ja, wenn wir das wüssten – dann würden wir uns schon einzurichten wissen. Die Zeit ist in einem manischen »ausgerasteten« Zustand, den ich am Anfang des Buches schon in einer Grafik veranschaulicht habe. Blättern Sie zurück, dort habe ich gezeigt: »Wir ziehen nach Nordosten.« Das Ich und unsere »Allein-Ich-Firma« beunruhigen uns als Themen, die Gemeinschaften à la Facebook sind uns noch nicht geheuer.

Wir sehnen uns eigentlich nach einer Rückkehr in den Normalbereich. Wir möchten vor allem sichere Arbeitsplätze in eher größeren Firmen, die uns klare Arbeitszeiten und ein gutes Betriebsklima auf Dauer in Aussicht stellen können. Wir springen nicht gerne hin und her! Wir bewerben uns nicht ständig, um an Gehaltserhöhungen zu kommen – obwohl wir gesichert wissen,

dass es so funktioniert. Wir schimpfen auf zu generöse soziale Absicherungen der Arbeitslosen, würden aber unter Angst zusammenbrechen, wenn wir diese Absicherung für unseren eigenen Absturz nicht erwarten könnten. Wir wollen im Grunde nicht so sehr viel Verantwortung für uns selbst tragen. Wir möchten von der Gemeinschaft vieles abgenommen haben, wir möchten behütet sein – die Deutschen traditionell viel mehr als etwa die Amerikaner. In der nächsten Arbeitswelt werden wir aber viel stärker auf uns selbst gestellt sein. Wir werden uns wie die »Generation Praktikum« an ein Leben gewöhnen müssen, das mehr Eigeninitiative und Lebensflexibilität erfordert.

Das predige ich schon überall vorsorglich. Es hilft leider nicht viel. Man lehnt die Idee der vollen Selbstverantwortung ab und empfindet mich deshalb als störend, provozierend, polarisierend, kalt, technokratisch oder auch elitär. Dabei sage ich nur, dass es NÖTIG ist. Es hat etwas mit neuen Beschäftigungsmodellen zu tun, die mit dem Internet möglich werden. Ich stelle Ihnen eines dieser Modelle vor. Es heißt Crowdsourcing. Hier ist dann jeder auf sich selbst gestellt. Ältere werden das Modell gruselig finden, viele jüngere Digital Natives werden es dagegen schon begrüßen.

Crowdsourcing

Es zeichnet sich noch eine weitere Welle der Notwendigkeit zur Selbstverantwortung ab, die selbst bei mir Frösteln erzeugt. »Ich weiß ja nicht...«, denke ich da. Und ich ertappe mich bei dem furchtbaren Gedanken, den ich gemeinhin Ihnen und anderen immer wieder vorwerfe – nämlich: »Ich bin schon alt, mich trifft das nicht mehr!«

Es geht um das Wetterleuchten rund um die Bezeichnung »Crowdsourcing«. Es gab einmal erfolgreiche Aufrufe von Firmen im Internet, die ihre Forschungsfragen dort publizierten und auch qualifizierte Antworten erhielten. Andere Unternehmen fragten

ihre Kunden um Rat: »Was sollen wir produzieren? Welche Verbesserungen möchten Sie? Haben Sie Ideen für Innovationen?«

Der Begriff Crowdsourcing scheint durch einen Artikel von Jeff Howe im *WIRED Magazine* im Juni 2006 populär geworden zu sein. Er ist noch im Netz zu finden, sehen Sie hier: *http://www.wired.com/wired/archive/14.06/crowds.html:* »The Rise of Crowdsourcing«. Er beginnt so: »Remember outsourcing? Sending jobs to India and China is so 2003. The new pool of cheap labor: everyday people using their spare cycles to create content, solve problems, even do corporate R & D.«

Der Grundgedanke ist: Wenn jemand ein Problem in der Forschung und Entwicklung (»R & D«, »Research and Development«) hat – warum fragt er nicht einfach einmal ins Internet hinein? Vielleicht helfen ihm Menschen, die es schon wissen? Amateure, Hobbyforscher oder Kunden? Einige gute Gedanken finden Sie unter *http://www.andersdenken.at/crowdsourcing/*

In der Wikipedia heißt es: Crowdsourcing *bzw.* Schwarmauslagerung *bezeichnet im Gegensatz zum Outsourcing nicht die Auslagerung von Unternehmensaufgaben und -strukturen an Drittunternehmen, sondern die Auslagerung auf die Intelligenz und die Arbeitskraft einer Masse von Freizeitarbeitern im Internet. Eine Schar kostenloser oder gering bezahlter Amateure generiert Inhalte, löst diverse Aufgaben und Probleme oder ist an Forschungs- und Entwicklungsprojekten beteiligt.*

Ein bekanntes Beispiel ist ein NASA-Projekt, bei dem Krater auf vielen, vielen Marsfotos klassifiziert werden sollen. Dafür würden Forscher viele Jahre benötigen. Kurz ausgebildete Ehrenamtliche helfen nun der NASA in ihrer Freizeit und klassifizieren und katalogisieren Krater und andere Oberflächenobjekte. Die Aufgaben findet jeder, der mitmachen will, auf der Website Clickworkers.com. Diese Seite ist seit Ende 2009 im Netz, die ehrenamtlichen Mitarbeiter werden Clickworker genannt.

Ich habe dies alles mit Absicht ausführlicher zitiert. Sie sollen einen Eindruck bekommen, wie goldig und noch idealistisch alles begonnen hat und noch heute in den Köpfen verankert ist. »Mit kleinen Geschenken und Urkunden belohnte Freizeitarbeiter hel-

fen Unternehmen mit ihrem Wissen aus.« Das ist eine ganz naive und idealistische Vorstellung aus den heute noch andauernden Anfängen. Warum sollen »gering bezahlte Freizeitarbeiter« die Forschung und Entwicklung von Unternehmen unterstützen? Warum nicht gegen ordentliche Bezahlung?

Ich sage Ihnen nun ganz nüchtern und gefasst, wie es mit der Idee des Crowdsourcings enden wird. Sie wird ökonomisiert werden, und zwar nach dem Modell, wie Automobilgiganten ihre Teilefertigung an Tausende von Lieferanten outgesourct haben. Idee: Jede Schraube am Auto wird einzeln im Netz ausgeschrieben – diejenige Firma, die genau diese Schraube zum besten Preis und in der vorgeschriebenen Qualität zuverlässig und just in time in beliebiger Stückzahlflexibilität liefert, wird »Hoflieferant«. Solange der kleine Zulieferer fehlerfrei und zuverlässig liefert, hat er seinen Job! Ab und zu verlangt der große Konzern, dass er billiger liefert als bisher, sonst – so die unverblümte Drohung – werde er ausgetauscht.

Diese Idee wird nun einfach auf Personen statt auf Zulieferer angewandt! Ein Unternehmen hat eine bestimmte Aufgabe zu erledigen. Es stellt diese Anforderung in eine Art eBay-Portal und bittet um Angebote. Dort bewerben sich Professionals und geben an, zu welchem Preis sie diese Aufgabe erledigen wollen. Das Unternehmen wählt einen Leistungserbringer aus – dann geht es an die Arbeit. Die Professionals haben im Netz ihre Bewerbungsunterlagen, Visitenkarten und Weiterempfehlungen, Zeugnisse und Vertrauenspunkte wie bei eBay oder Amazon.

Viele, viele Berufe eignen sich für Crowdsourcing! Abarbeiten von Versicherungsschäden, Begutachten von Unfallschäden, Nachhilfestunden, Erstellen von Präsentationen, Lehraufträge aller Art, Programmieren von Software nach festgelegten Spezifikationen (Indien!), Erledigen der Buchhaltung für kleinere Unternehmen, Vorträge … Alles halbwegs Austauschbare oder gut Beschreibbare kann einfach über eine Internetbörse versteigert werden. Wer Qualität zum besten Preis produziert, bekommt den Job. Kellner in der Touristensaison gesucht! Pflegekraft für einen Alzheimerfall! Alles geht ins Internet.

Die Unternehmen werden sich darauf beschränken, nur ein minimales, handverlesenes Dauerpersonal per Festvertrag an sich zu binden. Alle anderen werden von Fall zu Fall beschäftigt. Sie sind die »atmende Reserve«, wie man unterkühlt heute so sagt. Es zeichnen sich schon solche Tendenzen ab: Commodity-Mitarbeiter werden sich ständig Teiljobs suchen müssen und vielleicht mehrere Berufe haben, damit sie nicht saisonale Probleme haben. Auf der anderen Seite buhlen die Unternehmen um die Premium-Professionals, die das Rückgrat des Unternehmens bilden sollen. Die Commodity-Mitarbeiter werden im Preis gedrückt, die Premium-Professionals werden die Preise nach oben treiben, wie es ja schon seit Jahren die Stars, die Sportler und die Topmanager zu tun gewohnt sind. Die allerbesten Professionals werden möglicherweise gar keine Daueranstellung wollen – sie nehmen nur kurze Engagements an und lassen sich in Gold aufwiegen.

Das Aufkommen des Crowdsourcings im großen Stil wird unsere Arbeitswelt durcheinanderwirbeln. Wir werden ganz ungekannte Ausmaße von Selbstverantwortung übernehmen und uns ständig bemühen müssen, unsere professionelle Bildung auszubauen. Wir werden genau in der mentalen Situation der Automobilzulieferfirmen arbeiten, nur eben als Personen.

Ich habe im vorigen Abschnitt über den inneren Widerwillen nachgedacht, den wir gegen die unbeständige, sich wandelnde Welt empfinden. Wir suchen nach Sicherheit – aber die geht doch jetzt mehr und mehr dahin! Wir haben nun schon dreißig Jahre zugesehen, wie die kleinen Firmen um das Überleben kämpfen, so sagen wir, die wir Sicherheit wollen. Solche Entwicklungen sehen wir nun auf Personenebene auf uns selbst – ganz allein auf uns selbst – zukommen. Jeder bekommt nun den Job, den er sich täglich verdient.

Unvorbereitung durch unser Bildungssystem

Das Bildungssystem und die Bezahlungssysteme suggerieren immer noch, dass ein guter Abschluss eine sichere Arbeitsstelle garantiert.

Das ist bis heute auch noch fast so. Die Arbeitgeber bezahlen für einen höheren Abschluss mehr Geld und stellen lieber ein. Die Laufbahnen im öffentlichen Dienst stehen auf dem festen Fundament der Bildungsabschlüsse. Je nach letztem Bildungsabschluss werden Neueingestellte in den einfachen, mittleren, gehobenen oder höheren Dienst (bei den Beamten) eingestuft. Die spätere Bezahlung richtet sich ganz überwiegend nach dieser Ersteinstufung. Sie ist damit meistens für das gesamte Arbeitsleben im öffentlichen Dienst bestimmend. Viele Unternehmen haben ähnliche Stufenordnungen, die sich ebenfalls am letzten Abschluss orientieren.

Dadurch entsteht eine gewisse »Garantie«. Wir denken an »Uni-Studium = höherer Dienst« etc.

Auf der anderen Seite müssen sich frisch Diplomierte heute zunächst um Praktikumsstellen bemühen, um möglicherweise später in einem Unternehmen fest Fuß zu fassen. Es wird von einer »Generation Praktikum« gesprochen, die von Zeitvertrag zu Zeitvertrag hüpft und auf eine Festanstellung hofft. Die Unternehmen stellen aber erst wirklich Professionelle ein. Überhaupt nehmen Zeitarbeitsverträge überhand – es ist die Vorstufe des Crowdsourcings.

Was bedeutet ein Bildungsabschluss in dieser neuen Welt? Es wird nicht mehr geschaut, ob der Stellenbewerber eine Urkunde mitbringt, sondern professionelle Bildung. Wenn der Bewerber nicht nur genug Abiturpunkte für Mathe, Deutsch und Englisch hat, sondern wirklich gut darin ist, dann mag noch alles gut ausgehen. Oft aber bescheinigen Urkunden etwas, was nichts mit professioneller Intelligenz zu tun hat. Ein Diplom an sich wird nicht mehr akzeptiert. Die Arbeitgeber suchen nach T-Shape-Professionals, die Keystone-Potenzial haben.

Das Bildungssystem suggeriert aber noch die Einstellungsgarantie nach dem Abschluss. Das hat zur Konsequenz, dass sich jeder Schüler oder Student nur auf seinen Abschluss konzentrieren muss. Er braucht nun keineswegs über sein Leben nach dem Abschluss nachzudenken. Die Fragen »Wer bin ich? Was werde ich? Was wird aus mir?« werden noch heute vermeintlich durch das Zeugnis beantwortet. »Ich bin Chemie-Doktor mit Summa cum laude.« Draußen ist das aber keine Garantie mehr, sondern dort wartet eine Fülle von Herausforderungen! Wehe dem, der nur für die Schule gelernt hat! Wohl dem, der sich um seine Professionalität kümmerte! Und wohl dem, der jemanden hatte, der ihm helfen konnte.

Bitte sehen Sie den Ernst der Lage: Wenn das Bildungssystem nicht zur Professionalität erzieht, dann muss ein junger Mensch heute Glück mit den Eltern haben. Wer Unpros als Eltern hat, ist dann mehr oder weniger verloren. DAS ist die Ursache für die Schere zwischen dem Prekariat und der künftigen Mittelschicht.

Empowerment
aller Weltenbewohner

Vernunft und Bildung entlang unseres IQ sind zu wenig. Professionalität ist Thema dieses Buches. Im Amerikanischen gibt es das Wort Empowerment, das, wie ich finde, auch gut ausdrückt, was wir zusätzlich zur Vernunft noch brauchen.

Ich habe alle Wörterbücher (Wörterbuch der deutschen Sprache, Brockhaus, Muret-Sanders, Collins, Langenscheidt) auf meinem Laptop, aber sie sind schon 10 Jahre alt. Empowerment kennen sie nicht. Dafür gibt es Einträge in der Wikipedia für dieses Wort, auch in der deutschen!

Ich zitiere aus dem deutschen Eintrag zum »deutschen« Wort Empowerment:

Mit Empowerment *bezeichnet man Strategien und Maßnahmen, die geeignet sind, den Grad an Autonomie und Selbstbestimmung im Leben von Menschen oder Gemeinschaften zu erhöhen und die es ihnen ermöglichen, ihre Interessen (wieder) eigenmächtig, selbstverantwortlich und selbstbestimmt zu vertreten und zu gestalten. Empowerment bezeichnet dabei sowohl den Prozess der Selbstbemächtigung als auch die professionelle Unterstützung der Menschen, ihr subjektives Gefühl der Macht- und Einflusslosigkeit (powerlessness) zu überwinden und ihre Gestaltungsspielräume und Ressourcen wahrzunehmen und zu nutzen. Wörtlich aus dem Englischen übersetzt bedeutet Empowerment »Ermächtigung« oder Bevollmächtigung.*

Der Begriff Empowerment wird auch für einen erreichten Zustand von Selbstverantwortung und Selbstbestimmung verwendet; in diesem Sinn wird im Deutschen Empowerment gelegentlich auch als Selbstkompetenz bezeichnet.

Der Begriff Empowerment entstammt der amerikanischen

Gemeindepsychologie und wird mit dem Sozialwissenschaftler Julian Rappaport (1985) in Verbindung gebracht.

Und zum Vergleich der Anfang des Artikels aus der amerikanischen Wikipedia:

Empowerment *refers to increasing the spiritual, political, social, or economic strength of individuals and communities. It often involves the empowered developing confidence in their own capacities.*

Empowerment bezeichnet also sowohl den Prozess der Ertüchtigung des Menschen als auch das Ergebnis, so wie das biblische Wort Schöpfung einerseits wie »Geschöpf« und andererseits als »Akt des Schöpfens« verstanden werden kann (Gottes Wort »und macht euch die Schöpfung untertan« ist in diesem Sinne nicht eindeutig).

Wir alle müssen professionell oder auch »empowered« werden – wir alle! Natürlich bezieht sich heute der Aufruf zum Empowerment vor allem auf Randgruppen (»Marginalized People«), aber auch auf unterdrückte Völker oder kulturell nicht gleich behandelte Menschen (z.B. »Frauen ins Topmanagement und auf die Lehrstühle!«).

Spüren Sie nicht auch, dass eine große Veränderung in der Luft liegt? Ich glaube, wir müssen zunächst mit einem neuen Menschenbild durchstarten, das schreibe ich ja nun schon lange an jede Wand.

Sind wir X-Menschen oder Y-Menschen?

Die Theorie der X- und Y-Menschen habe ich auch schon in meinem Buch *AUFBRECHEN!* skizziert. Ich habe dort dargestellt, dass ein Aufbruch in eine Wissensgesellschaft nur geschafft werden kann, wenn wir uns *aktiv* entschließen, Menschen anders zu sehen. Wir können Menschen nicht zu Professionals erziehen, wenn wir sie wie Unmündige nur durch Prüfungen prügeln. Ein Professional ist immer auch ein *Charakter*. Aber wir hören so oft im Leben Worte des »Prügelns«!

»Ich muss die Schüler zum Jagen tragen.« – »Meine Mitarbeiter sind satt und träge, ich kann nur Tritte verteilen.« – »Menschen hören auf zu arbeiten, wenn sie genug zu essen haben.« – »Was du nicht kontrollierst, wird nicht gemacht!« – »You get what you inspect.« – »What you can't measure, you can't manage.«

Auf der anderen Seite thront oben, an der Spitze der maslowschen Bedürfnispyramide, der sehnlichste Wunsch des Menschen nach selbstverwirklichendem Streben. Ja, was denn nun? Treibt uns die Sehnsucht, etwas beizutragen? Oder werden wir nur unter der Peitsche die Galeere rudern?

Theorie X und Theorie Y von McGregor

Der MIT-Professor Douglas McGregor präsentierte 1960 in seinem Buch *The Human Side of Enterprise* zwei einschneidend verschiedene Grundauffassungen vom Menschen an sich. Er nannte diese beiden Auffassungen Theorie X und Theorie Y. McGregor wollte mit dem Werk gegen das Bild der Theorie X Protest einlegen und für die Theorie Y plädieren. Theorie X war damals die im Management herrschende Auffassung vom Menschen, insbesondere die vom Arbeiter.

Theorie X: Der Mensch ist von Natur aus faul und arbeitsscheu. Er tut nicht mehr, als er für sein Überleben tun muss. Er ist

nicht ehrgeizig. Er geht Schwierigkeiten aus dem Weg. Er drückt sich, wo er kann. Er scheut Verantwortung und Eigeninitiative. Oft ist er nicht einmal für Geld bereit, hart zu arbeiten. Der Mensch will nichts von sich aus leisten. Man muss ihn deshalb anleiten und führen, ihm genau sagen, wo es langgeht. Am besten diktiert man ihm alle Arbeitsschritte exakt und gibt auch die Zeiten vor, in denen diese Schritte abzuarbeiten sind. Der Mensch ist ausschließlich extrinsisch, also von außen motiviert. Er muss gezwungen werden, durch Belohnungen gelockt oder bei Fehlhandlungen und Minderleistungen bestraft werden. Durch Kontrolle und Steuerung wird ihm sein Verhalten im Wesentlichen genau vorgeschrieben.

Theorie Y: Der Mensch ist aus seinem Innern her aktiv und sieht in tätigem Streben einen hohen Wert im Leben. Er ist intrinsisch, also von innen heraus motiviert und leistungsbereit. Wenn die Arbeit für ihn sinnvoll und die Leistung erstrebenswert ist, dann übernimmt er gerne die Verantwortung, zeigt Eifer und Willen und ist zur Selbstdisziplin fähig und bereit. Er arbeitet von sich aus bestmöglich. Deshalb ist eine Kontrolle seiner Leistungen unter Androhung von Sanktionen praktisch nicht nötig. Entstehende Probleme löst er selbstständig mit Erfindungsgabe, Beharrlichkeit und Urteilsvermögen. Das Management muss für eine Organisation der Arbeit und ihrer Ziele sorgen, die dem Menschen einen sinnvollen Tätigkeitsrahmen steckt.

McGregor zeigte, dass in amerikanischen Großfirmen die Organisation unterschwellig vom Menschenbild X ausgeht, ohne dies je explizit zu konstatieren. Die Theorie X ist ziemlich menschenmissachtend, die Theorie Y liegt vom Ansatz her in unmittelbarer Nähe von Maslows Bedürfnispyramide, deren Idee seit Maslows Urartikel »A Theory of Human Motivation« im *Psychological Review* 50 (1943) in Amerika immer mehr Jünger bekam. Immer wieder spaltet diese eine Frage die Menschheit: Ist der Mensch wirklich ein idealer Mensch, der aus sich selbst heraus motiviert ist – oder gibt es nur ganz wenige Ausnahmen (zum

Beispiel Manager), die alle anderen von außen »motivieren« müssen?

Theorie Unpro (Commodity) und Theorie Pro (Premium)

Kehren wir wieder zu unseren Anfangsüberlegungen im Buch zurück. Die Anforderungen an gute Arbeit steigen, es wird mehr und mehr Professionalität verlangt. Die Arbeit teilt sich in einen Commodity- und einen Premium-Teil auf. Die Commodity-Arbeiten sind standardisiert und meist schon halb automatisiert. Sie können von ganz kurz Angelernten ausgeführt werden.

Merken Sie jetzt, dass wir diese beiden Menschensorten innerlich nicht einfach nur nach der Art ihrer Arbeit differenziert sehen, sondern dass wir sie auch als Menschen deutlich trennen? Wir denken bei Commodity-Mitarbeitern schnell an X-Menschen und bei Premium-Professionals viel eher an Y-Menschen. Die einen erscheinen empowered und die anderen zu nichts anderem einzusetzen?!

Wir hören heute immer zweierlei:

1. Es herrscht Mangel an professionellen Fachkräften, Ingenieuren, Unternehmertalenten, Wissenschaftlern – uns graut vor der Überalterung der Gesellschaft, bald werden sich die wenigen Professionals mit Gold aufwiegen lassen, die Personalabteilungen stehen im »War of Talent«, im Krieg um Talente.
2. Es gibt für »normale« Menschen einfach keine Arbeit mehr. Immer mehr sind auf soziale Hilfsprogramme angewiesen.

Wollen wir diese Zweiteilung der Gesellschaft? Wollen wir Elite und Slum? So etwas gibt es ja in anderen Ländern, auch in westlichen. Betreiben wir jetzt wirklich Empowerment für alle? Oder schreiben wir die Niedriglohnjobber als X-Menschen ab?

Eine professionelle Welt sollte möglichst wenige X-Men-

224

schen haben, aber im Grunde wäre es nicht einmal genug, nur Y-Menschen zu haben, die von innen heraus motiviert sind. Motivation ist nicht alles, man muss alles auch *tun!* *Professionell tun!* Ich fordere:

Theorie P

Wir brauchen neue Leitplanken für eine gemeinsame Kultur des digitalen Zeitalters.

Wir müssen zuerst die unselige Stammtischzänkerei aufgeben, ob Menschen eher zu bändigende Tiere (Theorie X) oder fast heilige sendungsbewusste Gutmenschen sind (Theorie Y), die jeden Philosophen erfreuen würden. Auf niedrigstem Niveau wird nun schon seit Anbeginn der Menschheit gestritten, ob der Mensch so oder so ist. Dabei geht es den Antagonisten anscheinend um die jeweilige »Wahrheit«, für deren Evidenz jede Seite endlos viele Beispiele vorbringen kann. Es gibt ja die ganze Skala der Menschen, von ganz Verkommenen, Süchtigen und Neurotischen bis hin zu Heiligen.

Was ist der Mensch? Was ist er wirklich? X oder Y?

Bei diesem Streit steht unterschwellig die Annahme im Raum, dass die Antwort der Frage in der Biologie des Menschen liegt und nicht etwa in der Erziehung. Können wir den Menschen nicht einfach zum Professional erziehen? Das wird nicht immer gelingen, aber es sollte eine Maxime unseres Handelns werden.

Wir sollten uns schlicht und einfach den professionellen Menschen des digitalen Zeitalters als Maß für alle vorstellen und ein Gesamtbildungssystem schaffen, das möglichst viele Menschen dahin führt. Ich fordere den professionellen Menschen als Norm!

Ich schlage also eine Theorie P vor.

Theorie P: Der Mensch möchte wirksam sein und etwas vollbringen, auf das er stolz sein kann. Er arbeitet gern in Gemeinschaft mit anderen und trägt fruchtbar zum Ganzen bei. Er fühlt sich als Quelle positiver Kraft, die er für das Ganze, andere und sich selbst einsetzt. Er übernimmt die Verantwortung für sein Handeln und strebt professionelle Ergebnisse seiner Arbeit an. Er bemüht sich um die Professionalität anderer und bringt deren Begabungen zum Erblühen. Er weitet seine eigenen Horizonte und Fähigkeiten stetig aus. Er ist ein immer größeres Zentrum des Gelingens in einer Welt **allgemeiner** Prosperität.

Noch einmal: Ich stelle hier nicht fest, dass Menschen von Natur aus professionell sind oder alle im Prinzip so sein können. Ich möchte nur sagen, wie wir Menschen konkret haben wollen und möchte eine sinnvolles Ideal vorschlagen, das nach Lage der Dinge »herausfordernd, aber realistisch« ist.

Nach der Formulierung einer solchen Idealvorstellung müssen wir alle Anstrengungen unternehmen, die Menschen zu P-Menschen werden zu lassen.

Wir brauchen Menschen, die wissen, dass sie nicht nur eine Vernunft haben, um gut zu sein, sondern insgesamt auch ein Herz, eine Intuition, einen Instinkt, ein Gefühl für Sinn, einen kreativen Kopf und einen kraftvollen Körper mit einer stabilen Psyche haben. Wir müssen die Digital Natives zu Digital Professionals ausbilden, die in möglichst vielen Teilintelligenzen zu einem guten Bildungs- und Fähigkeitsgrad kommen.

Die Aufklärung hat die Vernunft freigesetzt – nun müssen wir den *kompletten* Menschen mit allen seinen Stärken entfesseln. Bildung ist etwas Aktives – wir bilden einen neuen Menschen! Wir entwickeln ihn! Zu einem T-Shape-Experten oder einer Keystone-Persönlichkeit. Zu einem Menschen zum Beitragen, zum Gelingen, zum fruchtbaren Leben.

Eine Theorie P könnte Leitplanke sein. Eine solche brauchen wir heute unbedingt, weil wir unsere normalen Leitplanken gerade verlieren. Wir sind nicht mehr Bauern oder Arbeiter, auch

leider nicht mehr so sehr Christen. Wir steuern ohne so etwas wie eine Theorie P auf ein Vakuum zu. Diese Problematik möchte ich Ihnen nun verdeutlichen.

Politische Wende zur digitalen Mittelschicht

Verschiebungen der »Klassen«

Bei IBM sagen wir: »Power is changing hands.« Die ersten IT-Chefs, die bei uns Kunden sind, sind schon Digital Natives. »Expertise is changing heads.« Wir Älteren diskutieren noch, wie wir die Zukunft sehen möchten, da kommen schon die Neuen und gestalten sie. Die professionellen Digital Natives werden eine neue Mittelschicht bilden.

Ich hole ein bisschen aus. Die politisch Konservativen stützen sich in Deutschland auf die Bauern, die Selbstständigen, »die Wirtschaft«, die traditionellen Christen, die Angestellten und Beamten. Die Sozialdemokraten hatten ihre Wurzeln im Umfeld der Arbeiter und der sozial Benachteiligten. Die eine »Klasse« freut sich an den Besitztümern und Errungenschaften, die andere kümmert sich sorgenvoll um die gerechte Verteilung der Güter. Der einen Klasse stehen die kapitalistischen Ideologien nahe (»Leistung muss sich lohnen!«), die andere trägt sich mit sozialistischen Ideen der Solidarität. Karl Marx sah eine bessere Zeit, wenn denn erst der Gegensatz von körperlicher und geistiger Arbeit in genossenschaftlicher Arbeit aufgehoben wäre: »Jeder nach seinen Fähigkeiten, jedem nach seinen Bedürfnissen!«

Die politischen Parteien reflektieren diese Spaltung einer Gesellschaft in einen etablierten Teil, der seinen Besitzstand verteidigt und stetig ausbaut, und in einen anderen Teil, der sich eine bessere Zukunft wünscht. Nun aber verändert das digitale Zeitalter die Natur dieser Spaltung ganz und gar! Die IT-Revolution im Dienstleistungssektor dezimiert Beamte und Staatsangestellte,

auch die »Postbeamten«, »Bahnbeamten« und »Bankbeamten«, wie man früher sagte. Und wo sind die Arbeiter? In meiner Kindheit war es jedem Einzelnen klar, ob er zur Arbeiterklasse gehörte oder nicht. Sehr viele Arbeiter organisierten sich in Gewerkschaften, die damals eine beträchtliche Macht ausübten. Aber heute?

Heute sehen wir den Graben zwischen den Pros und Unpros, zwischen den ausgebildeten Professionals und den Niedriglohnjobbern, zwischen Premium und Commodity. Die alten Strukturen und Klasseneinteilungen verändern sich. Digital Natives verstehen gar nicht mehr richtig, was Bauern, Arbeiter, Angestellte, Beamte, Unternehmer, Gewerkschafter und Kirchen als Kategorien bedeuten.

Die heutigen Digital Natives werden es zu einer neuen wohlhabenden Mittelschicht bringen und schon sehr bald zur Willensbildung im Staat beitragen. Wen aber, bitte schön, sollen Digital Natives heute wählen? Was können sie mit einer alten konservativen Partei, einer Wirtschaftspartei oder einer Arbeiterpartei anfangen? Die politischen Parteien haben den Umschwung ins digitale Zeitalter nicht wirklich aufmerksam verfolgt. Sie stellten und stellen ihre Identität nicht um.

Die Digital Natives sind jetzt bei Wahlen ganz unsicher und wählen die Piraten oder einfach einmal »Grün«, weil ihnen das am nächsten kommt. Sollten die Digital Natives eine eigene Partei haben? Wie könnte die aussehen? Welches Programm könnte die haben? Brauchen Digital Natives noch so etwas Altertümliches wie eine Partei, wo doch in Ägypten schon die Regierung »per Facebook« niedergerungen wurde?

Wir sehen die Orientierungslosigkeit oder beginnende Neuorientierung an den letzten Wahlergebnissen, die wild hin und her schwanken. Wir bekamen gerade 2011 einen ersten grünen Ministerpräsidenten (in Baden-Württemberg). Erdrutschartige Verschiebungen bei Wahlen nehmen zu und werden fast normal. Wir wählen …, ja, welches Programm? Gibt es schon eins für die Zukunft? Welche Welt streben die Digital Natives an? Wer sind ihre Protagonisten?

Es gibt noch diese alten US-Filme, in denen die Abgeordneten des Repräsentantenhauses mit den Interessenbekundungen ihres Distrikts unter dem Sattel nach Washington ritten, um dort ihre Wähler zu vertreten. Die Organisation einer Demokratie hat sehr viel mit der räumlich nicht möglichen direkten Kommunikation zwischen den Wählern und der Regierung zu tun. Braucht man das im digitalen Zeitalter noch so?

Die Demokratie erhebt den Anspruch, die Macht im Staate, die eigentlich vom Volke ausgeht, so zu verteilen, dass es zu keinem Missbrauch kommen kann. Man will den »aufgeklärten« Staat in die Lage versetzen, nach der Vernunft zu entscheiden. Aber wir sehen heute hier wie überall, dass es gar nicht so sehr um die Entscheidungen im Staat geht, sondern um die Fähigkeit zum Umsetzen.

Das Umsetzen von politischen Vorhaben, von Reformen und Veränderungen ist wie im Management von Großunternehmen immer schwieriger und komplexer geworden. Wir brauchen viel weniger Leute, die um eine vernünftige Entscheidung ringen, sondern viel mehr solche, die die erwünschten Veränderungen auch wirklich erfolgreich einleiten.

Das professionelle Regieren (das Handeln) ist sehr schwer geworden. Lernt man das in vier bis acht Jahren Rededuell-Wahlkämpfen? Das Wissen um das politisch Richtige ist ja da, nur das Umsetzen gelingt nicht mehr so einfach wie früher.

Wollen wir nicht gleich digital direkt entscheiden? Das könnte in einer digitalen Welt gehen, in der drei Viertel studiert haben (wie heute schon in Finnland). Die Ausrede von einem »tumben Volk« können sich Politiker bald ganz und gar sparen.

Wir kaufen doch auch direkt bei Amazon, wo wir früher von Verkäufern beraten wurden. Wir buchen Reisen im Internet. Die ganze digitale Wirtschaft spart sich die »Vermittlerebene« oder den »Zwischenhandel« ein. Es geht alles direkt! Was bringt mir heute mein eigener Abgeordneter? Der reitet nicht mehr nach Berlin, der wohnt wahrscheinlich dort.

Ich beginne die Zukunft jetzt schon weit weg im unklaren Dunstschleier am Horizont zu sehen ...
Wie kommen wir dahin? Wohin wollen wir?

Eine Welt der Professionellen Intelligenz

Ich stelle mir viele Projekte der Zukunft vor wie einen Boxenstopp beim Formel-1-Rennen. Ich habe auf YouTube nach kleinen Videos gesucht und mir ein längeres Schwarz-Weiß-Video von einem Boxenstopp vor fünfzig Jahren angesehen. Da kratzt sich ein Hilfsarbeiter mit der Tankpistole am Hinterkopf und fragt: »Wann bin ich mit dem Tanken dran?« Und dann eines von diesem Jahr, in dem der Weltmeister in jeweils erlaubter Höchstgeschwindigkeit reinsaust, abrupt hält – und sofort springt eine Traube von Ninjaartigen in seltsamen Raumanzügen auf das Auto! Sie prallen im gleichen Augenblick wieder zurück – und schwupp!, das Auto rast wieder los!

Das ist perfektes Teamwork! Natürlich verdient der Fahrer fast das ganze Geld, aber wenn der Mitarbeiter mit dem Tankrüssel einen Fehler macht oder zum Beispiel niest und sich dabei die Hand vors Gesicht hält, kann alles verloren sein. Es kommt auf jeden Einzelnen an! Das wird immer gepredigt, aber in der neuen Zeit ist das so. Wollen Sie ein reales Beispiel? Hier nebenan bei IBM wird einem Kunden ein Millionenangebot unterbreitet – die Preise der Einzelelemente werden besprochen, die Produkte, die Gesamtarchitektur – die Arbeitstage werden festgelegt, die Leute dafür bestimmt; die Rechtsabteilung prüft, der Konzerneinkauf schaut, was er dazu besorgen muss. Es können gut 20 Leute damit befasst sein, alles in kurzer Zeit festzuzurren, damit die Ausschreibungsfristen eingehalten werden. Das ist wirklich wie ein Boxenstopp! Jeder Einzelne muss gut sein! Oder denken Sie an Filmproduktionen, wo es auf alle ankommt, wirklich auf alle, die Kameraleute und das Scriptgirl! Jeder Einzelne muss gut sein.

Immer gibt es wichtige und weniger wichtige Menschen, aber keine unwichtigen mehr. Wir hängen auch von den Commodity-Mitarbeitern immer mehr ab. Wehe, Sie stehen mit einem komplizierten Fall eilig beim Einchecken! Wehe, sie brauchen eine schnelle Information! Wehe, es gibt einen Stau, der durch Unfähigkeit entsteht!

Ich träume davon, dass der Graben zwischen allen nicht so tief wäre. Und dass die Professionals die weniger Professionellen coachen und anleiten, ganz ohne Peitsche. Ich glaube, dass die nächste Welt freudvoller wird und weniger hart. Wir haben in Vorzeiten die Verteilungskämpfe um Macht, Landbesitz und Geld gesehen – bald ist das Vermögen mehr in uns selbst. Es ist die ausgebildete Professionalität. Wir können dieses neue Wertvolle in uns selbst nicht anderen stehlen … Wir müssen uns selbst erschaffen.

Und zwar nach Theorie P. Was kann ich selbst tun? Das frage ich mich oft. Wie Kassandra komme ich mir vor! Diese ganze Entwicklung wie etwa die der Spreizung in Commodity und Premium ist zwingend logisch und kommt gewiss. Sie wird ganze Industriezweige (das mag Sie noch kaltlassen), aber auch unsere eigenen Berufe durcheinanderwirbeln. Beunruhigt Sie das nicht, auch das nicht? Man muss dazu gar nicht in die Zukunft sehen, es reicht, die logischen Entwicklungen im Geiste zu Ende ablaufen zu lassen.

Und dann sehe ich und schreibe ich, dass wir »gegen die Wand« laufen.

Es gibt derzeit viele Stimmen, die einen ökonomischen Niedergang der USA wegen der enormen Verschuldung und der eigenen Verblendung gegenüber diesem Problem vorhersagen. Die USA selbst scheinen das alles nicht zu sehen! Warum fürchten sie sich nicht vor einer finanziellen Übernahme durch China? Sie scheinen unendlich selbstbewusst, auch jetzt noch, wo es vielleicht nicht mehr angebracht sein könnte.

Das sehen wir in Deutschland genau – mit ganz klarem Blick. Aber wir selbst? So wie die USA zu selbstbewusst erscheinen, sind die Deutschen insgesamt wohl unerschütterlich, sie seien

die Besten mit dem besten Gesundheitssystem und dem besten Bildungssystem, mit den besten Autobahnen und dem besten sozialen Absicherungssystem. Gleichzeitig sehen wir in allen Statistiken, dass Deutschland ins Mittelmaß abgesunken ist. Wir sehen, dass professionelle Mitarbeiter fehlen. Folglich ist Deutschland insgesamt nicht professionell genug. Gleichzeitig umfahren wir am Morgen die tiefen Schlaglöcher in den Straßen, die es so noch niemals in meinem langen Leben gegeben hat. Unter dem Label »Made in Germany« waren wir früher stolz, die Tabellenersten zu sein. Jetzt weisen wir jede Kritik an unserem mittelmäßigen Tun mit dem Hinweis ab, dass wir doch immerhin durchschnittlich seien – und wahrscheinlich besser, weil die Statistiken ja immer zu unseren Ungunsten lügen – immer!

Früher haben wir wie Einserschüler gedacht und gearbeitet. Heute reden und handeln wir wie solche mit einer Drei. »Drei ist nicht schlecht!«, so reden wir uns heraus. Tatsächlich! Eine Drei ist nicht schlecht. Aber eine Drei, die von einer Eins abgesunken kommt, ist ziemlich besorgniserregend. Es ist ein Unterschied, ob jemand *immer* eine Drei hat (das ist okay) oder ob er eine Eins hatte und nun eine Drei. Unternehmen, denen das passiert, gehen bald ganz unter oder werden aufgekauft. Denn der Niedergang von Eins auf Drei ist einer des Kulturverfalls und bei Menschen eines Verfalls der professionellen Einstellung, der nicht irgendwo bei Note Drei haltmacht.

Sehen wir denn nicht, dass in diesem Sinne der Wurm drin ist?

»Der Maschinenbau ist im Aufwind! Die Chinesen kaufen deutsche Qualitätsarbeit wie eh und je!«, so wiegeln wir alle ab. Immer versucht man in dieser Weise eine allgemeine schlechte Entwicklung mit immer noch vorhandenen positiven Beispielen zu entkräften. »Es ist nicht alles schlecht!« Wie lange wollen wir das alles noch entschuldigen?

Ein krasses Beispiel für diese elende Denkfigur, ein schlechtes Ganzes mit einem guten Einzelfall zu entschuldigen: Wenn ich klage: »In Somalia müssen Menschen hungers sterben!« – wer-

den Sie dann sagen: »Es gibt dort aber auch Millionäre, man kann doch dort etwas zu essen haben, wenn man nur gut arbeitet!« Sagen Sie mir das? Wahrscheinlich nicht. Aber wollen Sie mit dem Wegsehen in Deutschland so lange warten, bis unsere Abwärtsbewegung ganz offenbar wird? Warum kommen Sie immer wieder und immer noch mit positiven Beispielen? Klar, die gibt es. Was helfen sie aber, wenn das Ganze Schieflage hat?

Call to Action

Wie schaffen wir (jemals) den »Tipping Point«?

Im Amerikanischen spricht man vom »Tipping Point«, einem Umschlagpunkt, der erreicht werden muss. Für einen Kulturumschwung muss eine kritische Masse von Menschen die Meinung ändern. Ein paar Beispiele für Umschwünge:

Es war zum Beispiel schon zu meiner Kinderzeit bekannt, dass Rauchen schädlich ist. Erst in den letzten Jahren hat sich eine Mehrheit gebildet, die das Rauchen nun aktiv bekämpft, nachdem wir fast alle für Jahrzehnte passiv waren und auch ohne Murren passiv rauchten. Der grassierenden Übergewichtigkeit sehen wir dagegen noch weitgehend unbeteiligt zu. Kernkraftgegner bekommen seit dem Fukushima-Unglück absolutes Oberwasser. Viele Jahre gab es Digitalkameras neben den analogen. Plötzlich wollte niemand mehr die alten Dinger mit dem Silberfilm haben! Seit ein paar Tagen bietet die deutsche Amazon-Seite meine Bücher elektronisch zum Lesen auf dem Amazon Kindle oder auf dem iPad an. Wird das Buch in ein paar Jahren plötzlich so schnell verschwinden wie der Kodak-/Agfafilm? Bitte sagen Sie nicht »Nie«. Haben Sie gedacht, dass das Internet so schnell kommt? Haben Sie vor fünfzehn Jahren geahnt, dass jeder Mensch ab einem Lebensalter von zehn Jahren unbedingt ein Handy zum Leben braucht? Und zwar *mit* Digitalkamera drin?

Und näher am Thema des Buches: Wer dachte damals, als auch ich jahrelang »Das Abi schaffst du nie!« hören musste, dass bald die Mehrheit der nächsten Generation das hinbekommt?

Warum sollten wir uns nicht zur Theorie P entschließen können und auf allgemeine Professionalität hinarbeiten? In kleinen Firmen geht das schon heute meistens ganz gut. In denen hat die Theorie P eine ganz natürliche Chance.

Das Menschenbild X feiert immer Triumphe, wenn sich Armeen von Menschen zu etwas zusammenschließen, sei es zum Krieg oder zu Großunternehmen. Dann kommen die Hierarchien und die Ideen derer da oben, die da unten seien X-artig.

Im Kleinen aber geht es doch! Seit den Anfängen der Menschheit vertragen sich Menschen zum Beispiel in christlichen Urgemeinden und in Amish-Siedlungen in der unmittelbaren Nähe Gottes sehr gut. Wenn aber die Unternehmen oder Gemeinden größer werden, kommt nach und nach das Menschenbild X zum Vorschein. Am Anfang sind sie *alle* noch gute Menschen, die gemeinsam anpacken. Später sind angeblich nur noch die Adligen oder Führungskräfte gut, die anderen müssen gezwungen werden, nicht faul wie die Tiere zu sein. Ist es das Schicksal der menschlichen Ideale, sich immer in einer Masse zu verflüchtigen, die dann vor dem »biologischen Erbe« des schlechten Menschen kapituliert? Oder ist es ein deprimierender Mangel an geeignetem Führungspotenzial in der Menschheit? – Kann es nicht sein, dass der Mangel an exzellenten Erziehern, Lehrern und Managern immer wieder zum simplen Menschenbild X führt?

Wie kommen wir über den Tipping Point zu Theorie P? Wird es überhaupt gelingen? Wenn ja, muss ich etwas tun? Oder reicht es für mich, nur lange zu warten (und drüber zu sterben), weil die digitale Zeit ja von selbst in die Richtung der Theorie P will? Ich bin aber doch ungeduldig!

Zwischen »Das geht gar nicht!« und »Das gibt es schon!«

Im Augenblick steht die ganze Veränderungsdiskussion zwischen zwei großen Fronten. In der Theorie der Innovation kennt man die Fachbegriffe »Early Adopter« (ein frühzeitiger Nutzer von etwas Neuem), die »Early Pragmatic Majority« (die pragmatische Mitte der Menschen, die etwas Neues annehmen, sobald es nützt) und die »Late Majority« (die Menschen, die unter sanftem Druck dann schließlich mitmachen oder auch nur, weil es jetzt alle machen).

Die ganze Bildungsdiskussion, um die es mir in diesem Buch geht, ist eindeutig noch in der Early-Adopter-Phase. Eine Minderheit von Menschen, meist echte Y- oder P-Menschen, übertrumpft sich mit Vorschlägen für die neue Zeit. Viele Bildungsdiskussionen sind absurd idealistisch. Reine Idealisten meinen, unbedingte Liebe oder kostenloser Internetzugang für Kinder würden das Problem sofort lösen. Dabei ist doch eine lange ernsthaft betriebene professionelle Erziehung erforderlich! Dann gibt es viele Technologen oder kleine Firmen, die schon Lernsoftware entwickelt haben und diese wie eine Wunderdiät anpreisen. Wenn ich zum Beispiel ein großes Internetportal für Bildungsinhalte fordere oder Superluxussprachkurse für alle, dann schallt mir von überall her ein lautes »Das gibt es schon!« entgegen. »Schauen Sie einmal unter diesem Link! Alles schon da!«

Die vielen Early Adopter wollen natürlich alle ihre eigene Idee gleich zum allgemeinen Standard unserer Zukunft machen. Klar, davon bin auch ich nicht frei, wenn ich hier Professionalität propagiere. Ich möchte Theorie P für alle. Es gibt schon ganz schön viele Early Adopter in der Gesamtbevölkerung, und sie alle wollen mehr Bildung, mehr Internet, neue Kulturen oder mehr Freiheit von ökonomischen Zwängen. Alles ist schon von irgendwem überdacht worden. Jede neue Idee »gibt es schon«. Und unterschwellig sagt ja jeder: »Nehmt *meine* Idee! *Meine*!«

Auf der anderen Seite steht eine Menge von solchen Menschen, die eigentlich aufgeschlossen sind, sich aber von dem Wirrwarr der vielen verschiedenen Vorschläge ganz erschlagen fühlen.

Sie erheben Einwände, die in etwa wie »Das geht nicht, weil!« klingen. Diese Einwände beziehen sich meistens darauf, dass die Vorschläge nicht ausgegoren erscheinen und bestimmte Schwierigkeiten machen. »Wir haben aber noch kein Internet. Das ist zu teuer. Da kann dann mein Kind nicht mithalten.« – »Wer bezahlt uns einen Computer? Der ist zu teuer, wir zahlen gerade einen Riesenplasmafernseher ab und brauchen noch ein Cabrio.« – »Dann sitzen die Kinder immer vor dem Bildschirm! Ist das nicht schädlich? Sie schauen doch jetzt schon mit uns zusammen fünf Stunden am Tag Fernsehen!« Die Neuerer regen sich über solche »klein gedachten« Einwände auf. »Sind euch das eure Kinder nicht wert? Warum ist Internet schädlich und Fernsehen nicht?« Aber die Einwände bleiben hartnäckig bestehen, ganz so, wie sie immer sind. Bei einem Unternehmen würde man sagen: »In dieser Form kauft der Kunde das Produkt nicht.« Und über das Unternehmen selbst könnte man denken, es sei nicht kundenzentriert.

Bleiben wir in diesem Bild: Die Early Adopter nehmen zu wenig Rücksicht auf die frühe pragmatische Mitte und sie sind nicht kundenfreundlich. Sie liefern nicht, was die Masse will. Dann aber tut sich nichts!

Es gibt ja auch noch die »späte Hälfte der Menschen«, die die Neuerungen eigentlich ganz ablehnt und erst viel später Neues akzeptiert, nämlich wenn es die erste Hälfte schon hat. Die pragmatischen Aufgeschlossenen kommen immer mit: »Das geht nicht, weil!« Die späte Mehrheit aber argumentiert schärfer! »Es geht *gar* nicht. Es ist gefährlich.« Viele sind militant gegen das Neue und verteufeln es ganz und gar. »Das Internet ist wie Sodom und Gomorrha! Kinder werden nach Anlocken in Chats entführt! Unwissende werden mit Klingeltonabos ausgeplündert! Die Jugend wird politisch verführt!« Diese späte Hälfte hat starke Ängste, und sie ist ganz und gar nicht aufgeschlossen.

Auf Tagungen sind die Early Adopter zumeist lange unter sich und streiten um die reine Lehre. Später gibt es schon gute Ansätze für das Neue, mit dem man nun die frühen Pragmatiker umwirbt. Bei solchen Diskussionen stehen immer wieder kategori-

sche Neinsager auf und »verderben« in gewisser Weise die
Auseinandersetzung, die sie ja auch wirklich abwürgen wollen.
Derzeit wird auf Konferenzen fast jede Internetzukunft von Nein-
sagern mit »Das ist nicht sicher! Die Daten werden missbraucht!«
blockiert.

In einer solchen Frühphase sind wir auch in unserer Bil-
dungspolitik. Junge Digital Natives träumen von den ungeheuren
Möglichkeiten, die das Internet schafft. Junge Idealisten wollen die
Befreiung vom Menschenbild X. Die meisten Eltern zweifeln am
praktischen Wert von Internet und Idealismus, sind aber grund-
sätzlich aufgeschlossen. Es gibt jedoch noch viele ganz finstere
Neinsager, die das Menschenbild X eben als biologisches Schicksal
sehen, gegen das nur Fantasten andiskutieren könnten.

Wenn sich überhaupt etwas bewegen soll, muss die aufge-
schlossene pragmatische Menge »mitmachen«. Das vergessen die
Digital Natives und die Idealisten sehr oft, oder sie wissen es nicht.
Deshalb bleiben sie zu sehr in Richtungskämpfen unter sich.

Ich weiß es ja, dass es nur mit den Aufgeschlossenen geht,
ich musste das bei meinen Innovationen bei IBM mühevoll lernen. Wenn ich deshalb selbst etwas tun will, dann denke ich viel,
viel mehr über die pragmatischen Aufgeschlossenen nach als über
die genauen Ideale und technologischen Prinzipien. Das wird
dann aber von den Early Adopters übelgenommen, die Angst um
die reine Lehre bekommen! Egal, denke ich mir. Wie kann man
die Gruppe der Aufgeschlossenen verbreitern? Mit Zahlenbewei-
sen.

Tests etablieren

Um viele Argumente für eine aufgeschlossene Mehrheit zu
bekommen, würde ich Tests für alle möglichen Teilintelligenzen
und insgesamt für die Professionelle Intelligenz entwickeln und
viele Kinder in deren Lebensverlauf testen. Es gibt ja schon unendlich viele IQ-Tests, derzeit auch schon immer mehr EQ-Tests und
auch Tests auf Kreativität. Die Ergebnisse scheinen für einzelne

Testpersonen sehr unterschiedlich zu sein. Das sage ich ja! Es gibt ganz verschiedene Begabungen und Professionalitätstypen!

Damit so etwas nicht unendlich zerredet werden kann, brauchen wir am besten gleich dazu Fernsehsendungen, wie es sie ja rund um den IQ schon gibt.

Wir müssen mit nackten Zahlen beweisen, dass unser Bildungssystem durch die einseitige Betonung von IQ-Relevantem die anderen Intelligenzen eher vernichtet als fördert.

Zum Beispiel sind Kinder im Vorschulalter hochkreativ, das sieht doch jeder! Und sie sind auch sehr lieb und verständig. Sie scheinen eine hohe vitale Energie zu haben und ziemlich viel VQ (vitale Intelligenz).

Dann aber beordern wir sie auf Schulstühle zum Stillsitzen und Gehorchen und füttern sie mit Fachwissen. Sie lernen Regeln, die das kreative Denken einengen. Sie bekommen eiserne Bescheide der Art »Du verstehst noch nicht, wozu es gut ist!«. Die verschütten in ihnen das Gefühl für die Sinnfragen. Der MQ wird nicht zum Sinn für Sinn entwickelt. Die Neugier wird durch den strengen Lehrplan stark beschränkt. Man erwartet allerdings, dass alle Kinder neugierig auf das sind, was der Lehrplan bietet – alles andere wird untersagt. Echte Neugier hat keinen Platz, es ist nie Zeit dafür. Neugier ist Leidenschaft für das Unerwartete! Nicht Pflicht zum Interesse für Vorgekautes. »Seid neugierig auf den nächsten Schulstoff!« ist so hohl wie die Ansprache Ihres Chefs: »Zeigt tief empfundene Leidenschaft für das Steigern des Aktienkurses! Ihr müsst bei der Arbeit immer begeistert die Zufriedenheit vor Augen haben, wie die Aktionäre über euch lächeln!«

Wirkliches Testen im Lebensverlauf bei vielen Kindern wird enthüllen, dass der Fokus auf die reine Intelligenz die Entfaltung aller anderen Intelligenzen nicht gerade fördert – und sogar, wie ich fest überzeugt bin, in beängstigendem Ausmaß vernichtet. Kinder mit starkem CQ und VQ können leicht als hyperaktiv und krank zum Arzt geschickt werden. Alle, die IQ-Entwicklung lang-

weilig finden, weil es ihren Begabungen nicht entspricht, werden gnadenlos fallen gelassen. »Du gehörst nicht auf ein Gymnasium.« Attraktive Intelligenz, also die zum Verkaufen und zum Verführen, wird ebenso diffamiert – diesmal als schnöde Manipulationskunst, was sie ja auch sein kann. Sinn kommt auch in der Schule vor, aber nicht als gefühlter Sinn, sondern als vorgekauter Sinn aus Büchern ... Zum Auswendiglernen. »Ich kann für die nächste Klausur den Lebenssinn aller 52 wichtigen Philosophen fehlerfrei aufsagen. Meine Eltern kennen fast keinen Sinn und schütteln bei meinem lauten Probeaufsagen zu Hause den Kopf. Sie wissen selbst für sich keinen. Ich auch noch nicht. Ich suche mir einen von den 52 aus. Darf man das? Ist das so richtig? Darf ich einen eigenen fühlen? Welchen Sinn muss ich haben, wenn ich mich bei einer Arbeitsstelle bewerbe?«

Im Ernst: Durch gute Tests für viele Begabungen und insgesamt für PQ hätten wir genug Mittel in der Hand, wirklich herauszufinden, wie wir alle notwendigen professionellen Elemente im Kinde fördern könnten.

Ich bekomme jede Woche mindestens einen Leserbrief mit solchen Sätzen: »Ich kam nie mit der Schule klar, auch nicht mit meinem Beruf. Ich habe nie gefühlt, dass ich reinpasse. Sie haben alles Mögliche mit mir versucht. Ich habe mich dann schließlich irgendwie mit meinem Leben abgefunden. Als ich schon relativ alt war, wurde festgestellt, dass ich HOCHBEGABT bin! Können Sie das glauben? Ich auch nicht! Dann habe ich zufällig gleich danach in Ihrem Buch *Omnisophie* gelesen, und mir ist nun klarer, was für ein Mensch ich bin! Was mache ich jetzt?« Immer wieder schreiben Leser so! Sie haben hohe Begabungen, aber die sind nie erkannt worden – man verschüttete sie durch Normierungsversuche und Aufforderungen an die Begabten, sich endlich anzupassen. »Seid endlich normal!«

Ich habe mit Lehrern über Einzelfälle von Hochbegabung diskutiert. Viele Lehrer sagen immer wieder und ganz hartnäckig, dass das »unsoziale Benehmen« kritischer Schüler für sie ein sicheres Zeichen für deren mangelnde Intelligenz sei.

Tenor: »Wer hochintelligent ist, wird doch zuerst gute Noten

haben, oder? Wozu ist er denn hochintelligent? Zugleich wird der Hochintelligente sich gut benehmen! Er wird doch nicht dumm sein! Erst dann, wenn er glänzend dasteht, wird er mir kommen und von mir besondere Förderung erbitten, die ich dann gerne gebe. Aber dieser Problemfall da, für den Sie sich unberechtigt stark machen, benimmt sich absolut schlecht und stört ständig den geordneten Ablauf des Unterrichtsprozesses. So etwas macht ein Hochintelligenter nicht!«

Ich habe ein paar Mal versucht zu sagen, dass ein normaler Lehrer mit einem IQ von 110 einen Schüler mit einem IQ von 80 anschauen soll. Was wird der Mensch mit IQ 110 über den mit IQ 80 denken? Das ist doch ganz klar! Er wird ihn für völlig »unterbelichtet« halten. Klar, oder?

So, und jetzt nehmen wir einen Schüler mit IQ 140. Was bitte, wird dieser über einen Lehrer mit IQ 110 denken? Ja, was? Das frage ich öfter einen Lehrer. Könnte es nicht sein, dass ein Hochbegabter einen normalen Lehrer für völlig unterbelichtet hält? Kann das aus seiner relativen Sicht nicht vielleicht stimmen? Das frage ich Lehrer. Könnte es dann nicht gute Gründe geben, warum der Hochbegabte »unsozial« reagiert, wenn er auf Nachfragen beim Lehrer immer wieder die Antwort bekommt: »Das ist nun einmal so. Werde nicht spitzfindig und frech, ich will das jetzt nicht ausdiskutieren. Es steht so im Buch, basta. Lies doch nach, ich habe recht. Außerdem müssen wir im Lehrplan weitermachen, wir haben keine Zeit für Haarspaltereien. Wir müssen das alles nicht so tief verstehen, weil es in der Klausur nicht drankommt.« Hochbegabte geben innerlich auf, ganz fassungslos, oder sie begehren auf und gehen angesichts der Lehrerallmacht unter.

Können wir das nicht einmal alles objektivieren? Mit Tests messen? Werden die »Normalen« dann vielleicht einsichtiger? Wird man dann endlich Begabungen fördern, und zwar durch Begabte? Wenn ein Schüler hochmusikalisch ist, bekommt er doch ohne Mucks einen Platz in der Meisterklasse eines Meisters, oder? Warum ist das nur bei Musikalität so? Klar, weil jemand offensichtlich auf der Geige etwas kann, was der normale Lehrer nicht bringt. Auf anderen Feldern aber weigern sie sich, Begabungen an-

zuerkennen. Ich bin bei meinen versuchten »110-zu-140-Diskussionen« bisher entweder absolutem Nichtverstehen begegnet – oder ich musste mich in Notwehrstellung begeben!

Ist das denn nicht sonnenklar? Nehmen wir an, wir würden die emotionale Intelligenz genauso messen können wie den IQ. Stellen Sie sich dann vor, Sie haben jemanden mit einem EQ von 80 als Chef! Der ist für Sie die Ärgerquelle Ihres Lebens schlechthin! Bekommt seine Karriere einen Knick, weil er im Sinne des EQ völlig unterbelichtet ist? Selten. Sie selbst haben dann als normaler Mensch einen EQ von 110 und werden depressiv und aufsässig, Sie arbeiten schlechter, lassen sich versetzen oder kündigen ganz. Sie benehmen sich wie ein hochbegabter Schüler bei einem normalen Lehrer.

Weiter: Wenn Ihr Chef nun nur 80 Punkte VQ hat (und nichts energisch anpackt), wenn er MQ 80 hat und kein Gefühl für Sinn – ja, wenn er AQ 80 hat und nichts gut begründen kann ... wenn ... Merken Sie, dass wir eventuell zwar IQ-Intelligente um uns haben, aber vollkommen Unterbelichtete im Sinne der anderen Teilintelligenzen und des PQ?

Durch ein ganzes Testarsenal könnten wir Licht auf diese Angelegenheit scheinen lassen. Ich plädiere jedoch nicht dafür, nun jeden immerfort zu testen und damit unter Druck zu setzen, sodass er, wie in den USA üblich, die Antworten für die Tests übt. Nein! Mir geht es nur um die Erhellung im Prinzip! Mit geht es um den Tipping Point, um das Verstehen der aufgeschlossenen Menschheitshälfte, ohne das es nicht geht!

Die Early Adopter wissen ja sehr oft sehr früh, was eigentlich richtig ist. Sie können es nur der Mehrheit nicht klarmachen. Das sagte schon Platon mit dem berühmten Höhlengleichnis. Und das gilt als wichtigste oder eine der wichtigsten Textstellen der abendländischen Philosophie.

Kein Thema hat mich je so gefesselt wie das der Verschiedenheit von Menschen. Darüber habe ich vor Verwunderung meine ersten fünf Bücher geschrieben (von *Wild Duck* bis *Topothesie – der Mensch in artgerechter Haltung*). Wie ich darauf gekommen bin? Ich habe einmal einen Test absolviert – die Fragen sind auf meiner Homepage. Ergebnis: Ich habe eine Art von strategischer Überblicksintelligenz (INTJ wie Introvertiert, iNtuitiv, Thinking, J wie entschieden auf ein Ergebnis hinarbeitend). Mein Ergebnis haben nur etwa ein Prozent von allen Menschen. An der Mitteilung des Testergebnisses hing fast so etwas wie ein Beileidsschreiben: »Sie mögen das gut finden, was Sie sind, aber bedenken Sie, wie selten Sie sind. Nach aller Wahrscheinlichkeit ist keiner in Ihrer Umgebung so wie Sie. Sie haben große Phantasie und große Ideen, aber Sie werden nicht verstanden – gar nicht! Wenn es hart kommt, von niemandem.« Tja, dieses »Urteil« habe ich erst im Alter von vierzig Jahren erfahren. Es war das große Aha-Erlebnis meines Lebens. Ich arbeite nun seit zwanzig Jahren daran, verstanden zu werden ... Und ich weine jetzt immer mit denen leise mit, die mir die erwähnten Leserbriefe schreiben.

Weil die verschiedenen Begabungen nicht bekannt sind, werden wir eben nicht artgerecht, das heißt individuell, behandelt. Um unsere Stärken kümmert sich keiner, nur um die speziellen Stärken, die im Lehrplan gefordert sind.

Ja, es gibt Montessori- und Waldorfschulen, United World Colleges und andere. Diese fördern jeweils andere Begabungen als die rund um den klassischen IQ, aber sie fördern dann meist MQ und EQ. Artgerechte Erziehung ist auch das nicht – nur eine andere als die normale. Wir müssen aber jedes einzelne Kind als eigene Persönlichkeit erfassen und dann gezielt fördern! Das sollte allgemein möglich sein, nicht nur bei solchen Kindern, die Glück mit ihren Eltern haben. Die Idee, dass Menschen individuell verschieden gefördert werden sollten und dass eben nicht alle vereinheitlicht werden müssen, ist für eine professionelle Zukunft der Wissensgesellschaft herausragend wichtig.

Es ist schwer für mich, Ihnen das kurz und prägnant zu sagen, ohne in allgemeinen idealistischen Floskeln zu schwafeln. Im Buch *Omnisophie* habe ich einen Versuch gemacht, nämlich ein Gleichnis zu geben, das hoffentlich vielen Menschen hart ins Herz schneidet. Hier noch einmal kurz: Monty Roberts wuchs auf einer Farm auf, auf der sein Vater Wildpferde »einbrach«. Dabei wird den Tieren drakonisch der Willen des Menschen aufgezwungen. Das geschieht in ein paar Wochen Quälerei – den Wildpferden wird dabei ein Bein hochgebunden, damit sie wehrlos humpeln müssen. Sie bekommen Schläge, bis sie dem Reiter gehorchen. Monty Roberts sollte einst als kleines Kind das Brechen der Wildpferde erlernen. Er sprach aber heimlich mit ihnen und zähmte sie durch gutes Zureden in ein paar Minuten. Das überraschte ihn selbst, er zeigte es seinem Vater. Der aber schlug ihn krankenhausreif, als er »so etwas« sah. Das oberste Gesetz für Kinder auf der Farm war nämlich: »Bleibt von den gefährlichen Wildpferden weg! Sie schlagen aus und töten Kinder eventuell.« Monty Roberts hat seinem Vater viele Male gezeigt, wie man Wildpferde einfach durch Streicheln und Zureden zähmt. Sein Vater aber hat seine grausame Methode niemals geändert. Monty Roberts überwarf sich mit seinem Vater vollkommen und zeigte allen Menschen öffentlich in den USA, wie man Pferde zähmt.

Ich habe im Internet nun schon die Zahl von 60.000 Pferden gefunden, die er so gezähmt haben soll. Im Internet sind bei YouTube einige Videos. Bitte schauen Sie sich einige an! Das macht viel mehr Eindruck im Herzen, als ich ihn hier erzeugen kann. Einfach unter »Monty Roberts« schauen! Monty Roberts' großes Thema war später Vorlage für den Film *Der Pferdeflüsterer*. Ich habe Monty Roberts persönlich anlässlich eines Vortrags vor dem IBM-Management kennengelernt. Er erzählte, wie ihm lange keiner glaubte, obwohl es alle sahen – er zähmte viele Jahrzehnte Wildpferde, aber man hielt es mehr für Hokuspokus oder Zirkus. Erst die englische Königin reagierte sehr bewegt auf eine seiner Vorführungen. Sie wies nun die menschliche Behandlung der königlichen Pferde an und verhalf Monty Roberts zu großer Bekanntheit, indem sie einen Verlag für ein Buch für ihn

fand – daraus wurde der Weltbestseller *The Man Who Listens to Horses.*

Ich will sagen: Seit Tausenden von Jahren galten Wildpferde als gefährlich. Man zähmte sie nach alten Methoden durch zweimonatiges Quälen oder eben »Abrichten«, wie Sie wollen. Monty Roberts nun hat vor mehr als fünfzig Jahren gezeigt, dass Wildpferde »lieb« sind und eigentlich nur bocken, weil sie als Fluchttiere eine Heidenangst vor Menschen haben. Gleichzeitig sah meine Generation damals leidenschaftlich gern die amerikanische Serie »Fury«, in der ein wilder Mustang ganz ausnahmsweise mit dem Waisenjungen Joey befreundet war und ihm immer half – wenn nötig mit Gewalt. Es ist aber so: Wenn man Pferden die Angst vor den Menschen nimmt, sind sie friedlich und zutraulich und lassen sich nach zwanzig (!) Minuten reiten. Nicht nur von Monty Roberts, sondern auch von anderen. Ich habe beim Vortrag bei IBM einen Film gesehen, in dem sich eine Studentin und ein Wildpferd nach dreißig (!) Minuten anfreundeten. Die Studentin hatte vorher nur Filme darüber gesehen, sie wusste nur, wie es geht. Das Video zeigte ihr erstes Zusammensein mit einem Wildpferd. Sie hatte im Video offensichtlich mehr Angst als das Pferd. Seit der Urzeit bis zu dieser Studentin sind einige Tausend Jahre vergangen. Keiner im Westen hat gemerkt, dass wilde Pferde keine bösen Tiere sind. Man muss sie nicht schlagen, sie lassen sich freiwillig gegen Streicheleinheiten reiten. Jeder Mensch weiß, dass Hauspferde total lieb sind, aber alle glaubten, Wildpferde seien grässlich gefährlich!

Und ganz grell plakativ in den Kontext dieses Buches gerückt: Pferde sind gar keine X-Pferde, sondern P-Pferde. Man muss sie nur artgerecht behandeln. Wenn man sie wie X-Pferde behandelt, sind es X-Pferde. Und ich denke, dass man nun ebenso einige Tausend Jahre Menschen als X-Menschen gesehen hat. Das ist ein Irrtum wie bei den Pferden! Das muss doch in unsere Köpfe gehen?

Ich habe darüber einmal einen Vortrag gehalten und bekam einen Leserbrief. »Gezähmte, ehemals wilde Pferde wurden in den USA als Postpferde eingesetzt. Sie müssen auf bestimmte Aktio-

nen des Reiters zuverlässig reagieren, auf Hott und Hü. Da Postpferde im Wilden Westen an den Stationen ausgetauscht wurden wie heute Mietwagen, so musste jedes Pferd im ganzen Land auf jeden Reiter genau gleich reagieren. Deshalb ist es zwar möglich, Pferde mit Liebe zu erziehen, aber es nützt nichts. Sie müssen alle ganz genau gleich gehorchen.«

Ist das des Pudels Kern? Man WILL die Pferde als X-Pferde! Es geht nicht um deren Zähmung – das kann Monty Roberts schnell – ja, auch Sie können das. Aber darum geht es ja dann nicht. Die Pferde sollen blind auf einen landeseinheitlichen Satz von Befehlen erwartungsgemäß und zuverlässig reagieren, so wie deutsche Schüler beim Einheitsabitur.

X-Menschen sollen JEDEM Manager genau gleich gehorchen. Sie müssen an ihren Arbeitsstationen austauschbar sein. Dazu müssen sie alle den gleichen Befehlskanon eingeprägt bekommen.

Im Buch *Warum wir arbeiten* von Michael Maccoby findet sich diese feine historische Anmerkung:

Der Begriff Manager stammt von dem italienischen Wort maneggiare, in die Hand nehmen, handhaben, anfassen, umgehen mit, gebrauchen, Pferde zureiten, Pferde dressieren – also die Kraft von Tieren bändigen und lenken.

Menschen werden also wie Tiere gebändigt und gelenkt. Wer das kann, ist Manager. Artgerecht gehaltene P-Menschen sind dann wie edle Pferde mit eigenem Willen! Die will man also nicht??

In diesem Buch will ich die ganze Zeit klarmachen, dass wir den Menschen nun als P-Menschen brauchen, nicht als X-Menschen. Ich habe oft das Gefühl, dass Sie mir das insgesamt für Pferde eher abnehmen als für Menschen. Bei Pferden verstehen Sie, dass sich Menschen in ihnen seit Tausenden von Jahren irrten. Könnten Sie das bitte für Menschen auch so sehen? Verstehen Sie, dass wir uns im Menschen irren, wenn wir ihn weiter wie einen X-Menschen sehen?

Ich verzweifle oft, wenn dieser Gedanke nicht in die Hirne der aufgeschlossenen Mehrheit geht. Erzieher, Lehrer und Manager quälen oft Menschen wie spätere Postpferde, die jedem Herrn gleich gehorchen ... Alle sehen sie Monty Roberts – und nichts in ihrem Herzen schlägt an.

Ich werde weiter jedem das mit den Pferden unter die Nase reiben, der es nicht hören will.

In dem herrlichen Bildband *Das DressurPferd* von Harry Boldt werden berühmte Pferde charakterlich beschrieben. Über Venetia (»fleißiges Lieschen«) heißt es unter anderem: »[...] ein Pferd, das alles besonders gut machen will [...] Wenn [...] sie ins Gelände ritt, fing sie an zu piaffieren [...], als wolle sie zeigen, was sie alles kann. Und den gleichen Eifer hat sie bis heute beibehalten [...]« Über Ahlerich: »[...] kann ihn nur überreden, nicht mit Gewalt unterordnen [...] immer, wenn [er] neue Lektionen begriffen hatte, habe ich sie sofort abgebrochen und sie ihn vergessen lassen [...] das Geheimnis, dass [er], der außerordentlich schnell lernte, nervlich nicht überfordert wurde [...]« Über Hirtentraum: »[...] aber starken Willen und Charakter besitzt und deshalb eine längere Entwicklungszeit [...] frech [...] eigenwillig [...] haben sich völlig gelegt, als er etwa sieben Jahre alt [...] [solche] bei richtiger Ausbildung am besten [...]«

Es gibt normale fleißige Pferde, geniale und freche willensstarke, die lange reifen müssen. Pferde haben Charaktere wie Menschen – wie unsere Kinder.

IQ ist wie Unterricht,
PQ, EQ, VQ, AQ, CQ und MQ sind wie Training!

Wir müssen uns überlegen, in welcher Form wir Kinder artgerecht großziehen und dabei ihre individuellen Begabungen erkennen und sie zu den besten professionellen Typen erziehen. Bei der Mitarbeiterentwicklung kennt man sich bereits seit langer Zeit mit dem Mentoring und Coaching aus. Der große Erfolg ist be-

kannt, leider finden Manager und auch Mitarbeiter oft nur wenig Zeit dafür. Es scheint so zu sein, dass die individuelle Entwicklung sehr fruchtbar wirkt, wenn sie vom Management mit Hingabe betrieben wird und von den Mitarbeitern dankbar angenommen wird.

In der Musikschule gibt es Einzelunterricht. Der Schüler übt zu Hause und lernt die Verbesserung seiner Technik durch den Lehrer, der auch die Musikalität des Schülers fördert. Im Fußball werden schon die Bambini durch einen Trainer besser betreut als die Schüler durch den Lehrer. Im Turnverein und anderswo, immer wenn es um gute Leistung in irgendeiner Liga geht, werden die jungen Sportler einzeln gefördert, trainiert und motiviert. Haben Sie schon einmal das Wort »Verkaufsunterricht« gehört? Ich habe das Wort bei Google eingegeben. Google fragt »Meinen Sie vielleicht Verkehrsunterricht?« und zeigt 238 Treffer an. Das Wort Verkaufstraining hat dagegen über 300.000 Treffer bei Google! Ich will sagen: Die anderen Bildungsarten für Kreativität, Verkaufen, Management, Sport und Spiel werden alle mehr oder weniger individuell trainiert, nicht unterrichtet. Noch einmal Google: Das Wort Managementunterricht hat 192 Treffer, das Wort Managementtraining dagegen 7.700.000. Auch Management wird besser nur trainiert, nicht unterrichtet!

Es ist am besten, man lernt erst das Einmaleins einer Tätigkeit und übt sie so bald wie möglich aus. Dabei wird man von einem Coach oder Trainer beobachtet, der uns beim Üben ständig verbessert. So lernt ja auch jeder das Autofahren. Der Coach sitzt dabei und sorgt dafür, dass der Schüler möglichst schnell die wichtigen Erfahrungen seiner Tätigkeit machen kann. Das kann der Schüler ja nicht allein. Er weiß nicht, was beim Fahren, Fliegen, Verkaufen, Verhandeln oder Managen die wichtigen Erfahrungen sind.

Gehen Sie zu Konferenzen! Dort werden fast nur ganz schlechte, unverständliche und uninteressante Reden gehalten, die sehr oft mit durchsichtig seichten Marketingbotschaften nerven. Das fängt schon in der Schule an – die Universitätsseminare sind dann ganz öde, die Lehrkräfte und die Studenten zählen gequält die Minuten. Keiner sagt etwas, die Lehrkräfte stellen dem

schlechten Studenten einen Schein aus und sehen ihn ja dann kaum wieder. Die anderen Studenten kritisieren nicht, weil sie fürchten, dann auch selbst dran zu sein. Hilfe! Warum redet denn niemand? Warum wird das gute Darstellen und Argumentieren nicht geübt? Aus den Studenten werden dann wiederum nervtötende Professoren, die den Tiefstand der Erklärungskunst neu definieren.

Stellen Sie sich vor, die Klavierschüler, Theateranfänger oder Sänger bekämen immer nur Noten oder Sprechtexte in die Hand, damit sie danach performen. Stellen Sie sich vor, niemals würde jemand etwas dazu sagen! An den Schulen und Universitäten ist das die Regel. Oft ist das einzige Feedback eine einfache Note. Mit der steht dann jeder ratlos da.

Unterricht für X-Menschen lässt sie etwas tun und benotet die Leistung. Aber die P-Menschen müssen einzeln durch viel, viel Feedback gecoacht und trainiert werden, am besten durch einen Menschen, der ihnen selbst Vorbild ist und der wirkliche Freude bei der Fortentwicklung seiner Schüler hat.

Der Übergang von X-Menschen zu P-Menschen erfordert also ein Umdenken in allen Entwicklungsmethoden! Feedback statt Noten! Einzelförderung! Persönliche Beziehung zwischen Lehrer und Schüler!

Ich weiß, was X-Denker jetzt sagen. Sie lächeln und wollen nicht. Dann sagen sie mir triumphierend: »Und woher kommt die Zeit, alle einzeln zu trainieren?« – Die kommt aus dem Internet! Das Lernen kann durch Videos und Übungen im Internet stattfinden, so wie der Musikschüler zu Hause übt. Dann geht er zum Einzelcoaching. Und dann lächeln die X-Denker immer noch und glauben es nicht. Dieselben X-Denker – gerade die – stellen daheim bei ihren Kindern schlechte Noten fest und engagieren dann einen Nachhilfelehrer, der ihnen *Einzelunterricht* gibt! Und ich frage immer wieder: »Sollen Ihre Kinder wie Postpferde werden?«

Die Vorstellung, auf P-Menschen-Erziehung umzustellen, erscheint bedrückend schwierig. Ich gebe Ihnen zur Abschreckung einmal eine unendliche Leidensgeschichte. In vielen Unterneh-

men schaffen es berühmte Coaches ab und zu, den Vorstand davon zu überzeugen, dass junge Managementtalente Feedback brauchen und gecoacht werden sollten. Dann beschließt die X-Geschäftsführung die Einführung eines Coaching-Prozesses. Der X-Personalvorstand holt eine Liste der jungen Top-Talente und fertigt eine andere mit höheren Managern an. Die beiden gleich langen Listen werden nun nebeneinandergelegt. Jedem Jungmanager wird nun ein erfahrener Kollege zugeordnet. Die Paarbildung wird bekannt gegeben, dazu eine Mail an alle: »Nun coacht mal schön.«

Es gibt keine Vorstellung, was geschehen soll. Niemand fragt, ob die Topmanager überhaupt Erfahrung im Coachen oder Trainieren haben, das wird vorausgesetzt – so wie man voraussetzt, dass Professoren gute Vorlesungen halten und Seminarvorträge der Studenten coachen. Der Hauptfehler in der Listenzuordnung wird fast nie bemerkt! Man darf doch nicht nach Alphabet oder in anderer Weise x-beliebig zuordnen! Man muss sich lange Gedanken machen, welches Jungtalent zu welchem Älteren passt! Sonst stimmt die Chemie nicht und das Ganze scheitert.

Merken Sie, wie der Versuch, den P-Menschen in den Blick zu nehmen, schon gleich in einem X-Vorgehen erstickt? Wer eine wohlgewählte Zuordnung fordert, hört meist die Antwort: »Wir können doch nicht alle Leute fragen, das kostet gut zwei Tage Arbeit.« Widerrede: »Wegen der zwei fehlenden Tage stirbt das Programm.« Antwort: »Nun übertreiben Sie mal nicht.« Ein paar Wochen später stellt man fest, dass sich nichts tut. Das verärgert den Personalvorstand, worauf er Berichte über Erfolge einfordert. Er schreibt alle Mentoren an und möchte wissen, was bisher passiert ist. Dann telefonieren die zugeordneten Mentoren ganz eilig einmal schnell mit ihren Mentees, danach berichten sie gemeinsam einen »Erfolg«, damit es keinen Ärger gibt. Danach passiert nichts mehr, denn der HR-Chef hat seinen Erfolgsbericht. Er weiß, dass es nichts geworden ist, aber er bekommt wegen des Erfolgsberichts vielleicht sogar einen Bonus.

Immer wieder wird mit Postpferdmanagement ein »Programm aufgesetzt«, das eben wegen seiner X-Haltung fehlschlägt.

Die Managementmethoden müssen erst auf den P-Menschen umgestellt werden. Das ist nicht so einfach! Gleichzeitig müssen wir lernen, wie man erfolgreich Einzelerziehung und Einzelbetreuung auch in der Schule und in der Universität betreibt. Lässt sich das Rahmenwerk der Musikschulen oder der Sporttrainings nutzen? Wie bekommen wir die Zeit für Einzelbetreuung? Wir müssen die Commodity-Elemente der Schule und der Universität ins Internet auslagern. Bei der Begegnung mit den Lehrern, Trainern, Coaches und Professoren gibt es dann nur noch Premium. Dazu sind unsere Lehrkräfte leider noch nicht ausgebildet! Und sie verstehen vielleicht nicht einmal, was Premium sein könnte! Und im Internet gibt es auch noch nicht sehr viel! Dort müssen wir noch unendlich viele wertvolle Inhalte erschaffen – nicht einfach nur immer sammeln, was schon zufällig da ist.

Internetportale Open Source

Neben den Methoden und Erziehungsprinzipien müssen wir auch neue Inhalte bereitstellen. Ich habe das schon früher hier im Buch gesagt: Ich stelle mir eine ganz stark erweiterte Wikipedia vor, die hochwertige Lehrmaterialien enthält. Dort sollten die Noten aller Musikstücke, alle Bücher, alle Filme verfügbar sein. Wir müssten Videos zu jedem wissenschaftlichen Begriff, zu jeder Grundvorlesung und in jedem Fach haben.

Ich möchte Videos für jedes Tier, jede Pflanze, jeden Ort und für jedes geschichtliche Ereignis.

Wir brauchen Unternehmensplanspiele, Simulationen, Statistiken, Geosysteme, Sprachkurse – alles!

Wenn ich das irgendwo vorschlage, bekomme ich eine ganz bestimmte Sorte von Kommentaren. Die einen sagen: »Das geht nicht!« Die Zweiten sagen: »Das gibt es schon, da hat ein Amerikaner 2000 Lehrfilme gesammelt und einen Preis dafür bekommen.« Die Dritten sagen: »Das ist ganz und gar abzulehnen, weil die Verfügbarkeit des Wissens noch keinen Punkt bringt. Wissen ist

nicht Verstehen oder Können! Wissen ist nichts! Es ist sogar gefährlich, wenn alles Wissen auf Knopfdruck da ist. Dann lernen die Menschen gar nichts mehr und bleiben dümmer als im heutigen System.« Genau einen solchen Kommentar Platons zur Erfindung der Schrift habe ich ja schon aus seinem Phaidros-Dialog zitiert.

Wieder stehen wir an dem Punkt, wo die Early Adopters etwas schon annnehmen und die pragmatische aufgeschlossene Hälfte noch nicht. Wie kommen wir weiter? Ich habe nur noch die Idee, das mit einer riesigen Open Source-Welle zu schaffen. So wie bei der Wikipedia müssen es viele Tausend Helfer in globaler Zusammenarbeit schaffen. Es muss alles erst angefangen und ausprobiert werden!

Was aber wird wirklich versucht? Man geht wieder mit unsäglichen X-Methoden vor, alle Probleme ein für alle Mal durch einstimmige Beschlüsse der Europäischen Union oder der UN zu lösen, durch Standardisierungsgremien mit paritätischer Besetzung und Beteiligung aller Religionen. Böse gesagt: In Gremien, die das Problem lösen sollen, tummeln sich Politiker, Bischöfe und Firmen, die ihre Interessen vertreten und sich dort noch am besten mit Leuten streiten, die ganz gegen das Projekt sind und die sich dann für späteres Einlenken irgendetwas abhandeln. Statt einer Problemlösung kommt es zu einem erbärmlichen Kompromiss. Erfolgreiche Innovationen starten aber IMMER kompromisslos, schauen Sie sich alle an!

In besagter kompromissgeschädigter Weise kommt es dann zu extremen Großprojekten der Wissensgesellschaft wie dem Theseus-Projekt oder dem Satellitennavigationssystem Galileo. Da wird wieder um Konzepte gerungen, aber es kommen kaum Inhalte…

Ich versuche jetzt, die Internetgemeinde anzustechen. Ach, und ich wäre gerne jünger! Ich bin ganz sicher, dass das Wissen der Welt noch einmal als ein Projekt wie Linux oder Wikipedia gestartet werden muss. Ein paar Leute denken sich ein tragfähiges Konzept für die Plattform aus, wie alle Spiele, Videos oder Lehrinhalte dort »eingehängt« werden sollen. Es muss ein System gefun-

den werden, wie die Nutzung der Inhalte bezahlt werden kann (»zehn Cent für diese Seite«). Und dann los! Wenn erst genug Inhalte da sind, kann man die Plattform immer noch ändern und überdenken ...

Haltung P

Die Internetgemeinde aber bloggt und twittert und will eigentlich noch »unter sich« bleiben. Die Digital Natives merken noch nicht, dass sie demnächst die maßgebende Generation sind, die unser Land führt. Sie muss erst wirklich aktiviert werden. Viele von ihnen sind Leute mit einem hohen MQ, also mit viel Sinn für Sinn.

Die dürfen jetzt aber nicht unter sich bleiben und den Sinn von allem Möglichen diskutieren! Die dürfen nicht schwach depressiv (im Süden meines Diagramms) über die Welt betrübt sein! Sie müssen raus und die Verantwortung übernehmen oder wenigstens »draußen« predigen.

Das tun sie nicht. Sie haben ja auch keinen gemeinsamen Standpunkt außer immer demselben, dass das Internet »frei« sein soll. Ich erinnere mich an die frühen »Grünen«, die damals aus verschiedenen Strömungen zusammenwuchsen, nämlich aus der Antiatomkraftbewegung, der Ökologie, aus der Friedens- und Frauenbewegung. Sie leisteten sich später heftige Flügelkämpfe zwischen den »Realos« und »Fundis«. Die Blogger sind noch ganz »Fundi«, finde ich. Die ganze Internetbewegung muss aber erst in ein »Realo-Stadium« kommen – in der Realität muss dann das Neue für alle eingeführt werden, in einer realen Form, die nicht mehr fundamentalistisch ist. In eine Realo-Form gehören natürlich auch der Kommerz und die ganze Web-2.0-Umtriebigkeit mit ins Internetleben hinein – die Sinnkünstlerecke kann bleiben, steht aber nicht mehr im Zentrum ...

Wie kann man diese ganzen Argumentationsstränge griffig

zusammenwinden? Die Technologie verändert alles, unsere Berufe bekommen ein neues Gesicht. Die Religion ist auf einem quälenden Auflösungsweg, die Politiker hängen am Gestern. Uns fehlen die Leitlinien im Umbruch und für die neue Zeit nach dem Umbruch.

Die Haltung P könnte so eine Leitlinie sein. Warum? Vergleichen Sie die Persönlichkeit eines integren engagierten guten Menschen mit der eines Professionals. Die verschiedenen Ideale liegen gar nicht so weit auseinander. Das Ideal des Professionals ist als Maß notwendig für die Zukunft. Bilden wir also unsere Professionelle Intelligenz aus und gehen wir optimistisch unseren neuen Weg.